U0334301

国家出版基金项目
NATIONAL PUBLICATION FOUNDATION

国家"十二五"重点图书出版规划项目

城市地下空间出版工程·规划与设计系列

城市地下综合体设计实践

贾 坚 等著

同济大学出版社
TONGJI UNIVERSITY PRESS

上海市高校服务国家重大战略出版工程入选项目

图书在版编目(CIP)数据

城市地下综合体设计实践/贾坚,等著.—上海:同济大学出版社,
2015.12
(城市地下空间出版工程/钱七虎主编.规划与设计系列)
ISBN 978-7-5608-6165-4

Ⅰ.①城… Ⅱ.①贾… Ⅲ.①城市空间—地下建筑物—建筑设计
Ⅳ.①TU92

中国版本图书馆 CIP 数据核字(2015)第 318585 号

城市地下空间出版工程·规划与设计系列

城市地下综合体设计实践

贾　坚　等著

出 品 人：支文军
策　　划：杨宁霞　季　慧　胡　毅
责任编辑：胡　毅
助理编辑：李　杰
责任校对：徐春莲
封面设计：陈益平

出版发行　同济大学出版社　www.tongjipress.com.cn
　　　　　（上海市四平路 1239 号　邮编:200092　电话:021-65985622）
经　　销　全国各地新华书店、建筑书店、网络书店
排版制作　南京新翰博图文制作有限公司
印　　刷　上海中华商务联合印刷有限公司
开　　本　787 mm×1092 mm　1/16
印　　张　19.25
字　　数　480 000
版　　次　2015 年 12 月第 1 版　　2015 年 12 月第 1 次印刷
书　　号　ISBN 978-7-5608-6165-4
定　　价　168.00 元

内 容 提 要

本书为国家"十二五"重点图书出版规划项目、国家出版基金资助项目。

伴随着城市立体化再开发的进程,地下综合体应运而生。它是具有多种城市功能的大型地下建筑集合,在一定程度上将地面的空间引入到地下,缓解城市中的拥挤状况,成为解决城市矛盾的有效途径之一。

本书结合作者在地下综合体设计和研究领域的工程实践和经验,紧密围绕地下综合体设计过程中的关键技术进行介绍和分析,内容涵盖空间设计、建造设计技术、机电设备设计、防灾减灾设计等,并结合具体的工程案例对相关设计技术加以深入阐述。本书内容详实,案例丰富,有助于读者加深和提高对地下综合体的认识,对我国城市地下综合体设计技术的发展和提高具有积极的推动作用。

本书可供从事城市地下空间,尤其是地下综合体的规划、设计、施工、管理的设计师、工程师,以及高等院校相关专业师生等阅读使用。

作者简介

贾　坚　同济大学建筑设计研究院(集团)有限公司副总裁、副总工程师,兼轨道交通与地下工程设计院院长,教授级高工、博士生导师,上海建筑学会地下空间与工程专业委员会主任委员,《城市轨道交通研究》理事会副秘书长。主要研究方向为轨道交通与地下工程,深基坑变形控制的设计方法及微扰动控制技术,大型地下综合体的沉降耦合及变形控制等。主持和参与了众多地下综合体工程的设计和研究,并多次获得行业及省部级奖项。

■ 总　序 ■

　　国际隧道与地下空间协会指出,21世纪是人类走向地下空间的世纪。科学技术的飞速发展,城市居住人口迅猛增长,随之而来的城市中心可利用土地资源有限、能源紧缺、环境污染、交通拥堵等诸多影响城市可持续发展的问题,都使我国城市未来的发展趋向于对城市地下空间的开发利用。地下空间的开发利用是城市发展到一定阶段的产物,国外开发地下空间起步较早,自1863年伦敦地铁开通到现在已有150年。中国的城市地下空间开发利用源于20世纪50年代的人防工程,目前已步入快速发展阶段。当前,我国正处在城市化发展时期,城市的加速发展迫使人们对城市地下空间的开发利用步伐加快。21世纪将是我国城市向纵深方向发展的时代,今后20年乃至更长的时间,将是中国城市地下空间开发建设和利用的高峰期。

　　地下空间是城市十分巨大而丰富的空间资源。它包含土地多重化利用的城市各种地下商业、停车库、地下仓储物流及人防工程,包含能大力缓解城市交通拥挤和减少环境污染的城市地下轨道交通和城市地下快速路隧道,包含作为城市生命线的各类管线和市政隧道,如城市防洪的地下水道、供水及电缆隧道等地下建筑空间。可以看到,城市地下空间的开发利用对城市紧缺土地的多重利用、有效改善地面交通、节约能源及改善环境污染起着重要作用。通过对地下空间的开发利用,人类能够享受到更多的蓝天白云、清新的空气和明媚的阳光,逐渐达到人与自然的和谐。

　　尽管地下空间具有恒温性、恒湿性、隐蔽性、隔热性等特点,但相对于地上空间,地下空间的开发和利用一般周期比较长、建设成本比较高、建成后其改造或改建的可能性比较小,因此对地下空间的开发利用在多方论证、谨慎决策的同时,必须要有完整的技术理论体系给予支持。同时,由于地下空间是修建在土体或岩石中的地下构筑物,具有隐蔽性特点,与地面联络通道有限,且其周围临近很多具有敏感性的各类建(构)筑物(如地铁、房屋、道路、管线等)。这些特点使得地下空间在开发和利用中,在缺乏充分的地质勘察、不当的设计和施工条件下,所引起的重大灾害事故时有发生。近年来,国内外在地下空间建设中的灾害事故(2004年新加坡地铁施工事故、2009年德国科隆地铁塌方、2003年上海地铁4号线事故、2008年杭州地铁建设事故等),以及运营中的火灾(2003年韩国大邱地铁火灾、2006年美国芝加哥地铁事故等)、断电(2011年上海地铁10号线追尾事故等)等造成的影响至今仍给社会带来极大的负面效应。因此,在开发利用地下空间的过程中需要有高水平的专业理论和技术方法来指导。在我国城市地下空间开发建设步入"快车道"的背景下,目前市场上的书籍还远远不能满足现阶段这方面的迫切需要,系统的、具有引领性的技术类丛书更感匮乏。

目前,城市地下空间开发亟待建立科学的风险控制体系和有针对性的监管办法,《城市地下空间出版工程》这套丛书着眼于国家未来的发展方向,按照城市地下空间资源安全开发利用与维护管理的全过程进行规划,借鉴国际、国内城市地下空间开发的研究成果并结合实际案例,以城市地下交通、地下市政公用、地下公共服务、地下防空防灾、地下仓储物流、地下工业生产、地下能源环保、地下文物保护等设施为对象,分别从地下空间开发利用的管理法规与投融资、资源评估与开发利用规划、城市地下空间设计、城市地下空间施工和城市地下空间的安全防灾与运营管理等多个方面进行组织策划,这些内容分而有深度、合而成系统,涵盖了目前地下空间开发利用的全套知识体系,其中不乏反映发达国家在这一领域的科研及工程应用成果,涉及国家相关法律法规的解读,设计施工理论和方法,灾害风险评估与预警以及智能化、综合信息等,以期成为对我国未来开发利用地下空间较为完整的理论指导体系。综上所述,丛书具有学术上、技术上的前瞻性和重大的工程实践意义。

本套丛书被列为"十二五"时期国家重点图书出版规划项目。丛书的理论研究成果来自国家重点基础研究发展计划(973 计划)、国家高技术研究发展计划(863 计划)、"十一五"国家科技支撑计划、"十二五"国家科技支撑计划、国家自然科学基金项目、上海市科委科技攻关项目、上海市科委科技创新行动计划等科研项目。同时,丛书的出版得到了国家出版基金的支持。

由于地下空间开发利用在我国的许多城市已经开始,而开发建设中的新情况、新问题也在不断出现,本丛书难以在有限时间内涵盖所有新情况与新问题,书中疏漏、不当之处难免,恳请广大读者不吝指正。

钱七虎

2014 年 6 月

序　言

　　近 20 年来,我国城市人口迅速扩张,伴随着城镇化的进程,城市建设发生了日新月异的变化,各大城市的地下空间开发利用也正以前所未有的速度迅猛发展,地下空间的开发规模越来越大、开发深度越来越深,并正由单一功能的地铁车站、地下车库、地下商场、地下通道、人防工程等向集交通、商业、停车、娱乐、办公、市政、仓储、人防等多种功能于一体的城市地下综合体发展。

　　地下综合体的出现和建设,使得城市中心地区的土地被更加高效集约地利用和开发。它集多种功能空间于一体,能够为市民的生活出行带来更大的便利,也为城市的可持续发展提供助力。城市地下综合体的开发建设符合我国新型城镇化、可持续发展等多项战略政策,因此在各大城市正如火如荼地迅速推进。通过大规模高速度的地下空间及城市地下综合体工程建设实践,工程界已在地下空间开发利用领域积累了较为丰富的工程技术理论和实践经验,但形势的飞跃发展还亟待理论和经验的总结及提高。

　　本书的编写团队在地下工程及地下综合体研究和设计领域有着近 20 年的从业经历,积累了丰富的设计经验和工程实践。本书理论结合实践,阐述了城市地下综合体在规划设计方面的原则和要点,内容涵盖建筑、结构、设备、防灾等多个专业,并重点介绍了多个由作者参与和主持设计的大型城市地下综合体工程案例。本书为众多城市地下工程及地下综合体建设的从业人员提供了一个很好的参考、借鉴和指导。愿广大读者从中受益,以助于提高和完善城市地下综合体的设计与建设水平。

刘建航

2015 年 4 月 29 日

■ 前 言 ■

　　伴随着我国城镇化的进程,城市人口迅速增加,从 1978 年至 2013 年间,我国城镇常住人口从 1.7 亿增加至 7.3 亿,城镇化率从 17.9％提升至 53.7％,国务院发布的《国家新型城镇化规划(2014—2020 年)》指出,至 2020 年,我国常住人口城镇化率将达到 60％。人口的激增在给城市带来活力的同时,也对城市的空间容量提出了更高的要求,更对城市的环境和交通状况提出了严峻的挑战。地下空间具有不占用地面、受气候影响小、对环境更友好等优点,其开发有助于帮助城市解决空间、环境等问题,因此已在我国各大城市掀起建设热潮。而城市地下综合体更具有集约化程度高、开发效益好等优势,已成为城市新一轮改造和开发的热点。

　　随着中国经济的腾飞,城市地下综合体的建设既迫切又充满动力,开发数量之多、开发规模之大,在全世界名列前茅。然而,由于各种各样的原因,我国城市地下综合体在规划、设计、建设过程中存在着一些不足和问题,在众多工程实践的背后,需要更多的总结和提升来提高我们的水平。目前,城市地下综合体方面的相关书籍较为欠缺,尤其是关于城市地下综合体设计方面的书籍少之又少,而涉及与城市地下综合体相关的建筑、结构、设备、防灾等各个专业的设计类书籍更是无从寻觅,这与地下综合体建设数量和规模形成了鲜明的反差。

　　本书作者自 20 世纪 80 年代中期以来,一直从事地下工程方面的研究及设计工作。20 世纪 90 年代开始,涉及城市地下综合体领域,曾参与和主持设计了众多大型地下综合体项目,在上海及全国范围内已建及在建的地下综合体 20 余项,结合国铁站房建设的大型地下综合体,如宁波站交通枢纽地下综合体、兰州西站交通枢纽地下综合体等。同时,本书编写团队的成员涉及建筑、结构、设备、防灾等各个专业,从事地下工程及地下综合体相关设计和研究长达 20 年之久。经过多年的积累和沉淀,本书作者及编写团队在城市地下综合体设计领域具有较为丰富的从业经验及齐全而富有特色的专业技术。自 2012 年初,作者萌发了将城市地下综合体设计和实施方面的经验付之于笔墨的想法,此时恰逢同济大学出版社计划出版一套国家"十二五"规划重点图书《城市地下空间开发利用与安全系列丛书》,于是作者及团队成员开始着手整理相关资料,希望能打造一本涵盖地下综合体设计各专业、全面而专业的书籍,为城市地下综合体规划、设计、建设、管理等领域内的从业人员提供参考和借鉴。

　　本书共 7 章,第 1 章绪论由贾坚、方银钢执笔;第 2 章地下综合体空间设计由贾坚、魏崴、薛慧明、潘维怡、方银钢执笔;第 3 章地下综合体建造的关键设计技术由贾坚、刘传平、谢小林、

1

罗发扬执笔;第4章地下综合体的机电设备设计由蔡珊瑜、张东见、许云飞执笔;第5章地下综合体的运营及防灾减灾由王凯夫、方银钢、蔡珊瑜、张东见、许云飞执笔;第6章地下综合体案例分析由许笑冰、施佩文、王凯夫执笔;第7章地下综合体的发展趋势由贾坚、方银钢执笔。此外,参与本书编写的人员还包括张志彬、刘天鸾、张少森、杨科、李昌辉、田峰、杨文文、王楠、曾令福、周超等同志。

本书历时两年多得以成稿,在编写过程中得到了不少业内前辈和专家、学者与同仁的真诚指导和帮助,在此致以衷心的感谢! 同时,感谢同济大学出版社支文军社长对本书出版的大力支持,以及杨宁霞、季慧、胡毅、李杰等各位同志为本书所做的大量细致工作! 此外,本书在编写过程中参考、引用了国内外学者的一些图片和资料,在此表示最真挚的谢意,文字已经尽可能详细地标明了出处,如有遗漏则表示衷心的歉意。

由于笔者的认识和水平有限,书中难免存在不足及有待商榷之处,希望广大读者和同仁不吝赐教,提出批评、指正和建议。

作 者

2015 年 8 月

■ 目 录 ■

1

1 绪　论

1.1　城市地下综合体的定义及概念

20 世纪中期后,随着世界各国城市化进程的推进以及全球人口的爆发式增长,城市规模不断扩张、人口不断膨胀,造成了城市较为严重的生存空间危机。由于人地矛盾的尖锐化,城市中出现越来越多的问题(图 1-1),具体表现为交通拥堵、环境恶化、住房紧张、就业困难等。这极大地加剧了城市的负担,制约了城市的发展,并导致城市居民的生存环境进一步恶化。同时,由于出行时间加长、交通拥堵以及管理等问题,无形中加剧了能源和资源的浪费,不利于可持续发展。

图 1-1　城市问题

资料来源:互联网

为了解决日益严重的"城市病",世界各大城市在建设发展过程中经历了"上天入地"的变革。发达国家的各大城市如纽约、巴黎等都曾出现过由于向上部畸形发展而出现的"逆城市化"教训。这表明,以高层建筑和高架道路为标志的城市向上部发展的模式并不是扩展城市空间最合理的方法。在对城市中心区进行改造更新与再开发的实践过程中,人们逐步认识到只有将地面空间、地下空间与上部空间三者统筹协调发展才能更好地解决城市生存空间的问题,即城市的立体再开发(钱七虎,1998)。充分利用地下空间是城市立体化开发的主要组成部分,这能够扩大空间容量,提高城市集约度,缓解交通拥挤,增加地面绿化,美化城市环境。

随着人类对地下空间利用渴求的不断提高以及社会科技水平的持续进步,开发建设更深层次、更大规模的地下空间已成为人们的迫切需要。正是在这样的背景下,"地下综合体"进入了人们的视野。那么,什么是"地下综合体",它又是如何发展演变而来的?本节将从"建筑综合体"以及"城市综合体"入手,来介绍"地下综合体"的起源、定义和概念。

1. 建筑综合体

"建筑综合体"(building complex),也称"综合体建筑",指由多个使用功能不同的空间组合而成的一种综合建筑。它相对于功能单一的传统建筑而言。例如,在一栋高层建筑中,在不同的层面以及地下室中布置有商业、办公、娱乐、餐饮、居住、停车等内容,这些内容在功能上有些相互联系,有些可能毫不相干。"建筑综合体"是现代化、城市化快速推进历程中,城市建筑形态演进的一种阶段性产物。

2．城市综合体

经过进一步的发展，不同城市功能也被综合布置在大型建筑物中，这就衍生成为"城市综合体"（图1-2）。"城市综合体"其英文单词为 HOPSCA，是酒店（Hotel）、写字楼（Office）、公园（Park）、购物中心（Shopping mall）、会议中心/会展中心（Convention）、公寓（Apartment）的首个英文字母组成。顾名思义，以上这些建筑即是"城市综合体"的基本组成元素。一般来说，每个"城市综合体"至少组合了上述功能中的3种，从而形成以某一种功能为主、多种功能配套的多功能高效率建筑群落。

图1-2　城市综合体

资料来源：互联网

对于"城市综合体"，目前较为公认的定义如下："城市综合体"就是将城市中的商业、办公、居住、旅店、展览、餐饮、会议、文娱和交通等城市生活空间的3项以上进行组合，并在各部分之间建立一种相互依存、相互助益的能动关系，从而形成一个多功能、高效率的综合体。"城市综合体"是多种不同功能建筑的组合，但并不能简单地与多功能建筑画上等号。其差别就在于，多功能建筑是数量与种类上的积累综合，这种综合不构成新系统的产生，局部增减无关整体大局。而城市综合体则是各组成部分之间的优化组合，并共同存在于一个系统之中。

3．城市地下综合体

"城市地下综合体"也简称"地下综合体"（underground complex），以下本书均采用"地下综合体"来代称。对于"地下综合体"（图1-3）的概念，不同的学者有着不同的理解，有的从其形成过程进行定义，有的从其功能效益和组合形式的角度进行阐述。

图1-3　地下综合体

资料来源：互联网

从"地下综合体"形成过程的角度对其进行定义如下（童林旭，2012）："随着城市经济和社会的发展，以及城市集约化程度的不断提高，传统的单一功能的单体公共建筑，已不能完全适应城市生活的日益丰富和变化，因而逐渐向多功能和综合化发展。由多种不同功能的建筑空间组合在一起的建筑，称为建筑综合体。经过进一步的发展，不同城市功能也被综合布置在大型建筑中，成为城市综合体。当城市综合体随着城市的立体化再开发而伴生于城市地下空间中，便发展成为城市地下综合体，简称地下综合体，这种综合体多是将城市的一部分交通功能、市政公用设施与商业等建筑功能综合在一起。"

从"地下综合体"功能效益和组合形式的角度对其进行定义如下（侯学渊等，2008）："地下综合体又称城市地下综合体，通常指可综合体现城市功能的大型城市地下空间。一般在市区重要节点上设置，用于改善地面交通，扩大城市地面空间，或保护环境等。此外也有抗御战争破坏和自然灾害，促使地下公用管线设施综合化等作用。可与新建城镇结合建设，与高层建筑群结合建设，或与城市广场和街道结合建设，可将市中心区的多种交通系统都转入地下，并可实现换乘，地面上则为步行和绿化面积，有利于改善市中心的交通和环境条件。"

综合以上有关"地下综合体"的概念可以看出，"地下综合体"具有如下几个特点：

（1）它被建于"地下"，更准确的理解应为"岩土地层中"，同时，也常与地面建筑或绿化景观相结合，从而更好地发挥其功用；

（2）开发面积大，甚至能达到几十万平方米；

（3）具有多种建筑功能，如交通、商业、娱乐、停车、会展、文体、办公、市政、仓储、人防等，并至少集合了其中的3项功能；

（4）是在城市人口迅速膨胀、"城市病"频发的背景下发展起来的，能够较好地发挥改善城市环境、缓解交通拥挤等作用。

随着社会的不断发展，以轨道交通为代表的公共交通体系在城市中的作用越来越显现。世界各大城市的建设实践均表明，公共交通对于城市的发展具有重要的引领作用，是联系城市各类要素的重要纽带。对于现代化的地下综合体而言，唯有公共交通元素的融入，才能更好地实现其与城市的融合，为其带来人流、增添活力，从而更好地凸显地下综合体对土地资源利用集约化和高效性的优势。

基于此，本书对于现代化的"地下综合体"定义如下：在城市整体规划框架之下，以公共交通为引导，并与商业、娱乐、停车、会展、文体、办公、市政、仓储、人防等两项以上功能进行有效集聚整合而形成的大型城市地下空间。

1.2 地下综合体的缘起和发展

地下综合体是人类开发利用地下空间发展到一定程度后形成的产物。那么，在人类漫长的历史长河中，地下空间的利用又是如何发展演变的？它对人类的文明进步起到了哪些作用？地下综合体从何时开始出现？它与地下空间的发展之间又存在着何种联系？本节将按时序的进程,对地下空间利用和地下综合体的发展演变进行介绍。

1.2.1　古代地下空间的发展

  人类利用地下空间的历史几乎与人类自身的历史一样久远。从人类的源头开始追溯,最古老的先民们就穴居在天然洞穴之中。北京周口店龙骨山的洞穴内,曾居住过距今 69 万年前的北京猿人和距今 18 000 年前的山顶洞人(钱七虎,2002)。后来,随着一些简单工具的出现,在某些地质和气候条件适宜的地区,出现了人工开挖的地下洞穴。在我国大约六七千年前就出现了人工开挖的地下居室。至今,在陕西、山西、河南、陇东、宁夏等黄土地区,仍有相当多的人居住在地下窑洞中(图 1-4)。除我国以外,突尼斯南部的玛特玛塔村(图 1-5)、意大利南部阿普利亚省、以色列阿夫德脱、约旦皮特拉、阿富汗巴米安山谷等,都曾有过大量的地下居室、地下宗教场所或地下防御体系。

图 1-4　陕北窑村

资料来源:http://www.51jsms.com

图 1-5　突尼斯玛特玛塔村

资料来源:互联网

  古人除了利用地下空间作为居住场所外,还将其用于墓葬、储藏、输水、防御等领域。如我国的秦始皇陵、古埃及的胡夫金字塔、我国隋朝的地下粮仓(图 1-6)、宋朝的作战地道(图 1-7)、古罗马的地下输水道等均是古人利用地下空间的实例。

图 1-6　隋朝地下粮仓

资料来源:互联网

图 1-7　宋朝作战地道

资料来源:互联网

除了单一使用功能的地下空间外,古代也逐渐出现了一些类似于现代地下综合体的古代地下建筑群,这些古代地下建筑群可被认为是地下综合体的最早期雏形。

如土耳其的卡帕多西亚地区,在其河谷两旁的悬崖上、山岩下隐藏着成百上千座古老的岩穴教堂、不计其数的洞穴式住房和规模宏大的地下建筑遗址(图1-8—图1-10)。据记载,3 000多年前的土耳其先民赫梯民族就曾在此凿洞而居,后来,这里被波斯人、罗马人、拜占庭基督教徒和伊斯兰教徒相继占领。公元3世纪期间,基督教徒为了自卫,加强了这里地下居住系统的建造,他们建起了教堂和修道院,以后,又将部分居室改成多层,这种建造活动一直持续到12世纪。据估计,7世纪时这个社团已增长到3万居民,全部住在地下,有着广泛的联系网。

图1-8 卡帕多西亚地下城示意图

资料来源:http://jandan.net

图1-9 卡帕多西亚地下城内景图

资料来源:http://www.yododo.com

图1-10 卡帕多西亚地下建筑群夜景

资料来源:互联网

位于波兰克拉科夫市郊的维耶利奇卡盐矿自公元13世纪开始开采,是欧洲最古老的盐矿之一(图1-11)。该矿由总长达200 km的许多地下通道组成,连接着2 000多个挖掘而成的洞室,这些洞室遍布在地下9～327 m之间,共分为9层,有卧室、教堂、餐厅、娱乐大厅,后来还建成了展示厅、博物馆甚至疗养室等。第二次世界大战时,人们为躲避战乱,就住在这些矿里。

图 1-11 维耶利奇卡盐矿

资料来源:http://baike.haosou.com

我国古代也有大规模的地下人工建筑群,其中最为著名的当属龙游石窟,共有 24 个地下石室群,其中最大的一个洞厅面积甚至达到了 10 000 多平方米(图 1-12),相传为春秋战国时期越王勾践建立的秘密伐吴战备基地。

图 1-12 龙游石窟

资料来源:http://www.nipic.com

1.2.2 近现代地下空间及地下综合体的发展

1. 地下空间的发展

1640 年开始的英国资产阶级革命标志着世界历史进入了近代阶段,此后西方国家逐渐步入了工业化社会。同时,14 世纪到 16 世纪的文艺复兴不但使欧洲在文化艺术上摆脱了宗教的束缚,自然科学也有了很大的发展,促进了社会生产力的提高。17 世纪火药的使用和 18 世纪蒸汽机的应用,使得在坚硬岩层中开发地下空间成为可能。从此,欧洲的科学技术开始走在世界的前列,地下空间的开发利用也进入了新的发展时期。人类对地下空间的开发和利用涉及交通、市政管网、商业、娱乐、停车、储藏以及其他公用设施等领域。

当时的欧美资本主义国家大工业城市飞速发展,城市化进程迅速推进,城市人口出现了恶性膨胀,环境污染严重。以伦敦和巴黎为例,分别是当时闻名于世的"雾都"和"臭味之都"。为了解决环境和卫生问题,伦敦和巴黎分别于1865年和1878年建成了城市的下水道管网系统,实现了污水与地下水隔开(图1-13),极大地改善了城市的环境和卫生状况。其中,巴黎的下水道更是以清洁和干净而闻名于世,如今已建设成为世界著名的下水道博物馆(图1-14)。

图1-13 伦敦下水道工程

资料来源:http://www.360doc.com

图1-14 巴黎下水道博物馆

资料来源:http://www.aquasmart.cn

除了环境问题外,交通问题也困扰着当时的欧美大城市。在这样的背景下,人类历史上的第一条地铁于1863年1月10日在伦敦建成并正式投入运营(图1-15),全长约7.6 km,主要采用明挖的方法进行修建,建成后极大地缓解了当时伦敦交通拥堵的问题。1950年以后,世界地铁的建设速度进入了爆发式的增长阶段。据不完全统计,目前世界上已有100多座城市建成了地铁,总里程已超过7 000 km。其中,地铁运营里程超过200 km的城市有上海、北京、纽约、伦敦、东京、首尔、马德里、莫斯科、巴黎、广州、墨西哥城等。除

图1-15 世界上第一条地铁

资料来源:http://pic.10jqka.com.cn

了地铁之外,隧道、地下道路系统也是地下交通的重要应用,为城市交通问题的解决以及社会运输能力的提高贡献了力量。

地下商业最早出现于地铁车站内。1930年,日本东京的须田町地铁车站内开设了一些商店,同年,在沿线的京桥等站也出现了若干商店,这些可以被认为是现代地下商业的雏形(童林

旭,1998),后来,在日本逐渐发展成为颇具规模的地下商业街。1955—1973 年的经济发展时期,地下商业街在日本开始大量出现(图 1-16)。它们大多还是依附于主要的地下交通节点,在规模上较以往大大增加了,也有了更多的公共空间,甚至出现了自身的商业节点。此外,欧美的美国、加拿大、法国、挪威等国家也对地下商业空间进行了较大规模的开发,有的甚至形成了地区性的地下综合体。

图 1-16　日本虹之町地下街

资料来源:互联网

1950 年以后,私人小汽车数量的迅速增长,使停车需求与停车场地不足的矛盾急剧尖锐化。为了解决城市内的停车问题,世界发达国家纷纷建造地下停车库。欧美的几个大城市,在 20 世纪 50 年代建造了一批大型地下公共停车库,容量都在 1 000 辆左右,多的甚至达到了 2 000 辆以上。这些大型停车场多位于中心区的道路、广场或公园地下,建成后,地面上仍恢复为公园或广场,既保留了市中心区的开敞空间,又解决了停车问题。

地下公共建筑在 20 世纪 50 年代开始出现,到 60 年代,数量逐步增多,类型也不断扩展,在 70 年代后形成了一定的规模,建成了一些颇具特色并对今后发展产生了积极影响的地下公共建筑,如瑞典斯德哥尔摩的伯尔瓦德尔地下音乐厅(图 1-17)、德国科隆美术馆与音乐厅、芬兰赫尔辛基市的依塔克什地下游泳馆(图 1-18)、美国旧金山的莫斯康尼地下会议展览中心等。此外,利用地下空间对已建公共建设进行改造也是重要的一方面,其中最为著名的当属巴黎的卢浮宫。

图 1-17　伯尔瓦德尔地下音乐厅

资料来源:互联网

图 1-18　依塔克什地下游泳馆

资料来源:互联网

地下储存因具有占地少、安全、储存条件易于满足、便于管理等优点,自古以来就被人类所使用。除了利用地下空间储存石油、天然气、食品等物资外,近年来发展地下储热库和地下深层核废料库成为新的热点。在这方面,瑞典、挪威、芬兰等北欧国家开发得较早,目前,美国、法国、日本等各国也都根据自身的自然和地理条件,发展建设了能源和其他物资的地下储库。

2. 地下综合体的发展

现代意义上的地下综合体是在 20 世纪 50 年代左右逐渐形成并发展起来的。第二次世界大战结束以后,社会经济迅速发展,城市化的不断推进以及人口的迅速扩张,导致城市环境恶化,各种问题不断涌现。正是在这样的背景下,结合战后的重建和改建,各大城市开始开发和建设集交通、商业、娱乐、餐饮、会展、停车、办公、居住、仓储等功能于一体的城市地下综合体。可以说,地下综合体是社会生产力不断发展以及人类文明不断进步的必然产物。

在地下综合体的开发建设过程中,不同国家在自己的长期实践中形成了一些传统的做法。例如,欧洲的一些地下综合体,建筑规模较大,层数较多,建筑功能较齐全;美国和加拿大的地下综合体,多由高层建筑群的地下室扩展而成,其内容和组成方式与相关地面建筑的性质和内容相配合;日本的地下综合体其显著特点是,主要由公共通道、商店、停车场和机房等辅助设施组成地下街,并经集散大厅或地下步行通道与地铁或铁路车站相连。

1) 日本的地下综合体

在日本,地下综合体以"地下街"最为出名。"地下街"最初在日本是因为与地面上的商业街相似而得名,在地下街发展的初期,其主要形态是在地铁车站中的步行通道两侧开设一些商店。经过几十年的变迁,虽然从内容到形式都有了很大的发展和变化(图 1-19),实际上已成为地下综合体,但至今在日本仍沿用"地下街"这一名称。其中较为著名的有八重洲地下街、长堀 Crysta 地下街、虹之町地下街等。东京的八重洲地下街(图 1-20、图 1-21)建于 1963—1969年,与东京站相连通,其建筑面积达 7.4 万 m^2,设地下 3 层,包含车站建筑、商业、地下步行道、停车场、地下高速路、地下管廊、高压变配电室等,每天经过这里的人流高达 45 万人次。

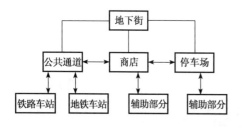

图 1-19 地下街组成图解

图 1-20 八重洲地下街内部

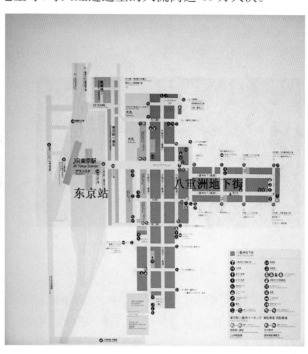

图 1-21 八重洲地下街地下平面布置图示

在日本除了地下街以外,城市中心地区高层建筑的地下室直接或间接与地铁车站连接成片而形成的地下综合体也较为典型。如日本东京中城地下综合体、六本木新城泉公园地下综合体等。东京中城区域由 6 座建筑物组成,整项计划的地标建筑"中城大厦"是一座地下 5 层、地上 54 层的摩天大楼,于 2007 年 3 月建成,该区域内各建筑的地下室通过地下连通道与大江户线六本木地铁站及日比谷线六本木地铁站相连,形成一个集交通疏散、购物、餐饮、办公、停车于一体的地下综合体(图 1-22)。六本木新城泉公园建造在交通流量集中的东京都级道路 1 号线和尾根道之间,占地面积 2.4 万 m²,总建筑面积 21 万 m²,地上 45 层,地下 3 层,其地下室与地铁南北线六本木一丁目站共建,形成一个集办公、商业、交通、停车等功能于一体的地下综合体(图 1-23)。

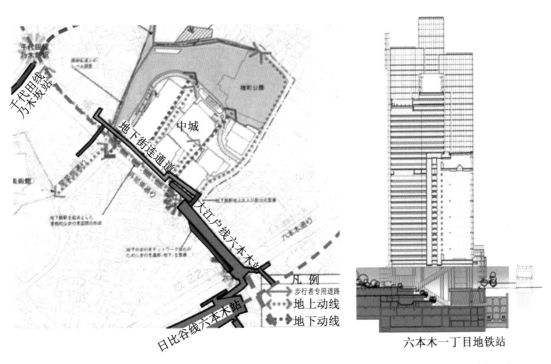

图 1-22　东京中城地下综合体平面图　　　　　图 1-23　泉公园剖面图

2) 西欧的地下综合体

西欧国家(如法国、德国、英国等)的一些大城市,在战后的重建和改建中,发展高速道路系统和快速轨道交通系统,结合交通换乘枢纽的建设,发展了多种类型的地下综合体,其特点是规模大、内容多、水平和垂直两个方向上的布置都较复杂。

列·阿莱地区(Les Halles)位于巴黎旧城的最核心部位,1962 年巴黎市政府对这一地区进行了彻底的改造和更新,实行立体化再开发,建设成了一个集交通、商业、文娱、体育等多种功能于一体的地下综合体,共设地下 4 层,总建筑面积超过 20 万 m²,是目前世界上最大,也是最复杂的地下综合体之一(图 1-24—图 1-26)。其地下空间内有各种停车场及交错的隧道,有 5 条地铁线路通过,同时还有 15 条公交线路。列·阿莱地下综合体的建成,使通过市中心区的多种交通系统都转入地下,并在综合体内实现换乘。2010 年,巴黎市政府又对该地区进行了一轮改造,优化了公共空间,提升了地下交通网络的便捷性,改善了步行出入口的交通组织以及商业与地铁换乘的垂直交通。

图 1-25 列·阿莱地下综合体改造效果图

资料来源:互联网

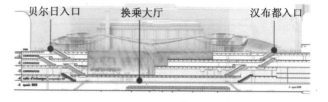

图 1-24 列·阿莱地下综合体地下换乘大厅

资料来源:互联网

图 1-26 列·阿莱地下综合体改造剖面示意图

资料来源:互联网

拉德芳斯(La Defense)位于巴黎市的西北部,结合城市副中心的建设,开发了一个巨大的交通枢纽型地下综合体,共设地下 4 层,包括公交车站、地铁、停车场、地下道路以及商业等配套设施(图 1-27、图 1-28),并成功贯彻了"人车分离"的原则。

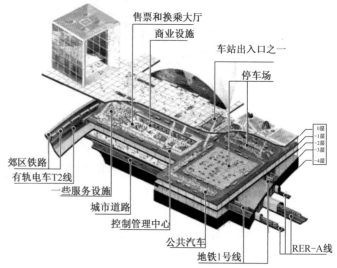

图 1-27 拉德芳斯地下综合体平面图

资料来源:http://www.mfb.sh.cn/

图 1-28 拉德芳斯地下综合体剖视图

资料来源:互联网图片改绘

　　波茨坦广场(Potsdamer Platz)曾是欧洲的交通要塞,二战的战火将其夷为平地,柏林政府于 1990 年开始统一规划建设该地区,并将其建设为一个地下交通枢纽型的地下综合体,包括地下铁路、地下道路、地铁等交通设施,并辅以商业、停车、影视等功能,组成了一个巨大的地下城(图 1-29、图 1-30)。

图 1-29　车站出入口

资料来源:互联网

图 1-30　换乘大厅

资料来源:互联网

　　3) 北美的地下综合体

　　美国城市由于高层建筑过分集中,城市空间环境恶化,因此在高层建筑密集地区,如纽约曼哈顿区、费城市场西区、芝加哥中心区等地,开发建筑之间的地下空间,与高层建筑地下室连成一片,形成了大面积的地下综合体。位于纽约曼哈顿中城的洛克菲勒中心(Rockefeller Center)是一个由 19 栋商业大楼组成的建筑群,其通过地下人行系统及地下商业街将这些楼宇连接成一个地下综合体(图 1-31、图 1-32)。洛克菲勒中心地下空间内容丰富,除了商业、部分办公空间外,还有旅馆、影剧院、滑冰场、舞厅以及门厅、休息厅和地下公共通道、停车场等。

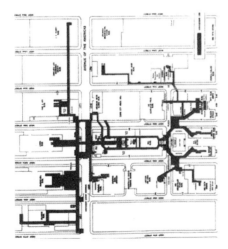

图 1-31　地下人行道网络

资料来源:http://mp. weixin. qq. com

图 1-32　下沉广场

资料来源:http://yangjiang. house. sina. com. cn

加拿大的冬季漫长,很多城市积雪会达半年之久,这就给地面交通造成了很大的困难,因此需要大量开发城市地下空间,建设地下综合体,利用地下铁道和地下步行道把地下空间以及地面建筑连接起来。蒙特利尔坐落于加拿大渥太华河和圣劳伦斯河交汇处,是加拿大第二大城市。在蒙特利尔市威尔·玛丽区有一个规模庞大的地下城,总面积超过 360 万 m²,步行街全长 30 km,连接着 10 个地铁车站、2 000 个商店、200 家饭店、40 家银行、34 家电影院、2 所大学、2 个火车站和 2 个长途车站,已成为目前世界上规模最大的城市地下综合体(图 1-33)。地下城的建设源于 1962 年对外开放营业的威尔·玛丽广场,历经半个世纪的发展,最终形成了一个由步行街通道联系起来的庞大系统。这个系统最深的地方达地下五层,邮局、超市、酒吧、咖啡屋、美容美发店一应俱全,应有尽有。

图 1-33　蒙特利尔地下城内景

资料来源:http://blog.sina.com.cn/s/blog_6f69a7040100qvil.html

4) 我国的地下综合体

20 世纪 80 年代中期以来,随着我国改革开放的进行,经济迅速发展,城市不断扩容。在一些大城市,以土地批租和引进外资为推动力的旧城改造工程开始起步,与城市再开发相结合的地下空间利用项目不断增加,类型和规模不断扩大,地下综合体逐步出现并不断发展。

1987 年,吉林市在市中心的道路交叉口处,结合市政道路的改造,建成了一座地下商场,它集人行过街交通、商业、民防三大功能为一体,首开了我国现代城市地下综合体建设的先例(侯学渊等,1990)。随后的 1988 年,哈尔滨的第一条地下商业街——哈尔滨人防奋斗路地下

商业街(现为金街)建成开业,建筑面积
1.3 万 m²。发展到现在,哈尔滨共有二十
几个地下商业街,而且部分地下商业街之
间相互连通,形成了一个巨大的地下城。
大连胜利广场于 1993 年开建并于 1998 年
正式营业,建筑面积达 14.7 万 m²,共设地
下 3 层,是一个集购物、娱乐、餐饮、休息于
一体的地下综合体(图 1-34)。

图 1-34 大连胜利广场

资料来源:http://dalian.cncn.com

　　除了东北地区之外,北京、上海、广州、
深圳、武汉等大城市也随着大规模的中心
城区改造以及新区建设,同时结合轨道交
通建设的大力推进,积极开发利用地下空
间。以上海为例,先后在人民广场、静安寺、徐家汇、五角场、真如等地区开发建设了大型的地
下综合体。为适应城市发展的需求,上海市政府从 1993 年开始根据立体化再开发的原则对人
民广场进行综合改建,在经过 10 多年的发展以后,已建成一个集商业、停车、交通、市政为一体
的地下综合体(图 1-35、图 1-36)。广场西南部的购物中心通过地下商业街以及地下步行通道
与地铁 1 号线、2 号线、8 号线换乘枢纽站人民广场站相连。

图 1-35 上海人民广场鸟瞰图

资料来源:http://baike.baidu.com

图 1-36 上海人民广场地铁站换乘大厅

资料来源:互联网

　　1990 年建成的沈阳北站是全国铁路客运站中第一个采用综合站房形式的列车站,也是我
国大陆第一个规模较大的交通枢纽型地下综合体,地下建筑面积超过 4 万 m²,结合了火车站
地下室、人行地道、地下商业街、停车场以及民防等功能。进入 21 世纪以后,我国陆续兴建了
多个地下开发规模达几十万 m² 的超大型交通枢纽类地下综合体,如上海南站(2006 年)、北京
南站(2008 年)、上海虹桥枢纽(2010 年)、宁波南站(2013 年)、兰州西站(2014 年)、重庆西站
(2015 年)(图 1-37)等。其中,上海虹桥枢纽规划用地面积约 26.26 km²,是一个集高速铁路、
城际铁路、高速公路客运、城市轨道交通、磁悬浮、公共交通、民用航空于一体,并辅以商业、餐
饮、娱乐、停车以及市政管沟等功能的超大型地下综合体。枢纽核心体总建筑面积约 100 万

m^2,其中地下空间面积超过50万m^2,由西向东依次为西交通中心、高铁车站、磁悬浮车站、东交通中心以及航站楼(图1-38),规划有5条轨道交通线路进入枢纽。其地下空间共设3层,其中地下一层为商业、餐饮、娱乐以及换乘通道等公共活动空间,地下二层及以下除地铁站台区域外,以停车、设备空间为主。

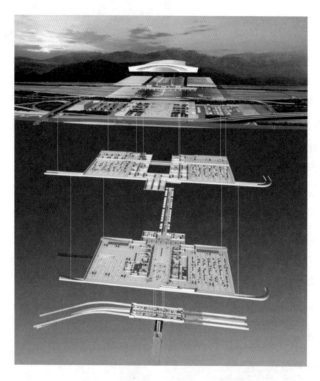

图1-37 重庆西站分层透视图

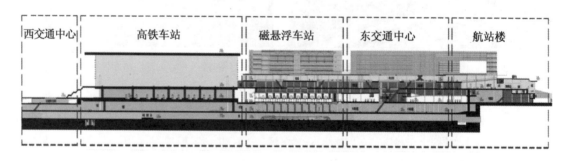

图1-38 虹桥枢纽剖面图

资料来源:缪宇宁,2010

1.2.3 地下综合体的功能及优点

地下综合体是集多种建筑功能于一体的城市地下空间,凡地下空间所具备的功能,地下综合体也都基本具备,如交通、商业、娱乐、停车、会展、文体、办公、市政、仓储、人防等。地下综合体由于集合了多种功能,因此可以更好地发挥其综合效益,体现城市地下空间利用的集约化和高效化。

1. 地下综合体的功能

在地下综合体的众多功能中,最为常见的主要包括以下几种。

1）交通集散功能

只有更好地将人流引入地下,才能更好地发挥地下综合体的效益并达到其建设的目的。交通集散功能所起到的作用便是如何输送大量的人流到达地下目的地（图 1-39），方便人们前往地下综合体进行相应的活动。因而,交通集散功能可以被认为是实现地下综合体其他功能的重要保障和催化剂。

图 1-39　地铁车站

资料来源:互联网

2）商业功能

商业功能包括购物、餐饮、娱乐等。地下商业（图 1-40）最早是在地下车站内发展起来的,目的是方便乘客购买一些日用商品及食物饮料。时至今日,地下商业的规模已相当巨大并且形式多样,任何一个地下综合体基本都具有商业购物的功能。由于城市的迅猛发展,市中心用地紧张,将部分商业功能引入地下,可有效提高市中心土地利用率。同时,地下商业还具有受天气影响小、易与地铁车站共建结合、方便人流到达等优点。

3）文体会展功能

文体会展功能包括体育场馆、音乐厅（图 1-41）、美术馆、博物馆、会展中心等。将文体会展建筑地下化最早出现在一些地处寒带地区的发达国家,如北欧、北美,这些国家冬季天气寒冷,同时地质条件较为优越,因而建有一大批地下文体建筑。目前,众多地下综合体内也建有游泳馆、游乐场、音乐厅、电影院、展览馆等建筑。

图 1-40　地下商场

图 1-41　地下音乐厅

资料来源:互联网

4）停车功能

随着城市的发展及人民生活水平的提高,小轿车的保有量已呈现爆发式增长,市中心区域的停车已成为一大难题。地下综合体内基本上都建有大规模地下停车场(图1-42),有的甚至能容纳上千辆汽车,可极大地缓解停车难的问题,提高市中心地区的土地利用率。同时,可将地面留给城市绿化,改善城市环境。

5）人防功能

由于地下建筑建于地下岩土中,因而与地上结构相比对战争武器的毁伤效应具有一定的防护特性。地下综合体内设有大量的人防区域(图1-43),按照"平战结合"的原则进行规划设计,在战时可为大量人员提供避难和掩蔽空间,具有重要的人防功能。

图1-42　地下停车场

资料来源:互联网

图1-43　地下人防

资料来源:http://www.yuxinjituan.com

除此之外,地下综合体还具有其他的一些功能,如办公、市政、仓储等。

2. 地下综合体功能的关联性和综合性

地下综合体具有多种功能,某些为主要功能,某些为辅助功能,并且不同功能之间具有一定的关联性,相辅相成,互相影响。例如,某些地下综合体以商业购物为主功能,同时结合地铁车站共建,并设有大型地下停车场,这样便具备了交通集散功能和停车功能,可将大量人流引至该地下综合体,为其聚集人气,从而更好地发挥其商业购物的主功能。某些交通枢纽型地下综合体以交通集散为主功能,其内布设部分的商业购物、餐饮娱乐区域,可极大地方便乘客,减少候车等待时的枯燥感,提高出行效率,吸引客流的往来。

地下综合体功能的综合性是指将复杂多样的功能空间综合布置在一个建筑和结构相互联系的地下建筑或地下建筑群体中,形成多功能兼容配套的综合体(朱大明,2006)。对于地下综合体来说,功能的综合性是其基本特征之一。它集交通、商业、娱乐、停车、会展、文体、办公、市政、仓储、人防等多种功能于一体,将不同的使用功能根据需要布置在不同的楼层或同一楼层的不同区域内,为人们提供了一站式全方位多元化的服务,方便人们的出行和工作需求。

3. 地下综合体的优点

地下综合体各功能区域的统一规划、同步进行、配套建设,避免了地下建筑孤立或零星开发所造成的地下空间资源和建设资源浪费以及开发效益低下等弊端,从而能够充分利用并发挥地下建筑功能集聚性的优势。

具体来看,地下综合体的优点主要表现在以下几个方面。

1）提高土地使用效率及使用价值

城市中心区域多为功能集聚、建筑密集、人流巨大、交通拥挤的地区,可谓"寸土寸金",土地的高效率利用便成为迫切需要。大面积、深层次开发的地下综合体将大量城市功能设置于地下,可极大地增加城市空间容量,缓解地面用地不足,有效提高城市中心区域的土地使用效率。同时,地下综合体的开发建设紧密结合城市总体规划,可有效整合城市中心的功能分布,使其布局更趋合理,从而提高土地的使用价值。

2）分流城市交通

地下综合体对城市交通的分流作用是随着规划设计的深化和建设经验的积累而逐渐显现的。从简单的过街功能到跨地块的步行连通,从轨道交通换乘到轨道交通与其他交通设施换乘以及与商业、公共空间的连通,地下综合体所承担的步行交通流量已逐步接近甚至超越地面步行交通量。例如,大阪站前城区改造完成后,将站前梅田区域各栋单体整合为2层的立体地下交通体系,上层为地下街和公共地下人行通道,下层主要为地下停车场。改造工程将大量过街、换乘以及购物人流引入地下,极大地改善了地面人车混行、车速缓慢的状况(图1-44)。

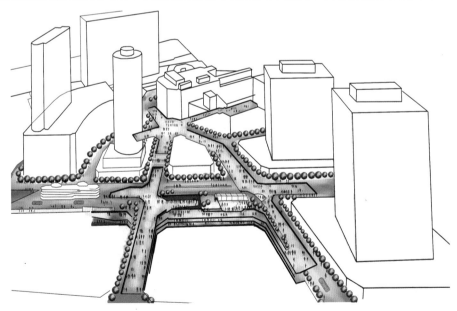

图1-44　大阪梅田地下街透视图

资料来源:http://www.mfb.sh.cn

除了将步行交通引入地下，以轨道交通为先锋的公共交通设施也逐一进入地下发展阶段。在中心城区，轨道交通、城际铁路、快速道路的地下化建设有效缓解地面交通压力并快速疏导过境交通，优化城市空间的同时也促使有限的城市用地发挥更大作用。

3）改善城市环境

通过大规模地下空间尤其是地下综合体的开发，可以把大量城市功能放入地下，把地面还给绿化和行人（图1-45），从而极大地缓解城市尤其是中心区域的空间和环境压力。城市轨道交通的大力发展及其便利性、网络化的特点，可促使人们更多地使用公共交通出行，有利于城市的节能减排；同时，地下快速路网的建设也便于汽车尾气的集中收集和处理，避免尾气直接排入大气。这些措施都能极大地改善城市环境，促进城市的可持续发展。

图1-45　上海人民广场

资料来源：互联网

4）提高城市综合防灾能力

与地面建筑相比较，地下空间由于埋置于岩土地层中，其在抗震、抗爆等方面具有天然的优势。因此在紧急状况下，地下综合体可以给大量的市民提供一个良好的避难场所，从而提高城市的综合防灾能力。

1.2.4　地下综合体的类型

地下综合体的分类原则多种多样，可按照建筑规模的大小来进行分类，或者按照平面形状和布置形式来进行分类。本书将根据地下综合体在城市区域内的规划功能定位将其分为三类：以地下交通枢纽衔接为核心的交通枢纽型地下综合体；以综合区域城市活动功能为主导的城市节点型地下综合体；以全面结合城市基础设施建设为目标的城市网络型地下综合体。

1. 交通枢纽型地下综合体

交通枢纽型地下综合体通常依托于城市交通枢纽建设而成，这种交通枢纽一般综合有多种交通模式，如铁路、地铁、轻轨、地面交通等。这一类型的地下综合体往往承担着"城市门户"的重要角色，主要以满足城市交通衔接、换乘服务为主导功能展开，利用城市日常交通的固定客流量作为基础支撑，拓展相应的城市配套服务。

交通枢纽型地下综合体多以火车客运站为重点进行开发建设，结合区域改造，将地下交通枢纽与地面交通枢纽有机组合，融合国铁站房、轨道交通、地面交通等元素进行一体化整体设计，力求在"零换乘"和"无缝衔接"的基础上，达到城市公共效益最大化。美国纽约的曼哈顿大中央站（图1-46）、日本的东京站、上海虹桥枢纽、北京南站、兰州西站（图1-47）都是这一类型的典型案例。

图1-46　纽约曼哈顿大中央车站

资料来源:互联网

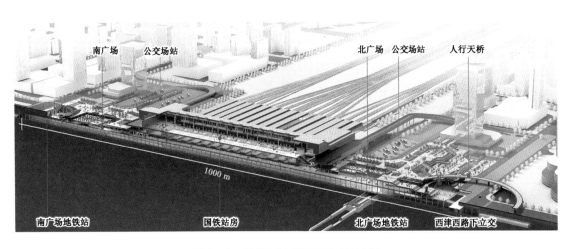

图1-47　兰州西站地下综合交通枢纽

　　近年来,出现了部分以机场为核心进行开发的交通枢纽型地下综合体。例如,兰州中川交通枢纽(图1-48)便是集合了航空、铁路、机场快线、长途客运、出租车等交通方式,并植入商业元素,形成了一种新型的交通枢纽型地下综合体。通过综合换乘大厅,人们可以方便地进行不同交通方式间的换乘,并实现地上地下的连通。

　　2. 城市节点型地下综合体

　　城市中心地区是城市交通、商业、金融、办公、文娱、信息、服务等功能最完备的地区,设施最完善,经济效益最高,也是各种空间矛盾最集中的地区。为了解决城市发展过程中所产生的各种问题和矛盾,需要对原有城市不断进行更新和改造。这种更新和改造是城市节点型地下综合体产生的直接动因。因此将这种依托于城市中心、副中心地区更新或改造而形成的地下综合体归纳为城市节点型地下综合体。如法国巴黎中心区列·阿莱地下综合体、上海人民广场地下综合体、徐家汇地下综合体、五角场地下综合体等。

21

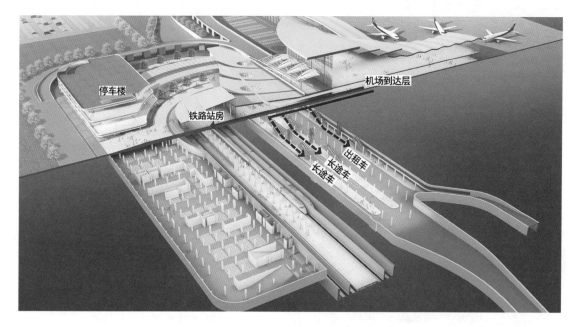

图 1-48　兰州中川交通枢纽剖透视图

城市节点型地下综合体又可分为广场型、街道型、高层建筑群连接型以及地铁车站型四类。

1) 广场型

在城市中心广场地区,单层次利用空间,其效益得不到充分发挥。因此,可利用广场地区建筑物和地下管线的拆迁问题少、对地面交通影响较小、易于地下空间开发的优势,建设地下综合体,以补充地面功能的单一化,将地面全部或部分功能转移到地下,保留广场,对地面开敞空间进行绿化,供人们游憩及进行各种社会文化娱乐活动。

例如,上海人民广场地区根据立体化再开发的原则,将众多功能转入地下,建成了一个集交通、商业、停车、市政等功能于一体的地下综合体。通过充分利用地下空间,将地面留给了广场公园及公共绿地(图 1-49),在取得经济效益的同时,又取得了很好的环境效益和社会效益。

2) 街道型

街道型地下综合体是指在地下街道两侧设置商业、文娱等设施,部分与地铁站、停车场等交通设施相连通,并可结合市政共同管

图 1-49　上海人民广场

资料来源:http://baike.baidu.com

沟、下立交等共建而成的地下综合体。如日本的八重洲地下街、长堀地下街等。城市街道型地下综合体可减少地面人流,实现人车分离,对缓解交通拥塞能起到较大的作用,并有效地缩短交通设施与建筑物间的步行距离。地下商业空间对地面商业也是重要的补充。实践证明,地下街的建设均不同程度地促进了所在地区的发展和改造,并取得较好的经济效益。

长堀 Crysta 地下商业街(图 1-50)位于大阪市中心,建于 20 世纪 90 年代,全长 760 m,建筑面积 8.2 万 m²,共设地下 4 层,连接有 4 条地铁线路,将车站、商业、停车、人行过街等设施整合为一体,成功实现了地区性人车立体分流。

图 1-50　长堀 Crysta 地下街内景

资料来源:互联网

3) 高层建筑群连接型

城市节点型模式的另一种形式是利用城市中心区高层建筑群地下空间来建设地下综合体。随着城市的发展,现代高层建筑设计已不满足于原有的"划地为块,各自为政"的高层建筑设计模式,而强调各种功能的内在联系,注重成片改造,城市公共空间和建筑空间相互渗透,城市交通功能深入建筑内部。这对提高城市中心运转效率,创造宜人的城市环境具有积极的作用。如美国洛克菲勒中心地下综合体、上海陆家嘴区域地下综合体均为此种类型。

上海陆家嘴区域是中国上海的主要金融中心区之一,区域内高层及超高层建筑林立,如中国第一高楼上海中心(632 m)、第二高的环球金融中心(492 m)以及第七高的金茂大厦(420.5 m)均位于此。但由于各高楼及地下室各自独立,互不连通,给人员通行及交通组织带来了极大的不便。通过地下通道的建设,对上海中心、环球金融中心、金茂大厦、国金中心、14号线在建地铁站、2 号线陆家嘴地铁站、地下管廊等项目的地下空间进行系统整合和改造,使其相互连通(图 1-51),大大改善了该区域内的交通人流组织,提高了城市中心的运转效率。

4) 地铁车站型

地铁车站型地下综合体(图 1-52)是指在已建或规划建设地铁的城市,结合地铁车站的建设,将城市功能与该地区的城市再开发相结合,进行整体规划和设计,建成具有交通、商业、娱乐、停车、市政、人防等多种功能为一体的地下综合体。其显著特征是地铁车站与周边高层建筑群以及地下空间的有机结合,最大限度地缩短从地铁站到高层商业、办公、居住空间的距离,从而快速高效地解决大量人员的集中与疏散。建设以地铁为主体的地下综合体,充分发挥地下交通系统便捷、高效作用,将促进所在地区的繁荣与发展,同时也能够提高地下交通的整体效益。

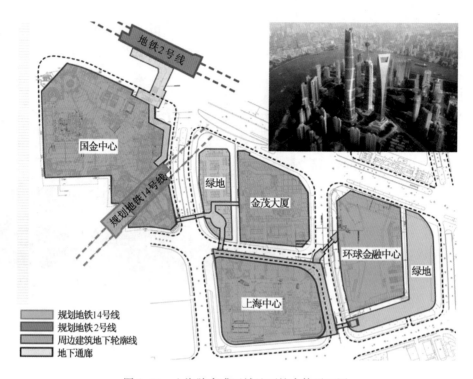

图 1-51　上海陆家嘴区域地下综合体平面图

图 1-52　某地铁车站型地下综合体剖面图

　　香港九龙站是香港地铁东涌线和机场快线的一个换乘车站,于 1998 年 6 月启用。九龙站作为东涌线和机场快线上最大的站点,将地铁和巴士、出租车等其他交通方式进行最大程度上的整合,并以地铁车站为核心,上盖开发有商业、办公、住宅、酒店等多种物业形式。随着地铁换乘站的建成,该地区成为香港又一个寸土寸金的黄金地段。

　　3. 城市网络型地下综合体

　　城市网络型地下综合体与街道型等节点类型的地下综合体相比,其最大特点就在于规模庞大、辐射范围广,不仅仅局限于城市的某个节点或者某个街区,而是全面结合城市的交通和市政基础设施建设进行开发改造,形成完善的地下人行网络系统,并与周边地块的地下室和地铁车站相互连通,从而形成一个规模庞大的地下城。

　　蒙特利尔因为每年4～5个月的冬季而闻名,为了冬季的商业活动不受影响,蒙特利尔逐步发展建设成了一个闻名世界的地下城(图1-53)。蒙特利尔市的地下城规模非常宏大,全长约30 km,总建筑面积达到360万 m^2,连接10个地铁站、2个火车站和2个长途汽车站,并与60多座不同功能用途的建筑物地下室连通(图1-54)。高效利用的蒙特利尔地下城在发挥其抵御寒冷气候这一作用的同时,还大大节约了城市用地,实现了城市交通的快速、大运量和立体化,从而明显提高了城市的环境质量,提升了城市的宜人性。

图1-53　蒙特利尔地下城内景1

图1-54　蒙特利尔地下城内景2

1.3 本书主要内容

本书将结合笔者多年来在地下工程及交通工程领域中的研究积累以及设计实践经验,对地下综合体的空间设计、结构设计、机电设备设计以及防灾减灾技术等方面进行阐述和分析。

全书共 7 章。第 1 章绪论介绍了地下综合体的定义及概念、缘起和发展、功能与优点,并对其分类进行了阐述。第 2 章为地下综合体空间设计,围绕空间要素组织、路径构成以及环境营造三个方面介绍,对地下综合体空间设计中的要点进行了分析阐述。第 3 章为地下综合体建造的关键设计技术,首先介绍了地下综合体的基础选型、沉降协调控制、抗浮设计以及共建结构的相关设计技术,然后对深大基坑工程的设计与施工、基础沉降耦合控制、地下工程与上部结构共同作用、地下超长结构受力变形控制、抗震设计、防水设计、减振降噪等方面进行了分析阐述。第 4 章为地下综合体的机电设备设计,涵盖了通风空调系统、给排水系统、强电系统以及智能化系统,结合工程案例针对地下综合体内的机电设备设计原则及特点、实施要点及难点进行了阐述。第 5 章为地下综合体的防灾减灾,首先对地下综合体灾害的类型及特点进行了介绍,然后重点结合地下综合体火灾从建筑消防、结构防火、防排烟、水消防、火灾自动报警、应急照明及疏散指示、大空间消防性能化等方面提出了防火对策和措施,并对地下综合体内的水灾水害、核爆以及恐怖袭击等其他灾害及防治对策进行了阐述。第 6 章为地下综合体案例分析,介绍了兰州西站交通枢纽地下综合体,宁波站交通枢纽地下综合体,上海陆家嘴 X2 地块地下综合体,上海自然博物馆、60 号地块、13 号线地铁车站地下综合体,上海漕宝路地下综合体 5 个案例,并结合这些案例工程对其设计和实施过程中的特点、难点等进行了介绍和分析。最后一章分析并阐述了地下综合体未来的发展趋势。

2 地下综合体空间设计

2.1 地下综合体空间组织

自20世纪60年代起,地下空间作为一种逐渐被人们接受的设计理论,其发展的原动力便是提升城市空间价值。作为集多种功能于一体的地下综合体,功能的综合性和集聚性是其重要特点。地下综合体作为城市核心区域有限发展空间的重要补充,其空间开发的最大特点自然是对土地资源的综合利用,同时有序组织公共活动、公共交通、服务设施等各种构成元素,从而拓展城市核心区域功能并优化城市空间(图2-1)。

本节将从地下综合空间的设计原则、构成要素、平面组织及竖向组织来进行阐述。

图2-1 地下综合体

2.1.1 地下综合体空间设计原则

将各项空间构成要素从地上搬到地下并非一个简单的物理空间变化。地下空间设计原则与地面空间设计固然有相通之处,但在地下空间设计中更多的是将由物理空间变化衍生出的独特行为模式和复杂建设条件作为关注点。对于功能高度聚集的地下综合体而言,其空间设计应遵循以下两个原则:地下空间体系化和地下空间地面化。

1. 地下空间体系化

地下综合体开发项目中,实现地下空间的连通是基本目标之一,也是确保开发成效的有效手段,换言之,形成完善的地下空间体系是地下综合体建设的首要准则。地下空间体系的建立涉及各类不同性质的用地,既有开发出让地块的多个私有空间,也包含城市道路、广场、公共交通、绿地等公共空间。通过各个地块的步行及车行连通,公共交通、绿地、停车设施等社会资源可有效覆盖其服务半径内的地块,从而最大限度发挥其社会效应,避免社会资源的重复建设;而各个私有空间内的休闲娱乐活动也充分发挥其商业聚集效应,牢牢吸引人们并激发其消费需求。

以 JR 东京站为核心,八重洲地下街为主体,联系丸之内及银座片区的地下空间体系服务半径约 2 km(图 2-2),占地约 26.3 万 m²,其中八重洲地下街建筑面积达 7.4 万 m²,含 1.84 万 m² 的零售及餐饮商铺,地下街联系东京站与周边 16 栋大楼,人流量高达 15

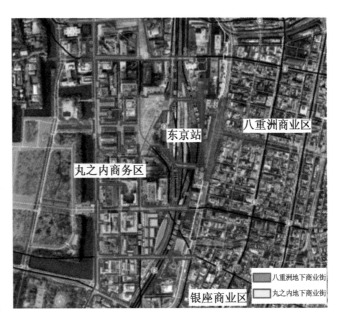

图 2-2 八重洲—丸之内—银座片区地下空间占地规模
资料来源:郑怀德,2012

万人次,年营业额 150 亿日元。在我国部分城市商业中心的核心地区,地面部分为城市贡献了巨大商业利润,但其数十万平方米的地下空间基本都是高层建筑地下室,以车库及设备用房为主,缺乏统一规划,各自为政,未整合成统一体系,从而造成地下空间资源的较大浪费。

2. 地下空间地面化

对使用者而言,地下空间与地面空间在客观物理环境及主观心理感受上都存在一定的差别。随着通风、照明、卫生等设施的不断提高,地下空间与地面空间在物理环境上的差别已不大,完全能满足使用者对舒适度的需求。但在主观心理层面,地下空间长期给使用者以“封闭、幽暗、方向感弱”等负面印象,由此而引发的消极联想成为使用者进入地下空间的障碍。“地下空间地面化”的概念,旨在通过空间尺度的打造以及将自然光、景观、色彩等人们在地面空间已经熟悉的元素引入地下,削弱地下空间的负面形象,从而帮助使用者克服内心对地下空间的抗拒心理,并愿意在地下空间长时间停留。地下空间地面化具体落实在地下综合体的出入口、空间开发度及室内环境。

1) 出入口

对于任何建筑体而言,出入口都肩负建筑形象和出入控制双重功能,对地下综合体而言,出入口则成为城市空间的唯一可见元素。地下综合体的出入口不仅是城市空间中重要的形象提示,也是重要的空间过渡,从上到下、从明到暗、从开放到封闭,它将人们从熟悉的地面环境引入一个未知的空间。理想的出入口便是通过下沉广场、采光井、标志物设立等设计手法,将这一转变自然过渡,使人们进入地下综合体成为一种自发行为(图2-3—图2-5)。

图2-3 高雄市美丽岛捷运站出入口

资料来源:http://www.t-hotel.com.tw/nearby.php

图2-4 大阪梅田地下街出入口

图2-5 纽约第五大道苹果旗舰店出入口

资料来源:http://www.app111.com/doc/100095925_1.html

2) 空间开放度

地下综合体空间开放度包含公共空间的开放度变化以及地下与地上空间的相互渗透。通过公共通道的局部放大形成广场结合景观小品,不仅能够提供休憩及交流的场所,更符合人们通过路径、节点、地标等要素对地面空间的认知习惯;地下空间于顶部适当开放,通过自然光的引入加强与地面空间联系的同时,更成为视觉关注点而有效加强空间导向性(图2-6)。

大阪梅田地下街联系JR大阪车站、大阪市营地铁、私营阪急电铁和阪神电铁的车站以及大丸百货、阪急百货等多个商业地块(图2-7),由于规模大、布局复杂,梅田地下街在日本被戏

图 2-6　大阪梅田地下街采光中庭

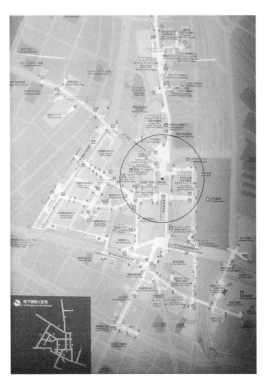

图 2-7　大阪梅田地下街平面图

称为"地下迷宫"。为强化地下空间的舒适性及导向性,梅田地下街在设计时确立"入口——主通道——中庭——次通道——次入口"这一空间序列,并运用统一的室内装修元素将不同尺度的空间进行整合,从而构成有序的空间层级(图 2-8、图 2-9)。

图 2-8　大阪梅田地下街主通道

图 2-9　大阪梅田地下街次通道

3) 室内环境

明亮、宽敞、富有生机是一个理想空间的标准,这同样适用于地下。因而通过植株的引入、灯光的运用以及色彩和材质的组合(图2-10—图2-12),地下空间可以同地上空间一样富有活力与生机,从而使人们愿意长时间在地下停留及活动。

图2-10　高雄市美丽岛捷运站站厅
资料来源:http://cache.baiducontent.com

图2-11　大阪梅田地下街主题水景

图2-12　大阪梅田出入口景观

2.1.2　地下综合体空间构成要素

地下综合体集交通、购物、餐饮、娱乐、停车、会展、文体、办公、市政、仓储、人防等多种功能于一体,以公共交通作为触媒,以购物、聚会、休憩等各种公共活动为拓展,同时以各项服务空间为辅助,构成一个高效运转的完善体系。

1. 公共交通空间

地下综合体内的公共交通按其交通类别可分为轨道交通及道路交通,按其服务范围可分为省域交通和市域交通,根据综合体所处城市区域及服务定位,公共交通要素表现为不同类别公共交通的有机组合。

以国铁站房为核心的交通枢纽型地下综合体一般包含国铁、地铁、长途客运、市域公交、出租车以及社会车场,这与其以交通换乘为首要目的的设计要求高度吻合(图2-13、图2-14);位于城市中心区域的城市节点型地下综合体一般包含地铁、停车场等交通元素,有时在此基础上还增设市域公交或长途客运。

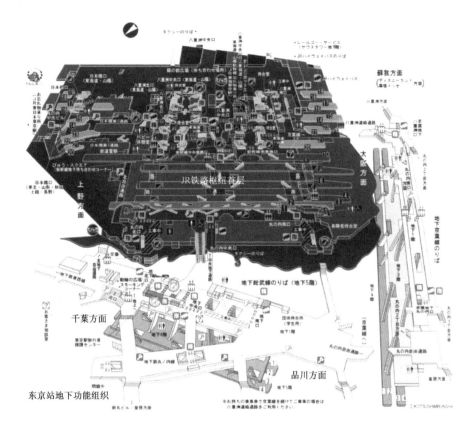

图 2-13　东京 JR 站空间结构图

资料来源：王晶晶，2012

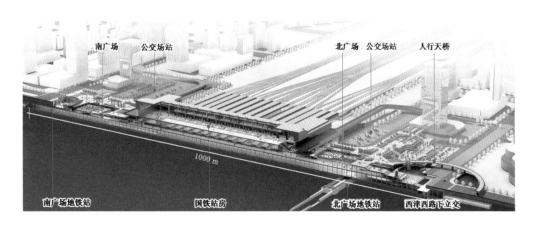

图 2-14　兰州西站空间结构图

各个交通要素通过便捷的换乘通道彼此联系,形成一个清晰完整的系统,与地下综合体内的其他要素既有互动又相对独立。

2. 公共活动空间

城市内的公共活动是市民在紧张工作学习之余重要的休闲游憩活动,也是城市文化传播的重要途径,并在一定程度上代表了城市形象。聚会、休憩、购物、娱乐等不同活动的空间载体成为各个地下综合体展现其丰富个性的重要组成部分。琳琅满目的精品商铺、色味俱佳的诱人美食、设施齐全的体育场馆、环境宜人的绿化庭院、引人入胜的艺术展廊(图2-15)……功能多样化,形态多元化,为不同人群的娱乐休闲提供更多的选择,人们在这里阅读城市,体验生活,地下空间被装点成充满活力的都市场所。

图2-15 公共活动空间

3. 服务空间

如果说公共交通是地下综合体的骨架,公共活动是其肌肉,服务空间便是综合体的血液,将各要素组成有机整体。

下沉广场、地面出入口等出入口空间(图2-16、图2-17)完成地上空间与地下空间的自然过渡,不仅有效吸引人流至地下空间,同时将人流安全输送至地面;过街通道、集散大厅、中庭等交通空间(图2-18、图2-19)联系不同功能空间的同时,也成为公共活动的拓展场所,更是紧急情况下确保疏散安全的关键所在;信息咨询、卫生间、管理用房、设备用房等辅助空间作为高品质地下空间的强力支撑,创造一个明亮、清洁、安全、舒适的空间环境。

图 2-16　上海静安寺下沉广场

资料来源:互联网

图 2-17　柏林波茨坦广场某出入口

资料来源:互联网

图 2-18　东京六本木综合体交通集散大厅

图 2-19　日本东京中城地下通道

4. 其他空间

除了公共交通空间、公共活动空间、服务空间这三个基本构成要素外,部分地下综合体还包括市政设施空间、仓储空间、人防空间等。本节中,市政设施空间主要指城市地下综合管廊(图 2-20),地下道路已归入公共交通空间;仓储空间包括地下粮库(图 2-21)、地下水库等;人防空间多根据"平战结合"的原则与其余类型的空间共同设计使用。

图 2-20　城市地下综合管廊

资料来源:http://news.sohu.com

图 2-21　地下粮库

资料来源:http://www.ahrfb.gov.cn

2.1.3 空间平面组织

只有将地下综合体内的各个构成要素进行合理组织,才能保证各个功能空间的有序连接,从而发挥地下综合体功能集聚性和综合性的优势,便于人们的使用以及各项活动的开展。本节将以公共交通与地块共同开发形成的地下综合体为例,重点围绕公共交通空间、公共活动空间、服务空间这三个基本构成要素对地下综合体空间的平面组织进行介绍,并从镶嵌模式、缝合模式、邻接模式、通道连接模式分别进行阐述。

1. 镶嵌模式

当公共交通空间与公共活动空间、服务空间等在地块内同步规划、设计、实施时,可采用镶嵌模式来进行空间的平面组织。在该模式下,公共交通空间被完全镶嵌于公共活动空间中,二者在平面上直接相连,通道等连接元素相对弱化(图2-22)。该模式可实现地下综合体各大空间构成要素间的无缝对接,最大化地体现地下综合体集聚性和综合性的特点,方便人员在其内部流转和活动。

例如,上海市轨道交通9号线从黄浦区徐家汇路的某地块内穿过,并在该地块内设置一车站,与该地块地下室同步规划设计、共同实施,形成一个集交通、商业、停车、人防等多种功能于一体的地下综合体(图2-23、图2-24)。作为公共交通空间的地铁车站斜穿地块内的公共活动空间,并通过站厅层与地

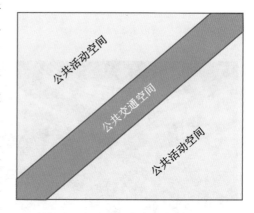

图 2-22　镶嵌模式示意图

下商业形成无缝连接,实现人流在二者间的高效流转,在方便人员使用的情况下给地下综合体注入了更大的生机和活力。

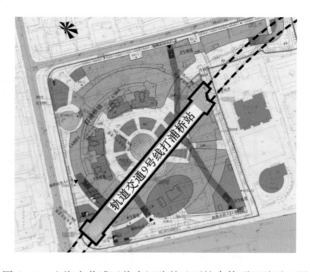

图 2-23　上海市黄浦区徐家汇路某地下综合体项目总平面图

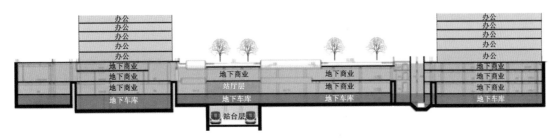

图 2-24　上海市黄浦区徐家汇路某地下综合体剖面图

2. 缝合模式

当由于各种各样的原因,公共交通空间与公共活动空间无法同步实施,而公共交通空间又有可能在公共活动空间中穿过时,可采用缝合模式来进行空间的平面组织。该模式以公共交通空间为核心,对两侧的公共活动空间进行整合,并利用通道等服务空间来实现二者间的互通互连(图 2-25)。与镶嵌模式相比,缝合模式并不要求不同功能空间的统筹规划实施,在开发时间节点上较为灵活,提高不同建设主体介入时机上的自由度。但同时,该模式对空间和土地的利用不如镶嵌模式充分,对不同功能空间的连接也不如镶嵌模式直接和有效。

例如,位于上海市虹口区四平路的某地块,轨道交通 4 号线在其内穿越,并在此与轨道交通 10 号线形成换乘车站。在地铁已建的情况下进行该地块的开发,采用缝合模式以地铁车站作为节点,对车站两侧的地下空间进行整合设计,形成一个集交通、商业、停车、人防等多种功能于一体的地下综合体(图 2-26、图 2-27)。通过通道等要素将轨道交通与公共活动等空间进行连接,实现整个地下综合体的互通互连。

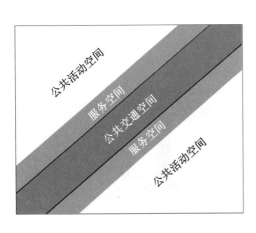

图 2-25　缝合模式示意图　　图 2-26　上海市虹口区四平路某地下综合体项目总平面图

3. 邻接模式

当公共交通在地块一侧通过,并与地块统筹规划、同步设计、共同实施时,可采用邻接模式

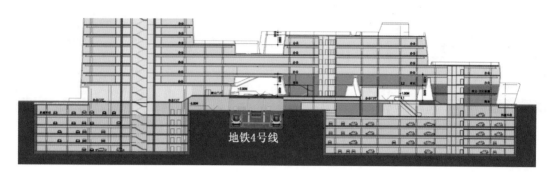

图 2-27 上海市虹口区四平路某地下综合体剖面图

来进行地下综合体空间的平面组织。在该模式下,公共交通空间被设置在与地块相邻的单侧或多侧,与公共活动等空间在平面上直接相连,通道等连接元素相对弱化(图 2-28)。与镶嵌模式类似,采用该模式有利于各个功能空间的高效整合,实现彼此之间的无缝对接,从而更好地发挥地下综合体集聚性和综合性优势。

例如,位于上海市徐汇区淮海中路的某地块,轨道交通 1 号线、10 号线、12 号线分别从其北侧、南侧和东侧通过,并在此形成换乘车站。地块地下室与地铁车站同步设计实施,采用邻接模式实现各功能空间

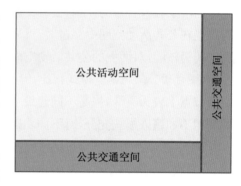

图 2-28 邻接模式示意图

之间的无缝对接,形成一个集交通、商业、停车、人防等多种功能于一体的地下综合体(图 2-29—图 2-31)。以轨道交通为代表的公共交通空间位于公共活动等空间的两侧,与地块无缝对接。

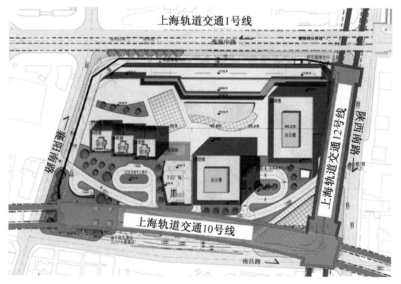

图 2-29 上海市徐汇区淮海中路某地下综合体项目总平面图

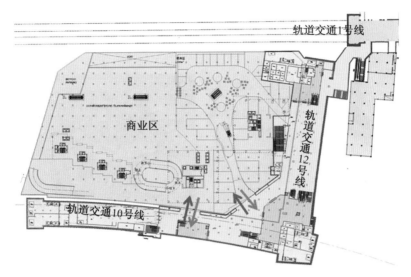

图 2-30　上海市徐汇区淮海中路某地下综合地下一层平面图

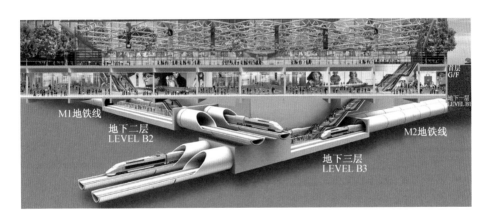

图 2-31　上海市徐汇区淮海中路某地下综合体效果图

4. 通道连接模式

　　当公共交通空间并不在地块内或者未与地块紧邻，而是与地块存在一定的距离时，可采用地下通道等服务空间进行两者间的连接，这种模式即为通道连接模式(图 2-32)。与以上三种模式相比，该模式下公共交通空间与公共活动空间位置相对灵活，受限较少；但通过地下通道相连，通行空间相对有限，通行时间较长，效率相对较低。

　　例如，上海人民广场地区有轨道交通 1 号线、2 号线、8 号线换乘枢纽站，位于广场的东北侧，广场西

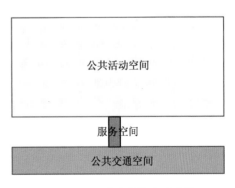

图 2-32　通道连接模式示意图

南侧为地下商业区,包括迪美购物中心以及香港名店街,地下商业区与地铁站通过地下步行通道及上海1930风情街相连通(图2-33—图2-35)。

图2-33　上海市人民广场地下综合体

资料来源:互联网图片改绘

图2-34　迪美购物中心

图2-35　地下步行通道

2.1.4　空间竖向组织

1. 地下综合体空间竖向组织基本思路

当前,综合考虑地下空间工程技术以及使用需求等方面的因素,按深度不同将地下综合体空间在竖向分成3个层次,分别是浅层空间、中层空间和深层空间。

浅层空间一般为地表以下0～15 m的范围,该区域临近地表,人员出入较为便利,同时也易于自然光线的引入,创造较为适宜的环境,具有最高的使用价值,因而适合设置商业、娱乐、餐饮等公共活动空间。此外,作为市政设施空间的地下综合管廊通常也被设置在道路下方的浅层空间中。中层空间一般为地表以下15～30 m的范围,在该区域内地下建(构)筑物及障碍物较少,适合布置轨道交通、地下道路等公共交通空间,同时地下停车场、设备用房等空间一般也设置在该区域。深层空间的深度一般在地下30 m以上,在现阶段,该深度的地下空间利用还相对较少,一般用于仓储空间。随着城市的进一步发展以及地下空间的不断开发,该区域的空间将越来越多地被利用,如地下物流传输系统、地下快速路网、地下大型长期仓储空间等。

以某一个较为典型的地下三层(局部四层)城市节点型地下综合体为例,地下一层、二层为综合商业开发空间,地下二层、三层为机电设备服务空间和大型地下停车场,局部地下四层为地铁车站的站台层(图 2-36)。对于交通枢纽型地下综合体而言,还需要进一步考虑城市公交、出租车进入地下一层以方便接驳铁路客运和轨道交通带来的客流。

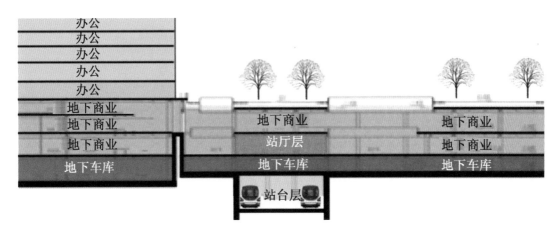

图 2-36　某地下综合体剖面图

由于各种各样的原因,目前城市地下综合管廊的应用并不广泛,因此在地下综合体竖向空间的组织过程中,除考虑空间构成要素分布外,埋于岩土地层中的市政管线也是不容忽视的问题。给水、雨污水、燃气、电力、通信光缆等常见管线对埋深、保护间距的不同要求,是地下综合体穿越城市道路所必须考虑的。通过精确的标高设计,确保地下综合体与管线各自独立、互不影响。

2. 地上地下空间统筹设计

随着地下空间要素的复合叠加以及采光、通风技术条件的日趋成熟,地下空间正变得越来越舒适宜人,再加上地下公共交通的人流引导作用,使得地下综合体已成为高品质都市综合体不可或缺的重要组成部分。其空间品质、商业定位、业态布置与地上部分需统筹设计,地上与地下的边界正变得越来越模糊。

作为人流主要来向的公共交通是地下综合体空间构成要素分布的重要影响因子,因此通常以公共交通所在位置为基准面,按照和它之间关联性的强弱对其余构成要素进行垂直分布排列。为充分保障公共交通的快速通达性和换乘便利性,与其相邻的空间一般为快速餐饮、便利服务及停车库等交通配套设施,随高度上升,空间要素的公共活动性逐步加强,超市、餐饮、零售、娱乐设施逐步增多,而到地上空间,一些半开放性的空间要素诸如酒店、商务办公参与其中,最终形成一个完整的都市综合空间(图 2-37)。以东京六本木综合体为例,地下二层直通东京地铁日比谷线六本木站,其余部分为地下车库,地下一楼设有餐厅、商店和便利店等;而地上部分则分区依次为朝日电视台、美术馆、零售、影院及办公等(图 2-38)。

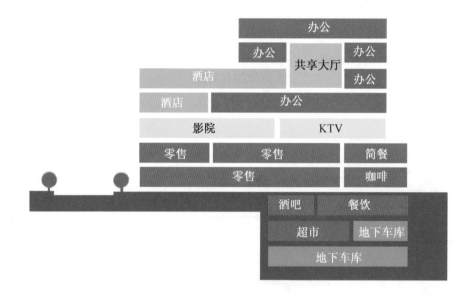

图 2-37　地上地下空间统筹设计

图 2-38　六本木综合体竖向空间构成示意图

2.2　地下综合体路径构成

　　地下综合体路径即地下综合体的交通体系,与城市地上空间的交通体系有一定的相似之处,同时也有其自身的特点。这些特点与地下综合体本身的地下属性有很大的关系,正因为如此,对地下交通体系的研究有其重要价值。交通体系的设计几乎可以说是整个地下综合体的核心和运转机制,合理的交通体系解决策略配合经济高效的地下空间组织方案共同构成地下综合体的结构骨架,将各种地下空间构成要素联系在一起,最终为整个城市服务(图2-39)。

　　这里所说的地下空间交通体系的研究范畴,主要是针对地下综合体中公共空间的人行交通体系;首先这些人行交通路径是最直接感受到的部分,也是最有研究意义的部分;另外还有一些不在公共区域出现的其他交通路径,这些路径对地下综合体的完整运转也有很重要的作用;最后也是最重要的,尤其是现代化城市中,在复杂的地下综合体中有许多其他交通工具的引入,如地铁、公交、铁路甚至航空、航船,导致地下的交通体系极为复杂,尤其是这些交通方式通过地下交通体系的人行换乘的路径将是研究重点中的重点。

图2-39　地下综合体示意图

资料来源:互联网

2.2.1　地下综合体路径体系

　　本节将对地下综合体的交通体系作一个简单的归纳分类,这将有助于更好地理解路径构成,也将更有助于对交通体系较为复杂的交通枢纽型地下城市综合体进行系统的理解。

　　那么,如何将复杂的地下综合体中的交通体系进行分类,是一个比较困难的问题。本节将通过其本身所拥有的空间属性,参考几何学的内容,采用点、线、面的形式对其进行分类,并在此基础上考虑交通体系的立体化构成形式。

　　1. 线性交通体系

　　首先介绍线性交通体系,没有先说"点",是因为在空间体验中,线性空间是最容易理解和最经常使用的;同时由于地下综合体本身的地下属性,即经济性和工程操作的可行性,线性空间更容易实现;另外,换乘通道所体现的点到点的线性模式,最终构成复杂的立体交通体系,也是由最基本的线性体系所组成。

线性交通体系主要由人行通道组成(图 2-40),可有直线、曲线或折线等多种形式,也包括不同标高的楼梯、台阶等垂直交通(图 2-41)。例如在地铁中连接地面出入口和站台的通道,其间包括多种通道形式和垂直交通的介入,通道本身跨越不同层面,但在逻辑意义

图 2-40   通道 1

上,其仍属于一条线性交通体系。故一条功能性和目的性明确的连接通道,无论其间路径如何复杂,均属于线性交通体系。

以下通过功能属性的不同,简要地对线性交通体系进行分类阐述。

1) 安全疏散与分流路径

安全疏散路径是地下空间的交通体系中最重要的路径之一(图 2-42)。由于地下空间建设作业困难,地下空间的开发往往比地面建筑的开发有更多的局限性,在相对局促的地下环境建成后,使用中一旦发生意外,比地面建筑的危险系数更高,逃生的难度也更大,所以安全疏散的路径在设计中显得尤为重要。

图 2-41   通道 2

安全疏散通道有些比较明显,并且与一些其他功能的通道共享,而有些则比较隐蔽,只有在紧急情况下才发挥作用。对于纯疏散需要的通道,设计中可以遵照相应的设计准则与规范,满足疏散功能的需要,对于有其他功能承载的,则需要结合其他功能的需要进行合理化设计。

分流路径也是一种线性路径,通过路径把不同的人进行分流,和普通的目的地指向型路径不同,分流路径主要是为了把地下过多的人流快速地进行分离。能达到快速疏散人流的功能性通道,从某种意义上来说也可以属于一种安全疏散通路。它是对满足最基本规范所设置的安全疏散通路的一种适当补充,尤其在一些重要的地下空间场所会考虑增设分流

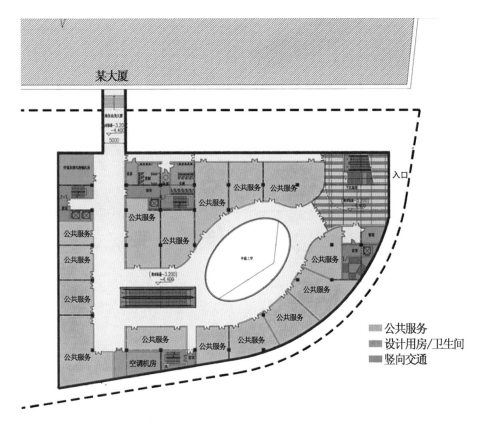

图 2-42 安全疏散路径

路径。

2）交通行为路径

交通行为路径是地下线性交通路径的主要组成部分,大多数的通路都是有一定目的性的,都是因为需要从 A 到 B 而产生的通道。地下空间的规划也是首先基于这些通路所形成的结构框架而展开的,所以,交通行为路径是形成地下空间必要的也是最基本的空间元素（图 2-43）。

对于交通行为为主的路径,设计上需要遵循简洁、清晰、明亮的原则,能使地下空间的使用者方便快捷地寻找到其到达目的地的路径。

3）商业行为路径

随着人们对地下空间的开发越来越重视,也越来越多地发现了地下空间的利用价值,尤以商业开发居多,则商业行为路径伴随商业开发而产生。类似地面商业街的形式,地下商业行为路径的两侧或者一侧会有商店,形成地下商业街（图 2-44）。

有时候在一些交通行为路径或者分流路径中附设了一些商业行为,我们不能理解为商业行为路径,因为这里的路径最主要的功能仍然是为了满足地下使用中的通行和疏解人流的功能,只是在不影响路径通畅的情况下,附带有一些商业行为的引入,所以不能把这样的路径理

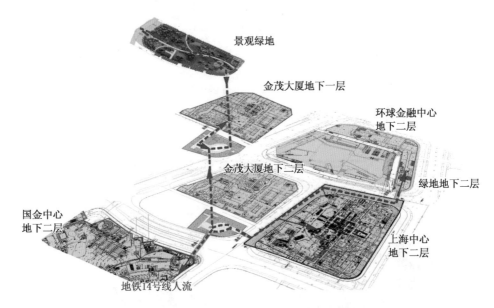

景观绿地

金茂大厦地下一层

环球金融中心
地下二层

金茂大厦地下二层

绿地地下二层

国金中心
地下二层

上海中心
地下二层

地铁14号线人流

图 2-43　上海陆家嘴地区地下综合体交通行为路径示意图

图 2-44　地下商业街

解为商业行为路径。

　　地下商业街的产生,为地下空间的开发带来了不可估量的价值和丰富性,同时也带来了地下空间开发的难度,考虑到商业人流的巨大和地下疏散的困难性,需要对地下空间增设更多的疏散和分流路径,因此地下商业路径比地上商业街的实现难度更大。

　　4）换乘路径

　　换乘路径在地下综合体中具有特殊而重要的意义。地下空间之所以被重视并被开发利用,主要是因为其所蕴含的商业价值,而地下空间商业价值的产生正是由于地下交通工具的引入及其迅速蓬勃的发展,这些交通工具带来了激增的人流,成为地下空间开发的触媒。而换乘通道正是产生这些人流最多的地下交通空间。

人们在不同的交通工具之间进行转换，在地下形成很多目的性明确的交通行为路径，带来了巨大的人流，给地下空间带来了活力和开发潜力(图 2-45)。所以换乘通道如何设置就显得尤为重要，在设计过程中需要重点考虑以下两个方面的问题：一是如何设置便捷可靠的换乘方式，如何组织路线并有效地分流人群；二是如何基于这些换乘通道高效地开发价值度较高的地下空间。

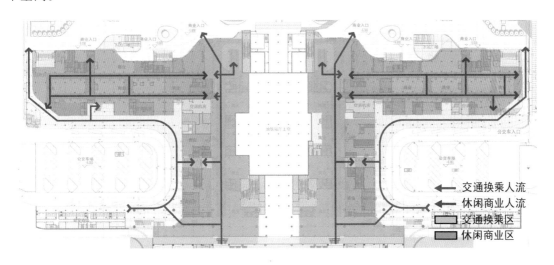

图 2-45 兰州西站综合交通枢纽北广场地下一层换乘路径

5）其他路径

其他还包括一些后勤和检修的通道，这些虽然是地下空间必不可少的部分，但是并不是研究的重点。

2. 节点空间

第二类地下综合体的路径体系构成元素是节点。如果说线性交通体系是构成地下综合体路径体系的基本结构元素，那么节点就是这些基本元素的连接部件。就如同一个桁架体系的结构，杆件是线性元素，而节点是连接元素。

除了连接点和转换点的功能之外，节点还可能是一条主要通道路径的起点和终点。在几何意义上是点的概念，而在其实际使用中通常占据较大的空间。在节点上往往发生行为状态和方向的改变，或者是最终的目的地。

尤其在复杂的城市地下综合体中，节点空间会非常多，从一个地点出发，可能通向不同的目的地，在一条路径上会有很多改变方向的节点，而多条路径的汇聚点往往就是最复杂的节点空间，如果空间足够复杂和巨大，则将形成地下的广域空间。

1）交叉口空间

交叉口是最常见的节点空间，常常发生在两条线性路径相互交叉的区域，即使两条路径不在一个平面上相交，只要两个路径具备发生交流的可能，就会形成相应的交叉口空间。简单地从几何学意义上去理解，就是两条直线相交后，形成了一个交点。交叉口常常会像是地面道路空间的十字路口,不过很多时候也会出现不同面的两个通道,通过垂直交通进行转换联系。

当多条线性交通路径交叉在同一点的时候,则可以称这个节点为汇聚点,这时候的交通混杂程度很高,尤其是在地下空间中,人更容易感到混乱和迷茫,所以一般不建议多条线路交叉。如果作为复杂的地下综合体,实在不可避免要汇聚多条路径,则应该考虑放大节点空间进行处理,形成一定面积、一定规模的空间,从点的概念扩展到面的概念。

以上海人民广场轨道交通枢纽为例,当轨道交通1号线、2号线、8号线同时在人民广场站点区域进行换乘的时候,多条换乘线路相互交叉,形成了比较复杂的交通体系,交叉点在这里进行放大,形成了换乘大厅(图2-46)。

图2-46 上海人民广场站换乘大厅

2)端口空间

端口就是路径的出发点和终点,也就是在这里会离开地下空间,或通过其他方式到达另外一个片区。最为典型的就是地下空间的地面出入口。

作为主要和地面空间发生关系的空间,出入口十分重要,首先需要一个明显的标识(图2-47),还需要有能让人明显辨认的建筑形式,最重要的是能提供一个舒适、吸引人的空间感受,毕竟地下空间除了目的性的需要,是很难吸引地面的人流进行使用的,但是好的出入口设计能吸引人进入地下空间,感受地下城市综合体的魅力。因此,出入口可以采用与下沉广场、大型地面商业中心等相结合的手法来进行设计。

例如,静安寺地铁站及地下商场以下沉广场作为其与地面联系的重要端口,下沉广场由中心舞台、音乐灯光、喷泉、罗马廊柱、地铁出入口、广场绿化等组成(图2-48),在为市民提供了一个很好的休闲娱乐场所的同时,又能起到很好的吸引人流进入地下空间的作用。

3. 广域空间

广域空间是节点空间的一种放大,如果概念化地说,它本身也是一个节点,在地下综合体中,广域空间节点比纯粹的节点空间具有更重要的价值。首先要处理地下复杂的交通体系,如果仅仅依靠小面积的转换点,是不够的,需要放大一定的空间,另外要创造相对舒适的、有吸引力的地下空间环境,也需要一定的面积。所以在地下综合体中,常常让人印象深刻的就是一些大空间的处理手法。

图 2-47　东京地铁出入口

图 2-48　上海静安寺下沉广场

资料来源:http://www.jazy.cn/xmjsx/154-cn.html

在一些地下空间利用非常成熟的发达国家,其地下综合体中通道或者节点的元素相对较少,而更多的将这些元素整合到广域空间之中。例如,日本名古屋绿洲 21(Oasis21)的城市中庭就是较为典型的案例(图 2-49、图 2-50),通过广域空间的使用,优化交通、换乘路径,系统化地处理地下空间,提高土地使用效率,同时也为未来地下空间的可变性预留可能。

图 2-49　日本名古屋绿洲 21 鸟瞰图

资料来源:http://www.sogoodtours.com

图 2-50　日本名古屋绿洲 21 广场

资料来源：http://blog.sina.com.cn/s/blog_7015e3dc0101tfe8.html

　　在交通枢纽型地下综合体中，广域
空间需要更系统化地考虑交通的问题，
将换乘通道也整合进去，从而形成一个
大型的换乘空间，或者称之为换乘中心
或换乘大厅(图 2-51)。

　　除了平面上的空间整合和放大之
外，立体化也是未来的趋势之一。广域
空间将跨层建设，并联系不同的层面，其
间将会有更多空间手法的呈现，使得地
下空间的开发精彩纷呈。

图 2-51　兰州西站交通枢纽地下综合体换乘大厅

2.2.2　各类交通换乘设计

　　随着城市的高速发展，当城市交通仅在平面运行时，城市交通量已超过了所占用的道路空间的承载能力，并经常出现交通阻滞。对于人口多、建筑密度大的大型城市或城市中心区，解决这种问题的方式是交通立体化与地下化。近 20 年来，城市轨道交通、地下市政道路、地下长途汽车站、地下停车场以及地下步行道等都有了很大的发展，在大城市中，已经形成了完整的地下交通系统，在城市交通中发挥着重要的作用。

　　随着地下交通网络的形成，不同交通方式或者同种交通方式不同线路之间的换乘设计显得尤为重要。交通换乘按照不同类型，又可分为枢纽型交通换乘、城市轨道交通换乘和与城市其他空间接口换乘三种方式。本节将重点介绍枢纽型交通换乘以及城市轨道交通换乘。

　　1. 枢纽型交通换乘

　　交通枢纽中的换乘路径设计，通常包含了多种交通方式之间的换乘组织。例如，以国铁站房为核心的交通枢纽型地下综合体便涵盖了多种交通方式的换乘路径设计(图 2-52)。由于火车站承载大量人流,为了提高运输效率,通常在城市规划设计时将城市公共交通如地铁站、长途巴士车站、公交站、社会停车库、出租车车站等有效地组织在一起。因此,换乘路径需综合考虑如何能快速准确地分散人流,且保证各种交通方式之间适宜的行走距离,同时,还应充分考虑如何有效地将地面公共交通、商业布局等组织在一起。枢纽型交通换乘缩短了乘客的换乘时间,方便了乘客的活动,也促进了地下商业空间的开发和公共交通的发展,并减少了私人小汽车在市区的使用次数,有助于合理地组织城市交通。

图 2-52　重庆西站枢纽剖透视图

2. 城市轨道交通换乘

在城市总体规划中,会重点根据人流需要、规划定位等研究各条轨道交通线路的相交点位置,即地铁各线路的换乘节点。除了两线换乘,随着城市轨道交通建设的密集,多线换乘将越来越多地出现。如上海世纪大道站为四线换乘,莘庄枢纽远期规划为五线换乘。确定换乘方式的主要原则是满足换乘客流量的需要,尽量缩短乘客的行走距离,减少人流交叉。根据此原则,换乘方式可分为同站换乘、通道换乘、站外换乘和组合式换乘等多种形式。在换乘方式的构思过程中应充分运用无缝换乘的理念,最大程度地方便乘客。

1) 同站换乘路径

同站换乘又可分为同站台换乘、楼梯换乘和站厅换乘三种方式。同站台换乘(图 2-53)一般适用于两条线路平行交织,而且采用岛式站台的车站形式。乘客换乘时由岛式站台的一侧下车,跨过站台在另一侧上车,换乘非常方便。楼梯换乘(图 2-54)是在两线交叉处,将重叠部分作为节点,并采用楼扶梯的形式将上下两座车站的站台直接连通,乘客通过该组楼扶梯或者垂直电梯进行换乘。此时由于空间比较局促,需要注意上下竖向的客流组织,更应避免进出站客流与换乘客流行走路径上的交叉。站厅换乘(图 2-55)是指设置两线或多线的共用站厅,或相互连通形成统一的换乘大厅。乘客下车后,无论是出站还是换乘,都必须经过站厅,再根据导向标志出站或者进入另一个站台继续乘车。由于下车客流到站厅分流,减少了站台上的人流交叉,乘客行进速度快,在站台上停留的时间减少,可避免站台拥挤的情况。但站厅换乘与前两种换乘方式相比,乘客必须先从站台上至共用站厅,再从站厅下至另一车站站台,因此总的换乘路径较长。

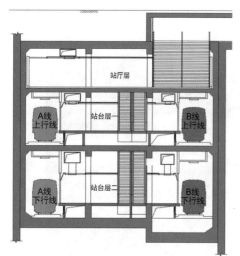

图 2-53 同站台换乘示意图

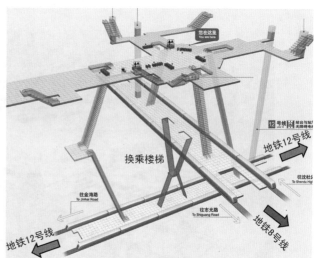

图 2-54 楼梯换乘示意图

资料来源:http://www.shmetro.com 图片改绘

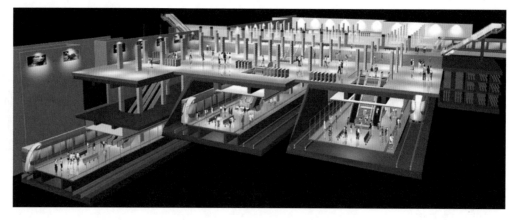

图 2-55 站厅换乘示意图

2) 通道换乘路径

在两线交叉处,车站结构完全脱开,用通道和楼梯将两车站连接起来的方式称为通道换乘(图 2-56、图 2-57)。连接通道一般设于两站站厅之间,也可直接设置在站台上。路径通常取决于两站间的换乘条件,通道长度一般不宜超过 100 m。

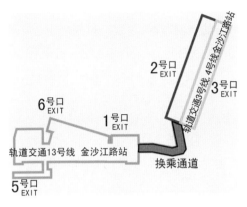

图 2-56　通道换乘示意图

图 2-57　通道照片

资料来源：http://www.shmetro.com 图片改绘

3）站外换乘路径

在车站以外进行换乘往往是在没有前期城市轨道建设规划的情况下产生的，或者是轨道在建过程中的临时措施，乘客需进出站且在站外与城市人流交织，步行距离长，因此十分不便，因此这种换乘路径一般不推荐。

2.2.3　空间引导设计策略

1. 地下空间引导策略的重要性

城市地下空间作为城市空间要素的一部分，相较于其他的城市空间要素更为复杂和特殊。而地下综合体本身又集合了交通、商业、娱乐、停车等多种功能，使地下综合体的空间设计变得尤为困难。

在考虑地下空间设计策略之前，首先需要对地下空间复杂程度进行预估。规模、功能复合程度、地形复杂程度、现状条件等都是需要考虑的因素。对于地下综合体的设计，最重要的就是地下交通体系的处理，即各种地下交通空间元素的整合。根据不同的空间需要对地下交通路径体系进行整合，最终完成整个地下综合体方案。然而不论地下交通路径是简单还是复杂，由于地下方位感比起地面来说要困难很多，使用者无法根据地面的空间经验来理解地下建筑的内部布局，造成定位定向的困难，同时由于缺少有助于人们形成良好视觉引导作用的外界景观等因素，致使内外信息隔断、环境可识别性差，人们很难形成正确的空间方位感。

由此可见，在地下综合体的空间设计中，空间引导设计非常重要。如果地下综合体的空间引导设计得很好，让使用者能够建立明晰的方位感，从而享受在地下空间内的各种活动，那么，这样的地下综合体设计毋庸置疑是成功的，反之则是失败的。因此，地下空间引导策略是地下综合体设计中的关键问题。

2. 地下空间引导具体策略

地下空间引导与指示设计主要可以归纳为两大类：一是建立一套行之有效的视觉导向标

识系统,即后加信息的设计,通过对各种视觉导向标识的设置与设计,帮助人们在地下空间定位定向;二是通过建筑空间设计的手法,对地下建筑本身的空间布局,建筑材料的运用,空间氛围营造等各个方面,进行精心设计,使地下建筑空间易于识别和记忆,同时让使用者获得很好的方位感,同时乐于享受城市地下空间。

1) 运用视觉导向标识系统进行引导

目前,在我国主要是通过设置视觉导向标识系统来解决地下公共建筑方向感较差的问题。设置导向标识系统要达到的效果是:在导向标识系统设置好以后,标识系统能"主动"地指挥人群合理流动,而不是"被动"地等待人们来寻找、发现。要达到这样的要求,对于导向标识系统的设置应该遵循以下一些原则。

(1) 位置适当。

标识系统应该设置在能够被预测和容易看到的位置(图 2-58),以及人们需要做出方向决定的地方,如出入口、交叉口、楼梯等人流疏散必经之处,以及通道对面的墙壁、易迷路的地方。

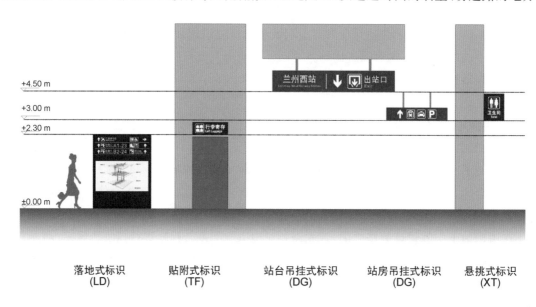

图 2-58 兰州西站枢纽标识系统位置高度

(2) 连续性原则。

连续性原则作为形式的重复与延续,加强了人的知觉认知与记忆的程度和深度,所以标识系统应连续地进行设置,使之成序列,直到人们到达目的地,期间不能出现视觉盲区。但要注意的是,标识之间距离要适当安排,过大则视线缺乏连贯及序列感,过小会造成视觉过度紧张,可视性差。

(3) 一致性原则。

标识可设置在一致的位置上,如固定在走道天花板的正上方,这样人们不需要搜寻整个空间,而只需要注视部分固定区域即可找到方向。

（4）设置的标准化。

建立完整的标识系统，无论在形式、字体、颜色、材料、内容和放置方式上都应保持一贯性。而目前，存在导向标识因设置位置不当、形状太大或太小、文字图形模糊不清等而难以辨认，许多标识虽可以被察觉但所提供的信息却不易被了解，标识设计缺少整体完善的系统化考虑，设置数量过多或过少，从而出现信息提供不足或造成寻路混淆、迷惑等问题。具有指导意义的标准化设计有助于避免设置方面的问题，从而解决导向系统建设的根本问题。

① 图形符号的标准化。

对于标识系统中的图形符号，中华人民共和国国家标准《标识用公共信息图形符号》（GB/T 10001)已有相关的规定（图 2-59)。在标识系统的设计过程中，应该按照该标准的要求选用相应的图形符号，做到标准统一。

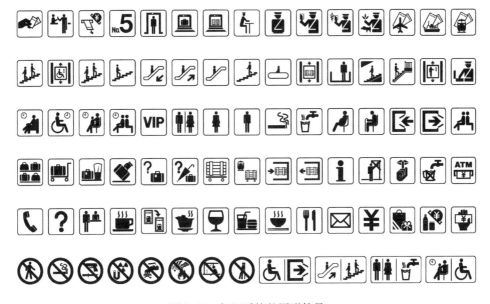

图 2-59　标识系统的图形符号

② 双语标注的规范化。

双语标注的标准化应从导向系统的角度出发，除校正英语翻译的准确性外，还应按照标识设置的基本规范对文字内容、形式进行综合评估，对名称以及字体尺度、间距等要素进行系统优化（图 2-60)。

③ 色彩的标准化。

色彩适当运用可以使复杂的信息单纯化，提高导向信息的可理解性，地下综合体的导向标识系统应建立统一的色彩体系，遵循相关的国家标准，实现整个地下综合体导向标识系统的和谐一致。例如，在兰州西站枢纽的导向标识系统的设计中，就是按照一套统一的标准来进行标识色彩的选用和搭配（图 2-61)：(a)进站色彩为蓝底白字；(b)出站色彩为青绿色底白字；(c)非导向流程类色彩为灰底白字；(d)安全疏散类色彩为草绿色底白字。

字体	字体示例	应用说明
中文字体 汉仪中黑简	**售票处**	中文字体选用汉仪中黑简 通常情况下遵照模板排列 在字数多的特殊情况下容许适当调整字形比例，但缩窄变形比例不应小于80%
英文字体 Arial Regular	Tickets	英文字体选用Arial Regular体 通常情况下用单词首字母大写方式 在字数多的特殊情况下容许适当调整字形比例，但缩窄变形比例不应小于80%
	售票处 Ticket Office	

图 2-60 双语标注示例

标准色彩	标准色值	应用说明	图例
	C100 M70 Y0 K30 PANTONE 281C	主要用于旅客进站流程导向系统导向标志和复合式标志的底色	 进站口 Entrance
	C100 M20 Y60 K20 PANTONE 322C	主要用于旅客出站流程导向系统导向标志和复合式标志的底色	 出站口 Exit
	C10 M0 Y0 K80 SLATE GRAY3630-61	主要用于服务标志系统导向标志和复合式标志的底色	 卫生间 Toilet
	C0 M0 Y0 K0	主要用于流程导识系统和服务系统中的导向标志和复合式标志的图形及中英文字体用色	 售票处 Ticket Office
	C70 M0 Y100 K0 SLATE GRAY3630-116	主要用于旅客紧急安全疏散系统导向标志的用色，色彩应用遵照相关国家标准的规定	 紧急出口 Exit

图 2-61 色彩标准化示例

④ 箭头的标准化。

箭头作为导向系统设置元素中一个重要组成部分，应采用国家标准的图形符号，避免变形、歧义。如需要个性化设计时，应符合相关的基本设计原则。角度、画笔粗细、方向等形体设计力求简单有力，以减少视觉与知觉误解。同时，每一个标牌在箭头标示上只说明一个步骤，而不是载明全部过程(图 2-62)。

2）运用建筑空间设计进行引导

在地下空间的布局设计中应力求简洁、规整划一，避免过多曲折；同时，内部空间应保持完整易识别，减少不必要的变化和高低错落，让人容易熟悉所处的环境，以免发生特殊情况后因迷失方向而加重恐慌感。

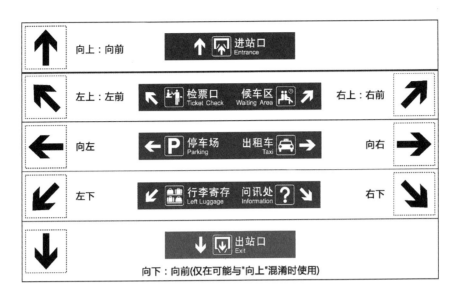

图 2-62　箭头标准化示例

对于功能复杂的地下综合体来说，可以遵循在统一中求变化的原则，针对实际的设计要求，根据功能的不同，分区域采取不同的平面布局形式，这有助于加强使用者对不同区域的空间印象，同时遵循基本的统一原则，在满足各自不同功能需求的情况下，达到整体空间规律的一致性。

通常情况下，无论采用何种布局方式，人们总是在实体空间中通过运动来识别环境。首先在设计过程中应对整个地下综合体的规模有一个很好的了解，其中是否有相应的交通节点或枢纽（如地铁站或交通换乘体系等），是否有周边物业的引入，是否本身有商业娱乐功能的拓展。得出分析结果后，迅速捕捉每个不同功能相互连接或者相互重叠交流所需要的交通路径，清晰的空间布局必须具有易于理解并能保持方向感的流线系统，才能真正使人身处其间而不感到迷惑，并进而能够把握住整个地下建筑的空间组织原则。再通过合理的路径设计寻找到达每个区域的端口，形成一套网络系统图，系统图中会形成若干个交叉点，逐一评估交叉点和端口的复杂程度和重要性，最终锁定需要重点设计的节点。清晰的流线组织则是地下空间引导设计中的重点。在地下交通组织中，路径的交叉与空间的连接产生了节点，可以根据实际情况将它们处理为中庭、庭院、广场、大厅或过厅，作为引导人流的交通集散枢纽区。这有利于引导人流，提高步行的趣味，并给人们形成深刻的感受和记忆。

对于这些节点和广域空间的处理，常用的手法包括完整的空间形态处理、自然光的引入、自然景观的引入、区域文化的引入等。

其中自然光和自然景观的引入最为普遍，使用效果也较好。这是因为除了能满足人们的生理要求外，自然光和自然景观与构成建筑空间的实体因素一样，在表现空间、调整空间的同时，也能创造空间。这些属于地面的优势资源，通过建筑手法引入到地下空间之后，对地下空间环境的改善作用明显,这样的处理能让使用者有很好的方位感和空间归属感,是地下空间引导策略中很重要的设计手法之一(图2-63)。

图2-63　东京中城地下空间

除此之外,建筑表面材质和颜色的相应处理,也是有效的空间引导策略手法。可以对构成地下综合体的内部界面从形态、色彩、质感、材质等方面进行设计处理,给使用者以明确的视觉感官影响,以达到空间引导的作用。肌理的设计手法在地下空间设计中也是一种有效的手段,用以区分在空间上不同的视觉肌理,强化空间的地域特征,使均质的空间通过肌理的变换,创造出不同的空间节奏,加强地下空间的可识别性,增强人们的印象,方法简单而有效。除了材质的变化,更为有效简单的方式则是通过颜色的区分来提示空间位置的引导,这在许多大型停车场或商业中心中已广泛使用。例如,上海月星环球港设有三层地下室,并与上海轨道交通3号线、13号线换乘站金沙江路站相连构成一个地下综合体,其商业空间主要由以太阳大厅、中央广场、花园中庭为中心的三个区域组成,分别以红、黄、绿为主色调(图2-64);其地下三层为停车库,也以不同的颜色来区分不同的区域(图2-65)。

(a) 太阳大厅

(b) 中央广场

(c) 花园中庭

图2-64　上海月星环球港三大中庭

随着时代的发展和科技的进步,新的设计手法和策略也层出不穷,例如灯光设计、新技术、新材料的运用等,这些都是未来地下综合体空间设计的新趋势。

图 2-65 上海月星环球港地下停车库

2.3 地下综合体环境营造

2.3.1 空间环境营造方式

初期的地下空间利用,着眼于地下空间的局部开发、地下街的通行与商业功能,并不重视对内部环境的要求,地下空间大多与城市脱节,只在出入口、通风口与城市环境交接,而与其他城市公共建设则多以通道的方式进行衔接,也使得地下空间形成或封闭、单一,或杂乱、弱方向感的空间,缺乏系统性设计整合,与丰富、舒适、有品质的地下空间环境相去甚远。今天的地下综合体发展首要的变化体现在地下空间与城市的整体性关系以及自身内部环境品质的提升两方面,融合了交通组织、多元活动功能等内容。本质上,地下综合体是由不同功能区和公共连接系统两大部分的内容组成,而公共区空间环境的精心营造又直接决定了地下综合体的整体品质。

1. 特征化的空间环境

相比早期的地下空间,今天的地下综合体已成为城市公共空间的重要组成部分,在城市规划层面,公共空间布局体系由单纯的地面划分,发展为水平与竖向相结合的立体空间网络体系。在快速城市化发展时期,结合轨道交通进行地下空间的综合利用不仅使城市获得了更大的发展空间,交通、商业、文化等各种资源得以高效合理地运转,并且对改变城市"摊大饼"状的无序蔓延起到积极作用,土地价值得到提升。

然而,地下空间的场所感与地面空间大相径庭。地下公共空间的环境营造与活动人群的行为密切相关,尤其表现在心理环境和物理环境两个方面。地下空间的心理环境与人体感官密切相关:阳光诱发视觉、材质肌理诱发触觉、清新空气诱发嗅觉等,这些差异能以使空间传递出明确的心理暗示和信息导向。而物理空间则是环境客体的具体塑造,与地面空间环境的明显不同表现在置身于庞大的地下综合体空间环境中,容易使活动人群方向迷离、产生紧张情绪。虽然静态标识引导指示设计能够准确地引导人群走向并以利安全疏散,但并不会使人们对场所空间产生记忆,也不会对空间品质产生有效的帮助。因此地下空间设计更需要强化空间特质和空间场所感,提高地下综合体内部公共空间的系统性、秩序性、节奏感,强化地下空间环境的特征,形成有强烈记忆的场所感和方位感(图2-66、图2-67),从而提高空间识别度、关联性和集散的安全性。尤其在大量的以地下交通站点为人群聚集核心的地下空间设计中,那些具有强烈的空间设计感和有序的空间环境变化的设计总是易于辨别并让人记忆犹新,这种对整体空间愉悦感知的心理是机械的导向标识无法替代的。

图2-66 光线与小品的组合　　　　　　　　图2-67 特点鲜明的造型

2. 高识别度的空间形态

在高识别度的空间形态设计方面,上海五角场的环岛地下开放式广场(图2-68、图2-69)是一个典型的案例,五叉路交汇形成了区域的物理中心,又恰好是周边五个被道路分割的商业开发地块的重要连接节点,下沉式广场的规划,既解决了人车分行,又串联了周边地块的商业活动,融合了方位引导和人群集散的双重功能,完成了各地块方位、各类活动的高效辨别和连接,形成了城市区域性综合转换空间以及高识别性的标志性空间。

图2-68 上海五角场环岛鸟瞰　　　　　　　图2-69 上海五角场环岛地下广场

资料来源:http://www.gyypw.com　　　　　　资料来源:http://g.pconline.com.cn

3. 易记忆的主调色系

另一种以主导色彩或地区文化背景为主题的空间设计手法,同样在地下综合体空间营造中起到了重要的作用。与以往关于交通建筑以浅色调、色系装饰过于简单的干净、明朗、素雅的传统设计理念不同,近年来,越来越多的装饰色彩元素接入设计之中。香港地铁站很多都有独特的颜色,朱红的中环站,浅紫色的铜锣湾站,蓝灰的尖沙咀站,翠绿的佐敦站,白色的油麻地站(图2-70)……这些颜色并不只是色调、色彩的简单创新,更多的是人性化的标识措施,尤其是以最直观的提示方便一些特殊人群和老年人。

(a) 中环站

(b) 铜锣湾站

(c) 尖沙咀站

(d) 佐敦站

图2-70　香港地铁车站

4. 连续引导的步行路径

以高可达性交通为引导的地下综合体建设开发在大量城市中比比皆是,为连接不同的功能区间,通道是经常被采用的元素,其特点是人流量充沛,步行路径复杂且环境相对单一、冗长。设计上采用连续的顶光引导,色调、色系统一的墙面节奏或地面铺装,可有效地避免因单调的交通行为所产生的心理不悦(图2-71)。

图 2-71　通道的环境营造

资料来源：互联网

5. 地域特点的休闲环境

　　地下综合体的空间设计在室内环境塑造时往往与具有历史特征的街区保持和谐，并在风格上相互渗透、浑然一体，彰显地域文化与环境主题。上海轨道交通 10 号线的同济大学站是一个独立的地铁工点车站，结合了周边环境并巧妙连接，融入商业、展示、休闲等活动，形成一体化开发的小型多功能综合体。其经典之处在于这个规模仅仅几千平方米的小型地下综合体空间集聚了地铁站、地下城市道路、同济大学校园区四平路两侧的过街车道和步行道连接，空间设计主调完全融入了高校园区的文化氛围，出入口贴有红砖装饰，寓意同济百年历史，并在有限的地下站厅空间引入自然光源，塑造了宜人的休闲环境(图 2-72)。车站风格大气，车站一角布置有国画大师汪观清的作品《梦里徽州》，供展示、观赏，其余各处也留有同济学子作品的身影，文化气息浓郁，地下空间环境悦目舒心。

图 2-72　上海地铁 10 号线同济大学车站

2.3.2　空间环境营造与城市文化风貌相结合

　　地下综合体作为城市公共空间的重要组成部分,其无论是从形态或是环境来说,都是城市精神的写照,是建筑文化的延续,也是民族传统的展现。如果地下综合空间的环境营造能够与本地区城市风貌、文化紧密相连,体现出城市文化生活的内涵,那么这样的设计显然更容易得到认可,给人带来愉悦和美感。例如,华丽而典雅的莫斯科地铁车站(图 2-73),通过材质、造型、壁画,显现其国家与城市的历史文化、艺术人文的独特设计风格,时而是历史画卷,时而是艺术长廊,美妙绝伦,令人流连忘返,无愧为世界公认的最美地下空间。著名的巴黎地铁地下出入口,巴洛克风格的优美铸铁造型完美地融入了这座悠久历史名城,烙下了时代的印记(图 2-74)。

(a) 共青团站

(b) 十月饭店站

图 2-73　莫斯科地铁车站

资料来源:http://blog.sina.com.cn/s/blog_668fe4630100v0pk.html

图 2-74 巴黎地铁车站出入口

资料来源：http://www.qiugonglue.com/pin/7102

　　特鲁埃尔是西班牙一座坐落于山顶的古老城市，新建的微型地下活动综合体正试图以充满活力的现代形式与城市古老的风貌对话，地下空间上部的小型城市广场和地下出入口设计很好地应对了城市生活、文化和环境的需求，无论在尺度上、略带跳跃的色彩上，还是在丰富而有序变化的空间上(图 2-75)。

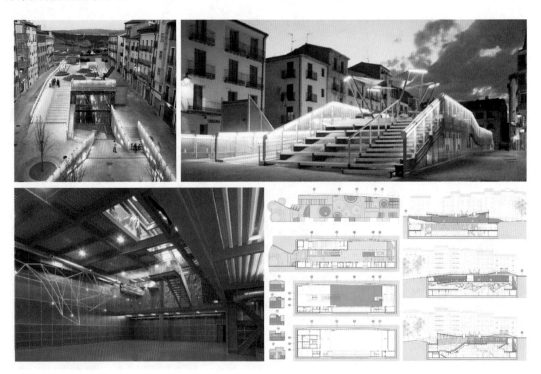

图 2-75 特鲁埃尔地下活动中心

资料来源：互联网

国内也有许多这样的案例。上海人民广场地下综合体内的"上海 1930 风情街"便是一条极具老上海味道的地下街,街道两旁的商店或是老上海石库门建筑风格,或是英式、法式、西班牙、日本式的建筑风格,再现了 20 世纪 30 年代老上海街道的历史场景。当行人穿梭于其中时,能够感受到老上海过去的生活风貌,传承历史文化脉络(图 2-76)。

图 2-76　上海人民广场地下综合体的"1930 风情街"

苏州姑苏区的地铁站点在设计过程中结合苏州地域文化特点,将传统的文化与现代工艺相结合,从古城区历史建筑街区中提炼精华,并且以"黑、白、灰"为基调,营造出带有传统韵味、具有苏州特色的空间环境(图 2-77、图 2-78)。

图 2-77　苏州地铁站内空间环境

图 2-78 苏州地铁出入口

2.3.3 生态节能设计策略

地下综合体的环境营造除了考虑人员使用的舒适性、便利性以及地域文化特征外,还应该兼顾生态节能方面的设计,以促进城市的可持续发展。

1. 光环境设计

自然采光是地下空间环境改善的最重要手段。自然采光不仅仅是为了满足照度和节约采光能耗的要求,自然采光还可增加空间的开敞感,改善通风效果,更重要的是满足人们对自然阳光、空间方向感、白昼交替、阴晴变化、季节气候等自然信息感知的心理要求,并在视觉心理上大大减少地下空间所带来的封闭单调、方向不明、与世隔绝等负面影响。因此可以说,自然采光的设计对改善地下建筑环境具有多方面的作用,不仅仅局限于满足人的生理需求层次。

在地下综合体空间中,利用自然采光的方式主要有两类:被动式采光和主动式采光。被动式采光法是在地下空间设置不同的开口位置,直接或间接地接受自然光的方法(图 2-79);主动式采光法则是通过技术手段,利用集光、传光和散光等装置、介质与配套的控制系统将自然光传送到需要照明部位的采光方法(图 2-80)。

在地下综合体设计中,在条件允许的情况下首先采用被动式采光法,充分利用既有条件,采用灵活的设计手法将自然光线引入地下。通过下沉式广场、开放式多层地下中庭,让自然光线与绿色生态环境能直接引入地下综合体。发达国家地下综合体内部环

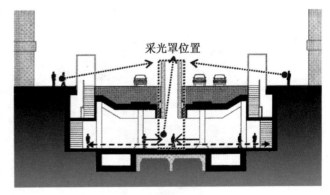

图 2-79 被动式采光

资料来源:刘皆谊,2009

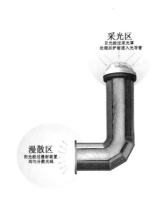  

图 2-80　主动式采光

资料来源:互联网

境最成功的案例均表明,引入自然环境可以使地下空间拥有与地面相当的环境水平。从开始以打开顶部的方式,垂直向引入阳光;而后演变为部分与下沉广场结合,在水平向引入阳光;最后在整个空间进行重组后,以立体化开发的方式,使阳光不再单向进入地下空间,最终形成完全开放的地下综合体,地下空间环境品质和公共环境舒适度得到全面的提升。人们正在以各种可能的方式让地下空间最大限度地与自然环境亲密接触,紧密相连。

　　例如,加拿大蒙特利尔地下城,地下一层的公共走道沐浴在有玻璃顶棚覆盖的自然光环境下,犹如身在城市地面街道般清新、舒适(图 2-81)。巴黎卢浮宫前广场下方的地下空间,开放的公共大厅中倒锥形玻璃金字塔为地下空间创造了良好的自然光环境,又如同一具光雕塑,具有极强的地标性,引人入胜,令人印象深刻(图 2-82)。

图 2-81　加拿大蒙特利尔地下城空间

资料来源:http://blog.sina.com.cn/s/blog_
6f69a7040100qvil.html

图 2-82　卢浮宫地下公共空间

　　在条件相对较差的情况下,结合技术手段,采用主动采光法,将自然光通过孔道、导管、光纤等传递到隔绝的地下空间中,充分满足工作、生活在地下综合体内的人们对自然光的需求和渴望。目前已有的主动式自然采光方法主要有镜面反射采光法、利用导光管导光的采光法、光纤导光采光法、棱镜组传光采光法、光电效应间接采光法等。例如,德国柏林国会大厦改造项目(图 2-83),虽然是一个地面保护建筑改造的案例,却也很好地诠释了镜面反射的采光方法,也是地下空间设计中值得学习、借鉴和研究的有效方法。

图 2-83　德国柏林国会大厦

资料来源:http://re.chinaluxus.com

2. 自然通风设计

　　地下空间可以理解为除了出入口、通风口及采光天井以外的一个地下密闭体,其周边被岩土地层所包围,因此具有很好的热稳定性。地下空间根据不同的地域情况、气候条件,往往夏天室内温度低于室外温度,而冬季则高于室外温度,它们之间的温度差促使地下建筑内外产生热压,可以形成自然通风,这是地面建筑所不能比拟的优势。

　　在大型地下综合设计中,地下设置开放式中庭已经成为较为普遍的设计手法,这可以极大地改善地下空间的室内环境。中庭的设置不仅改善了地下综合体的空间和视觉环境,同时还能有效地形成自然通风的环境,利用其上下贯通并与室外环境相连的特点形成"烟囱"效应,促进地下室内空间的自然通风效能。

　　在没有条件设置中庭的区域,可以考虑设置规模较小、也更容易实现的采光通风亭。例如,宁波站交通枢纽北广场地下换乘厅旅客休息区设计了一个高出地面的玻璃采光通风亭,其顶面和侧面采用玻璃实现自然采光,在玻璃亭的侧边采用防雨百叶,实现自然通风的效果(图2-84)。该通风亭的设置,使该区域得以自然采光和通风的同时,能够很好地起到引导行人和改善地下空间环境舒适性等作用。

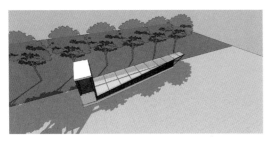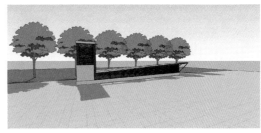

图 2-84　宁波站交通枢纽北广场玻璃采光通风亭效果图

当然,自然通风在地下综合体设计中的运用是无法完全替代机械通风的,因此必须将二者结合起来建立地下综合体的通风系统,从而高效利用能源,改善地下环境的舒适度。例如,可以在白天人员密集时通过二者结合的方式并以更利于控制的机械通风为主,在加大通风量的同时不破坏地下建筑的舒适度,夜间则更多地利用自然通风对地下建筑降温和净化空气。

3 地下综合体建造的关键设计技术

地下综合体(图 3-1)开发规模大、功能区域多、结构形式复杂,相对于单一的地下室来说,其设计要求更高、建造难度更大。从基础选型、沉降耦合、变形协调控制、抗浮设计、共建结构技术,到深大基坑的设计与施工,再到地上地下结构共同作用、超长结构受力变形控制、抗震、防水、减震降噪等,无不存在众多的难点和困难需要设计人员去考虑和克服,从而在满足地下综合体建筑使用功能要求的前提下,确保地下结构的安全可靠。

图 3-1　地下综合体开发示意图

3.1　地下综合体的结构选型与设计技术

地下综合体的结构设计应以"结构为建筑功能服务"为原则,根据工程的特点及其所在场地的具体情况,通过技术、经济、工期、环境影响等多方面综合论证评价,选择合适的结构形式和施工方法。地下结构净空尺寸应满足建筑、设备、使用以及施工工艺等要求,还要考虑施工误差、结构变形和工程后期沉降等因素的影响。

本节将从地下综合体的基础选型与沉降耦合、变形协调控制、抗浮设计以及共建结构的关键设计技术几个方面进行介绍。

3.1.1　地下综合体的基础选型与沉降协调控制

基础形式应根据上部结构类型、层数、荷载及地基承载力,选用安全实用、经济合理且整体性好的基础,能满足地基承载力和建筑物容许变形的要求,并能调节不均匀沉降。带有高层塔楼地面建筑的地下综合体结构基础可采用条形交叉梁基础、满堂筏板基础、桩筏基础和箱型基础等形式。

当地下综合体中地面建筑物层数较多、地下室柱距较大、基底反力很大时,宜优先采用满堂筏板基础或桩筏基础。在沿海软土地区,当采用梁板式筏基时,因基础梁截面较大将会引起基础埋置深度增加,导致地下室基坑的开挖深度相应增大,当场地地下水位较高时对基坑开挖施工较为不利,应优选桩筏基础或桩基+箱基方案。基础方案设计还应根据场地的水文地质条件,结合地下结构的抗浮验算结果以及采取的抗浮措施等综合确定。

地下综合体工程因结构的纵向刚度及上部荷载的变化差异较大,其基础不均匀沉降耦合和变形协调控制是这类地下综合体工程基础设计面临的关键技术问题。

1. 基础变形及沉降耦合控制

地下综合体工程出于防水和建筑使用功能要求,一般不设或尽量少设结构沉降缝,整个地下工程从基础到内部主体结构都连结成一个整体结构。上部塔楼层数越多,高度变化越大,竖向结构刚度变化越大,导致基底面以上主裙楼各部分的结构竖向荷载差异大,基础各部分的基底反力严重不均衡。其中,有高层塔楼部分一般为欠补偿基础,基底压力大,地基沉降量也大,而裙房部分一般为超补偿基础,或基底附加压力很小的欠补偿基础,地基沉降量较小。这将导致基础产生不均匀沉降,增大基础结构的内力和变形,严重时甚至会引起基础结构的开裂。

建筑物的沉降是十分复杂的问题,许多建筑物的质量问题都与地基变形过大有关,尤其对于位于软土地区的建筑物问题更是突出。位于软土地区且与轨道交通结合共建的地下综合体一般具有以下工程特点:

(1) 所处工程地质条件差。软土地区地层基本为饱和含水流塑或软塑黏土层,孔隙比及压缩性大、抗剪强度低、灵敏度高,对沉降变形控制不利。

(2) 差异沉降控制标准严格。与一般商业及民用建筑相比,对与轨道交通共建的地下综合体的差异沉降控制要求较高。这是由地铁在城市基础设施工程中的重要性决定的,加之地铁运营对轨道结构沉降差异非常敏感,一旦产生过大的沉降差异,会严重影响地铁的运营安全。考虑到地铁运营安全的重要性,有关部门对地铁沿线建筑施工对地铁设施产生的附加变形等不利影响提出了非常严格的控制要求和标准。

(3) 各建筑体的形态和荷载不一。共建结构中的高层建筑,其竖向荷载远大于商业裙房,基础为受压状态,而裙房和地铁车站由于地下埋置较深,基本处于抗浮状态,两部分的基础受力和沉降变形特征差距较大。对于共建结构地下室大底板的一体化设计,在上部结构纵向刚度变化和竖向荷载不均匀作用下,极易造成地铁车站基础的不均匀沉降和开裂,不仅影响将来地铁运营的安全,而且也使得共建结构地下室基础底板的差异沉降较大,导致底板开裂。因此,对于由高层建筑竖向荷载及基础沉降而引起的地铁结构附加受力和变形,必须进行计算分析,研究选择合理的基础方案和基础沉降变形控制值,以保证将高层建筑的沉降对地铁车站产生的附加变形影响控制在地铁结构能够安全正常使用的允许范围内。

综上所述,对于和地铁结构同期共建的地下综合体进行基础变形和沉降耦合控制是非常有必要的。在设计阶段就需根据计算结果,对综合体建筑物中的地铁车站结构、地下室结构、上部建筑结构等采取针对性的特殊设计技术措施,控制和协调各地下建筑体之间及与地铁车站之间的工后沉降和差异沉降。

2. 与地铁共建结构地基沉降变形控制相关要求

为保证建筑物的正常使用,防止建筑物特别是地下综合体工程不致因地基变形过大或不均匀沉降造成地下综合体的开裂与损坏,必须对基础的变形特别是不均匀沉降加以控制。在这方面,国家和部分地方规范均对地基变形容许值有相应的规定,此外,有些地方行业主管部门也制定了相应的要求和标准。以轨道交通建设经验较为丰富的上海为例,有关部门就对地铁沿线建筑施工对地铁设施产生的附加变形等提出了较为严格的控制要求和标准,具体如下:

（1）在地铁工程(外边线)两侧的邻近 3 m 范围内不能进行任何工程;

（2）地铁结构设施绝对沉降量及水平位移量≤20 mm(包括各种加载和卸载的最终位移量);

（3）隧道变形曲线的曲率半径 R≥15 000 m;

（4）相对弯曲≤1/250;

（5）由于建筑物垂直荷载(包括基础地下室)及降水、注浆等施工因素而引起的地铁隧道外壁附加压力≤20 kPa;

（6）由于打桩振动、爆炸产生的震动对隧道引起的峰值速度≤2.5 cm/s。

从以上各项要求可看出,地铁设施变形控制要求远远高于一般商业及民用建筑工程。

3. 共建结构基础沉降耦合的计算分析

目前,国内外对于大型地下综合体工程的沉降研究多集中在建筑物的最终沉降量上,而针对软土地基上大型地下综合体内共建结构的差异沉降耦合控制研究较少,我国的规范也缺少这类差异沉降问题的计算方法和相应的理论研究。针对软土地区大型地下综合体的工后沉降耦合,可采取理论分析、数值计算、工程设计、现场量测等手段展开综合研究。综合运用 Boussinesq 解、Mindlin 弹性半空间理论以及基于 Mindlin 中厚板理论的弹性解析计算分析方法进行地下综合体的沉降耦合分析,研究结构纵向刚度变化对差异沉降变形协调的影响,以及差异沉降对主体结构的影响。

1) 计算模型的建立

可先单独建立高层建筑模型,对高层建筑基础沉降进行分析,分析高层建筑对邻近地铁车站的沉降影响,在此基础之上,再进一步建立高层建筑与地铁车站共建的模型,然后通过分析对比各种因素的影响,得出控制地铁车站变形的有效措施。

2) 计算参数的选取

在进行计算分析时,应在大量的工程实测数据统计分析基础上,推导选取合适的计算参数,并对计算结果与同类工程进行比较分析和修正,从而提高计算结果的精确度。

3) 计算方法的合理选择

采用桩基变形控制设计理论,利用 Mindlin 应力公式和分层地基模型进行计算,并参考同类工程地质条件下的桩基工程经验及工程实测数据对计算参数和模型进行修正,以得到较为准确合理的沉降变形计算结果,为设计工作提供沉降控制以及结构受力变形的依据,同时作为多因素沉降耦合控制分析的基础。

4. 共建结构基础沉降耦合的控制技术措施

1) 工程设计技术措施

通过在地下综合体各建筑物及地铁车站下布置沉降耦合桩的方式,对各建筑物及地铁车站的沉降差异进行主动控制。在基础设计时,应根据综合体各建筑物的设计特点及作用荷载情况,采取有效的技术控制措施,以控制整体建筑物的沉降,避免过大的沉降或差异沉降带来不利影响。

(1)采取减小高层塔楼沉降的控制措施。

① 减少高层塔楼结构自重及作用荷载。采用自重较轻的结构体系及内隔墙材料,尽量减少高层塔楼结构自重及其作用荷载,有利于控制高层塔楼沉降。

② 高层塔楼桩基的合理设置。可根据弹性理论解的预估计算分析结果,采取加大桩径、加长桩长、选择较好的持力层、增加桩数等一系列措施,控制高层塔楼沉降,进而控制工程内地铁车站的差异沉降。

③ 采用桩底注浆技术。为进一步控制高层塔楼工后沉降影响,对高层塔楼的桩基采用桩底注浆工艺。通过对桩端采取注浆技术,填充加固桩端沉渣和桩侧泥皮,有效提高桩基极限承载力,同时有效地减小桩基沉降变形。

(2)采取减小高层塔楼的沉降对地铁车站的附加沉降影响的控制措施。

① 控制高层塔楼与地铁车站之间的净距。虽然高层塔楼工后沉降的影响范围较大,但沿水平向收敛较快。因此,可通过控制高层塔楼与地铁车站之间的净距,以减小高层塔楼对地铁车站的沉降影响。另外,在高层塔楼工后沉降影响下,浅层土体会产生较大的位移变形。所以,针对结合地铁车站共建的地下综合体建筑地基基础,不宜采用浅基础,应采用埋深较深的桩基础以控制沉降和水平位移变形。

② 施工后浇带的合理设置。考虑到地下综合体的使用功能,整块底板内一般不设置沉降缝,为了有效减小高层塔楼沉降对周边结构特别是车站结构的拖拽影响,进一步减小地下综合体内各建筑体间过大的差异沉降,可沿高层塔楼周边设置具有一定留置时间的结构后浇带。但对于地下综合体内共建建筑这种新型建造方法,其后浇带的设置准则、留置时间、后浇带在减小差异沉降上的作用等,需要在理论分析和工程实践中作进一步的研究和探索。

(3)加强地下综合体工程防水设计。

地下综合体工程必须从工程规划、结构设计、材料选择、施工工艺等方面系统性地做好防排水措施,如果综合体地下室发生长时间的渗漏,会引起地下水的下降,室外孔隙水压力的不断消散,土体有效应力的增加,则会导致土体固结,造成土体与地铁设施的下沉,严重影响地下综合体各建筑物的使用功能和结构耐久性。具体措施可参见本书3.6节。

(4)加强地铁车站的结构设计措施。

① 地铁车站沉降耦合桩的设置。高层塔楼竖向荷载较大,且往往距离地铁车站非常近,仅通过对塔楼桩基的调整设计进行沉降控制已难以满足地铁相关标准,故在地铁车站下方增设沉降耦合桩,且将桩基设置在压缩性质较好的土层上,以进一步控制车站的附加沉降变形。

② 加大地铁结构自身刚度。地铁车站的受力特点是纵向弯曲较为明显,结合地铁车站下设置沉降调节桩的措施,同时通过加大地铁车站自身刚度来共同提高车站自身的抗变形能力,从而减小对地铁车站的附加沉降影响。

2）工程施工技术措施

除了设计技术措施外，在工程施工过程中也应该采取相应的技术措施，以控制过大沉降和不均匀沉降：①加强施工组织筹划，合理安排施工顺序，尽早完成塔楼主体结构，使塔楼先期完成部分沉降，进一步减小塔楼后期的工后沉降对车站主体结构和相邻地铁隧道的附加变形影响；②严格控制地下防水工程的施工质量；③加强工程沉降变形监测监控。

5. 基础沉降耦合控制的工程实践

1）工程案例 1

（1）工程概况。

上海市某商业地块与地铁共建的地下综合体项目，该工程拟建的 A，B，C 三栋塔楼分别高 29 层、29 层、31 层，设 3 层地下室，地块内设有轨道交通 9 号线地铁车站及区间隧道。建筑物平面关系及耦合桩基设计如图 3-2 所示。

基础设计情况：塔楼采用 ϕ850 mm 钻孔灌注桩，桩长 53 m，持力层为第⑨层粉砂层；裙房与地铁车站均采用 ϕ700 mm 钻孔灌注桩，桩长 31 m，持力层为第⑦层粉砂层。

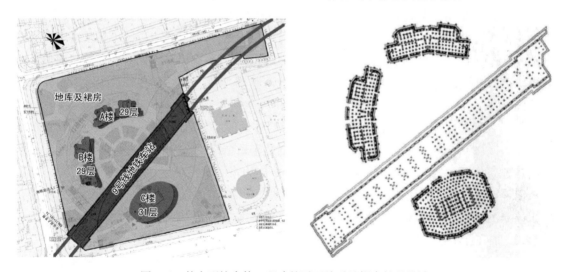

图 3-2　某大型综合体工程建筑平面关系及耦合桩基设计

（2）沉降耦合的计算分析及计算结果。

在确定沉降耦合桩之后，对高层建筑与地铁车站进行整体验算，在地铁车站边上共取 42 个点，各计算点之间间距取约 8 m。首先，利用弹性理论法求得各计算点处对地铁产生的附加沉降变形预估结果，接着将车站下卧层最大附加沉降附加位移进行"下卧土层位移——结构附加荷载"等效代换，作用在地铁车站上，并考虑车站结构自身刚度进行二次计算。相应的计算结果如图 3-3 所示。

（3）沉降耦合及控制的工程措施。

对 3 栋超高层塔楼采取了加大桩径、加长桩长、选择较好的桩端持力层、增加桩数、桩底注浆、减轻结构自重等各种措施控制沉降。但由于塔楼竖向作用荷载较大，距离地铁较近，沿车

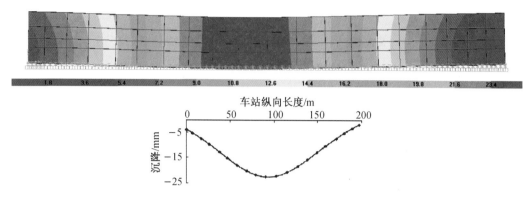

图 3-3　荷载等效代换并考虑车站结构自身刚度后的车站附加沉降预估结果

站纵向将产生较大的不均匀沉降,仅通过调整塔楼的桩基已难以满足地铁车站相关控制要求。因此还采取了在塔楼周边设置沉降分离措施,加大地铁车站自身刚度,并根据计算结果在地铁车站下设置沉降调节桩等措施来减小综合体共建对地铁车站的附加沉降影响。同时通过对 3 栋塔楼、地下室大底板、车站底板及桩基设置长期沉降观测点,以根据绝对沉降和相对沉降差,在沉降趋于稳定后封闭塔楼与裙房结构的后浇带。

　　通过运用合理的计算方法及参数对工程差异沉降进行预估分析,并根据分析结果采取相应的技术措施,将综合体工程对地铁车站产生的差异沉降影响控制在地铁设施保护要求范围之内,确保地铁车站设施的安全,使得共建工程得以顺利实施。

　　2)工程案例 2

　　(1)工程概况。

　　该工程位于上海浦东陆家嘴金融贸易区,地处重要繁华路段,远期规划轨道交通 14 号线地铁车站与开发项目共建,车站从一栋二十多层高的酒店塔楼下穿过,开发项目与地铁的相对关系及耦合桩基设计见图 3-4。

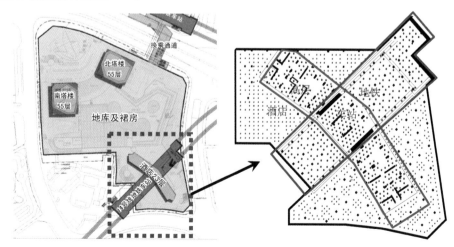

图 3-4　某大型综合体工程建筑平面关系及耦合桩基设计

高层酒店地上为 23 层,采用框架——剪力墙结构体系,其中酒店中部的部分框架柱和剪力墙筒体刚好位于地铁车站范围内,且因地铁车站结构的特殊性,此项目共建结构基础底板不能设置沉降变形缝。因此,只能通过基础桩基的合理布置、桩基持力层的合理选择以及对地下水浮力的合理利用等来调整基础的沉降差异,并考虑上部结构刚度对协调共建结构基础沉降耦合变形的影响。

基础设计情况:商业裙房部分采用 $\phi600$ mm 钻孔灌注桩,有效桩长 30 m,桩端持力层位于 ⑦₂ 层土中;地铁车站采用 $\phi850$ mm 钻孔灌注桩,有效桩长 35 m,桩端位于 ⑦₂ 层土中。高层酒店塔楼部分采用 $\phi850$ mm 钻孔灌注桩,通过桩长和桩端持力层的选择对比,最终选择⑨层粉砂夹砂质粉土层作为持力层,有效桩长 53 m。

(2) 沉降耦合的计算分析及计算结果。

借助三维有限元计算软件,按以下 3 种工况(表 3-1)进行不同边界条件下的计算分析,研究不同桩基长度、桩基持力层、后浇带设置和施工工况下主楼基础沉降对共建结构中地铁结构受力和变形的影响。

表 3-1 计算工况

计算工况	主楼桩基持力层	计算边界条件
工况 1	⑨₁ 层	不设后浇带; 结构上部荷载和水浮力共同作用下的沉降
工况 2	⑨₁ 层	设后浇带,待主楼沉降完成约 50% 后再封闭后浇带; 结构上部荷载和水浮力共同作用下的沉降
工况 3	⑦₂ 层	设后浇带,待主楼沉降完成约 50% 后再封闭后浇带; 结构上部荷载和水浮力共同作用下的沉降

计算模型及相关计算结果见图 3-5—图 3-7。

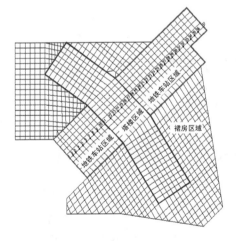

图 3-5 沉降计算点布置图

(沿车站中心线布点)

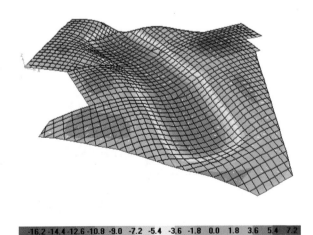

-16.2 -14.4 -12.6 -10.8 -9.0 -7.2 -5.4 -3.6 -1.8 0.0 1.8 3.6 5.4 7.2

图 3-6 沉降计算结果等值云图

(工况 2)(单位:mm)

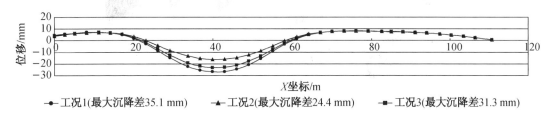

图 3-7　各工况下车站底板变形计算结果

（3）沉降耦合及控制的工程措施。

计算结果如下：对于工况 1，桩端持力层选取⑨₁层，塔楼周边不设后浇带，在结构上部荷载和水浮力共同作用下，主楼桩基沉降对地铁车站产生的附加变形影响最大；而工况 2，桩端持力层选取⑨₁层，塔楼周边设后浇带，待主楼沉降完成约 50%后再封闭后浇带，在结构上部荷载和水浮力共同作用下，主楼桩基沉降对地铁车站产生的附加变形影响最小；与工况 2 相比，工况 3（塔楼桩端持力层由⑨₁改为⑦₂层）主楼桩基沉降对地铁车站产生的附加变形影响明显增大。

因此，该工程最终采用了工况 2 所模拟的结构设计方案，即塔楼桩基持力层为⑨₁层，并在塔楼周边设置考虑一定留置时间的防水后浇带，从而使塔楼桩基础沉降对 14 号线地铁车站产生的纵向受力明显改善，车站结构差异沉降也有较明显改善，满足地铁车站的沉降控制要求。同时，该工程结合计算分析，在工程实施中沿地铁车站纵向分别在裙房区域和塔楼区域的地铁车站底板上埋设了沉降观测点和下卧土层多点位移计，对地下综合体各建筑物及地铁车站的沉降变形进行施工全过程跟踪监测，现场监测数据表明，沉降的控制及耦合效果较好。该工程通过理论分析、数值计算、工程设计和现场量测等措施的综合运用，有效地保证了该大型地下综合体的顺利实施。

结合轨道交通建设的地下空间综合开发是当前大中城市建设的发展趋势，这种将不同结构体系、不同荷载作用和具有不同使用功能的地面综合体与地铁工程进行结构一体化共建的建造模式，必然面临同期共建各地下建筑体之间工后沉降耦合控制的技术难题。对于地铁车站与地块共建的结构设计，通过运用合理的计算方法及参数对工程差异沉降进行预估分析，并根据分析结果采取相应的工程技术措施，对一体化共建结构基础设计进行沉降耦合和控制，确保不同体系结构的变形协调和受力安全，同时将综合体工程对地铁车站产生的差异沉降影响控制在地铁设施保护要求范围之内，以确保地铁设施安全。此外，还应根据沉降耦合计算分析结果，在地铁车站设计中考虑不同阶段建设的因素，预留一定的沉降调节空间，以充分考虑沉降差异对地铁限界和安全运营的影响，从而使综合体共建工程得以顺利实施。

3.1.2　地下综合体工程的抗浮设计

地下综合体特别是大底盘、多塔楼地下综合体的基础及地下室结构的抗浮问题，是这类工程设计要解决的一大难点。地下工程抗浮方案的确定不但影响到结构的受力和变形等技术问题,更关系到工程的造价和投资收益等经济问题。

首先要科学合理地确定抗浮设防水位。地下工程的抗浮设防水位应根据场地岩土与水文地质勘察资料并参考场地有历史记录的历年最高水位综合确定,合理的设防水位将会对工程基础结构造价带来较大的影响。在合理确定抗浮设防水位的前提下,可根据工程的实际情况采取以下一种或多种组合的方案。

(1)在条件许可的情况下,可通过适当减小地下室底板的埋深,从而间接降低基础底板的地下水头高度,减小水浮力。如地下室基础采用平板式筏板基础、地下室楼盖采用宽扁梁或无梁楼盖等结构方案,可以有效降低地下室结构层高,从而间接降低地下室的抗浮设防水位。

(2)可以通过增加地下室结构自重抵抗地下水浮力。工程上常用的措施有:①增大基础底板结构厚度;②增加地下室顶板上覆土厚度;③适当加大基础底板外挑尺寸;④采用容重大且价格低的填料来增加基础底板配重等。

(3)通过设置抗浮桩或抗浮锚杆抵抗地下水浮力。但在地下综合体工程中采用设置抗浮桩作为解决地下室局部抗浮措施时要注意此法的局限性,主要问题在于地下水位计算的不精确性,容易造成主体结构和裙房之间产生更大的不均匀沉降差。而当地下水位较稳定且长期较高时,设置抗浮桩的作用就比较明显。

在设计时要综合考虑各方面的条件和影响因素,按工程具体情况区别对待来选择抗浮方案。如果裙房地下室或地下车库是独立建筑,与高层主楼基础没有连接成整体,并有一定距离而不会因差异沉降造成影响时,抗浮措施可以根据经济技术比较采用抗浮锚杆、抗拔桩或增加地下室结构重量等方法。如果高层主楼与裙房在地下室部分不设缝连接成整体,由于高层主楼基础底面的附加应力大,导致高层主楼基础沉降量较大,而裙房多为超补偿基础(基底处土的自重应力大于基底的附加应力),或基底附加应力很小的补偿基础,裙房基础的沉降量(对于超补偿基础为地基土的回弹再压缩)很小。此时如果需要在裙房基础底板下设置抗浮桩,由于其支撑作用,裙房的沉降发展将受到很大的限制,反而会加大主裙楼之间的沉降差。此时裙房地下室抗浮宜优先采用自重平衡法(适当增加基础底板的厚度和外挑尺寸,或增加地下室顶板的覆土厚度,或底板面层采用重度不小于 30 kN/m² 的钢渣混凝土压重等),不宜采用抗拔桩或抗浮锚杆,否则主裙楼之间易产生较大差异沉降而造成底板的开裂。

3.1.3 地下综合体共建一体化结构的设计技术

大型的交通枢纽型地下综合体汇集铁路、城市轨道交通、公交、出租等多种交通功能,将多层次的综合交通与大型地下空间整合开发、一体化建造,是现代化的地下综合体中非常重要的一类,也是结构技术要求较高的一类,如上海虹桥枢纽、兰州西站、宁波站、福州南站等。此类工程通常将国铁站房、地铁车站和城市配套及交通工程结合在一起,高铁站房位于综合体上方,地铁从国铁站房下方纵穿而过,站房一侧或前后两侧的城市集散广场下设有地下停车场、公交及出租车场、配套商业服务等设施,是一项综合性、跨专业、多界面的复杂结构工程(图 3-8)。

本节将围绕交通枢纽型地下综合体及其共建结构的相关设计技术进行介绍。

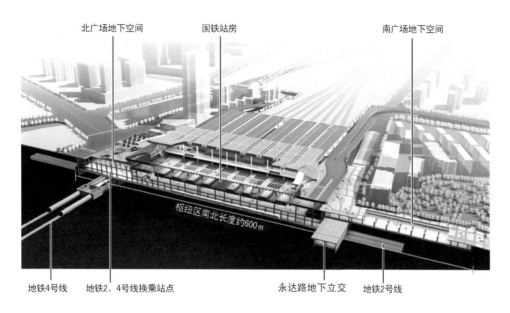

图 3-8 宁波站交通枢纽地下综合体

1. "桥建合一"框架结构体系设计技术

交通枢纽型地下综合体在建筑竖向功能位置分布上通常具有一定的规律,以宁波站交通枢纽地下综合体为例,旅客候车大厅采用上跨轨道的高架候车形式,列车运行的轨道层设计在

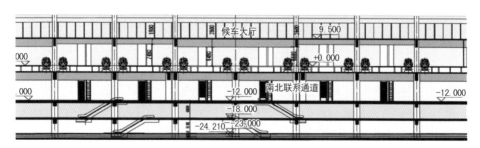

图 3-9 宁波站交通枢纽地下综合体剖面示意图

铁路站房建筑内的地面层,轨道层下方的地下一层为出站通廊及城市换乘广场,地下二层及以下为地铁功能层(图 3-9)。

其中轨道层通常采用"桥建合一"的结构体系,将桥梁和建筑这两种不同的结构形式综合在一起,完全用建筑构件取代桥梁构件来直接承受列车的动荷载作用,实现在"建筑上跑列车"的一种框架结构形式(李茂生,2007)(图 3-10—图 3-12)。

图 3-10 "桥建合一"形式的换乘大厅

该结构形式的优点有：①结构整体性和稳定性比较好；②可通过优化结构柱网布置，使建筑布局不受限制，极大地提升了建筑室内的建筑效果和使用舒适性；③轨道层结构设计的构件截面尺寸小于常规桥梁结构的截面尺寸，与"桥梁结构"方案相比，工程造价较低，具有较好的经济性。同时存在的缺点有：①振动和噪声对车站使用环境的影响比较大；②结构刚度较小，侧移较大；③结构计算分析较为复杂。

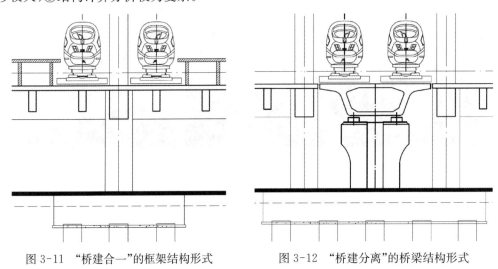

图 3-11 "桥建合一"的框架结构形式　　图 3-12 "桥建分离"的桥梁结构形式

1）"桥建合一"结构的计算分析

通过对"桥建合一"结构体系的受力变形特性和车桥振动影响分析研究，对列车运行下结构的振动响应进行深入评估，验证设计的正确性和构造的合理性，确保在设计阶段避免由于结构设计不合理、构造措施不到位而致结构产生不良振动问题，确保"桥建合一"结构的设计安全，同时最大限度地提供满足列车运行安全和旅客舒适乘车的良好环境。

涉及列车运行安全的计算分析内容主要包括以下四个方面：①分析结构的自振特性，避免结构与列车动载产生共振。②计算列车高速通过和制动等工况下轨道结构动力响应特性（如振动位移和加速度响应、结构纵横向及竖向刚度的变化等），找出动力作用下结构的变化规律，评价结构纵向、横向及竖向刚度的合理性。③计算结构在列车移动荷载作用下，车站结构的舒适度及列车的安全性和平稳性，包括车辆的竖向、横向加速度，轴重减重率，抗脱轨安全系数等。④分析长期列车动荷载作用下对混凝土疲劳破坏及对钢筋混凝土耐久性的影响（吴定俊 等，2010）。

2）工程案例

（1）工程概况。

宁波站交通枢纽城市换乘广场的上方为轨行区，下方为宁波市轨道交通 2 号线。该部分轨行区结构采用现浇双向梁板框架结构体系。框架柱采用 $\phi2.8$ m 和 $\phi2.2$ m 的圆柱，双向主梁均采用 1.5 m×2.6 m 的预应力钢筋混凝土梁，通过设置球铰支座将主梁的两端分别简支于两侧的桥台结构上。轨道层以上采用钢管混凝土柱和预应力梁组成的高架候车厅层及钢管混凝土柱和实腹钢梁组成的大跨度空间钢结构，为典型的"桥建合一"结构体系（图 3-13、图 3-14）。

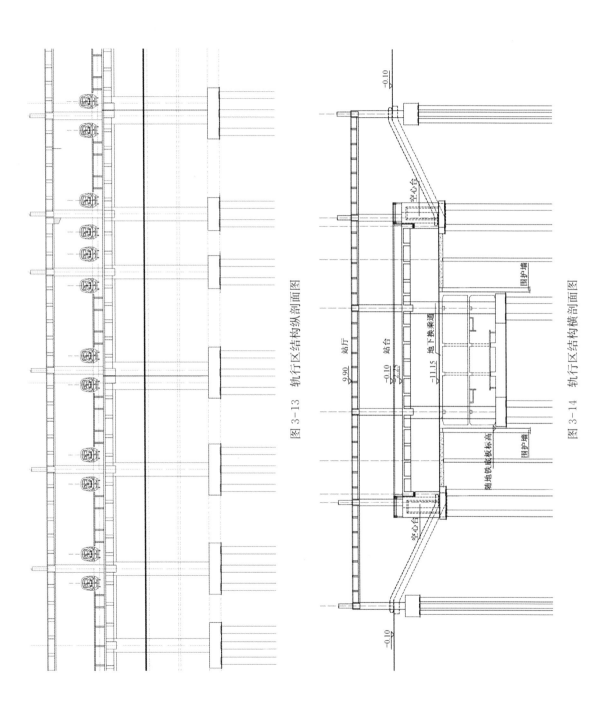

图 3-13 轨行区结构纵剖面图

图 3-14 轨行区结构横剖面图

(2) 结构模型的建立。

对于"桥建合一"结构体系设计采用通用有限元程序分别建立桥梁结构模型和运行车辆模型(图 3-15)。

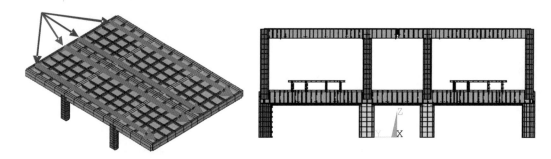

图 3-15　有限元计算模型

(3) 结构的动力特性分析。

MIDAS 通用有限元软件对三种结构模型的动力特性计算结果如图 3-16 和图 3-17 所示。

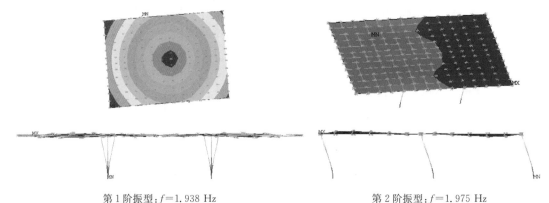

第 1 阶振型：$f=1.938$ Hz

图 3-16　立柱反对称横弯(站房扭转)

第 2 阶振型：$f=1.975$ Hz

图 3-17　立柱对称横弯

(4) 结构的车桥耦合振动特性分析。

对于城市换乘广场上方"桥建合一"结构根据该工程的特点选取 10 种工况进行站房结构车桥耦合振动影响分析(表 3-2)。根据车桥动力分析表明，站房桥梁结构竖向、横向振动加速度和位移均满足相关规范要求，动力系数在合理范围，没有出现共振现象。

表 3-2　　　　　　　　　　　车桥耦合振动分析工况汇总

工况号	工况描述	计算车速/(km·h^{-1})
工况 1	1 线 ICE3 高速列车于Ⅰ线匀速通过	120，140，160，180，200
工况 2	1 线准高速列车于Ⅰ线匀速通过	80，100，120，140，160

工况号	工况描述	计算车速/(km·h⁻¹)
工况 3	1 线 C62 货车于 I 线匀速通过	60，70，80
工况 4	2 线 ICE 高速客车于 III、IV 线反向匀速通过	120，140，160，180，200
工况 5	2 线准高速客车于 III、IV 线反向匀速通过	80，100，120，140，160
工况 6	2 线 C62 货车于 III、IV 线反向匀速通过	60，70，80
工况 7	1 线 ICE3 高速列车在 I 线紧急制动	52，78，104
工况 8	1 线 ICE3 在 I 线普通制动	33，52，71
工况 9	2 线 ICE3 货车于 I、VI 线同时反向制动	40，50，60
工况 10	2 线 C62 货车在 I、VI 线同时反向制动	40，50，60

2. 大跨度楼盖结构设计

宁波站交通综合体工程由于建筑功能布置、地铁换乘以及工艺的要求,需要有较大的柱网尺寸,结构设计应在保证结构安全和满足建筑功能的前提下,力求结构设计的先进性和经济性,同时还需考虑施工的可行性和便利性。

其中,站房南、北入口(标高−0.15 m)结构的典型柱网尺寸为 12 m×8.5 m～18 m×10.5 m,其下方为国铁与地铁、地下商业及出租车场等功能区的城市换乘广场,因建筑要求中间无法落柱,最大柱网尺寸达到了 48 m×16.9 m。且城市换乘广场上空布置有大量的大截面通风管道和机电设备管线,为满足建筑使用空间的净高要求和大跨度结构的受力、变形及抗震性能的需求,同时为设备及管道安装检修提供便利,在比较预应力混凝土结构和钢结构方案的基础上,选择在中部 48 m 大跨度区域采用钢骨混凝土柱(内插型钢)+钢桁架主梁+钢次梁的混合结构方案,在其余柱跨区域则采用预应力混凝土框架和普通钢筋混凝土框架结构方案。

钢桁架上弦楼板为站房的楼面板,采用钢筋桁架非组合楼盖,通过栓钉与桁架上弦连接并作为上弦平面外支撑;桁架梁下弦平面设置水平支撑体系,既为桁架下弦提供平面外支撑系统,又可以承载高铁站房铺设的设备管线。

与 48 m 跨度钢桁架相连的混凝土框架柱截面为 2 500 mm×2 000 mm 和 2 400 mm×1 400 mm,混凝土等级为 C40,节点范围内插型钢为 H 1 400×950×30×50。48 m 跨钢桁架高度为 3.7 m,腹杆之间可穿越设备管线,有效地利用了空间。钢桁架弦杆采用箱形截面,腹杆采用 H 型钢梁或圆钢管,楼面钢次梁采用 H 型钢梁。

楼面处钢管混凝土柱与预应力混凝土框架梁连接节点采用"环形钢牛腿+混凝土环梁"、梁端水平加腋的节点方案(图 3-18),既解决了预应力框架梁钢筋在框架柱中的锚固和预应力筋穿钢管柱的问题,也解决了梁柱节点钢筋密集排筋和浇筑混凝土的施工困难。

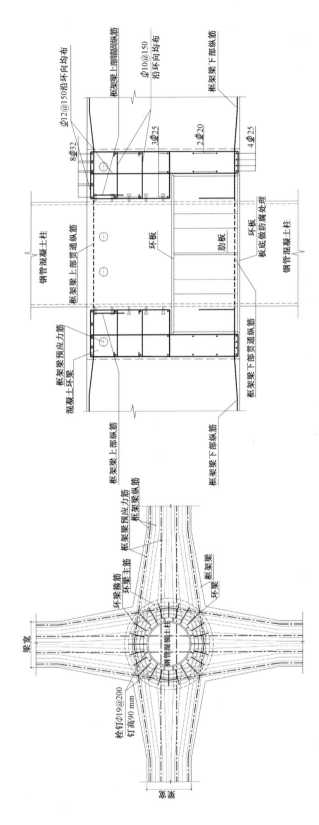

图 3-18 钢管混凝土柱-预应力混凝土梁连接节点

在"环形钢牛腿＋混凝土环梁"的节点形式中,钢牛腿承担梁端传递的剪力,混凝土环梁抵抗梁端弯矩,节点受力明确,传力直接。实际完成后(图 3-19)的效果也较好地满足了建筑空间以及造型的需求,体现了结构设计先进性和经济性的设计原则。

3. 地下结构跨越地铁区间隧道设计技术

跨越地铁区间隧道的地下结构可以通过两种方式实现:一是顶板转换;二是基础转换。顶板转换时,结构柱可以避开区间隧道,但由于柱距较大且地下室顶板承受较大的恒载和活载,顶板转换梁截面尺寸较大,无法满足建筑对净高的要求。若通过基础梁转换,柱距不受区间隧道限制,仍可布置成规则的柱网,不仅使得建筑柱网规则美观,也使得地下室车库布置自由灵活,而且能满足建筑对净高的要求。

宁波站交通枢纽北广场地下室有下穿的轨道交通 4 号线盾构区间,两区间隧道之间距离约 16 m,地下室底板底距隧道顶最小距离约 10 m,建筑柱网为 8.4 m×8.4 m(图 3-20、图 3-21)。

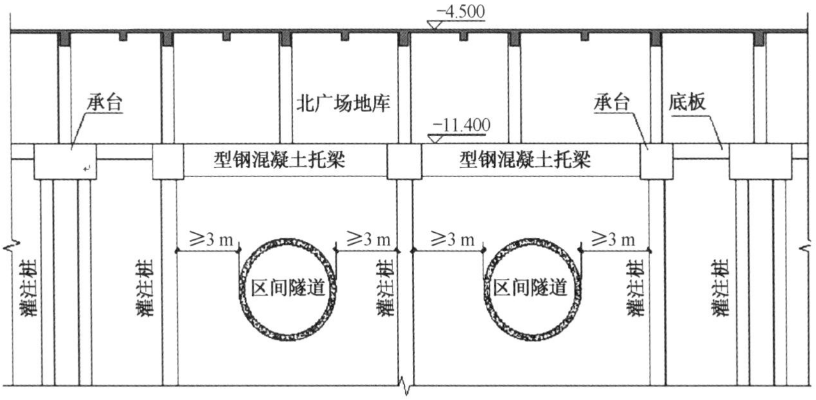

图 3-19　节点实景图

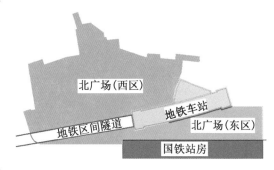

图 3-20　北广场、地铁和国铁站房

图 3-21　北广场跨越区间隧道剖面

综合考虑各种因素,针对地下室跨越地铁区间隧道的结构处理,设计中采用了基础转换的方法,将作用在隧道上方的柱荷载通过基础转换梁,传至隧道两边上的桩基条形承台上。基础转换梁选用 1 200 mm×2 000 mm 的型钢混凝土梁(托梁),型钢尺寸为 H 1 400×

800×25×30,型钢混凝土托梁与混凝土柱的连接节点如图 3-22 所示。通过转换,临地铁区间隧道边的桩基承台将承受较大荷载,一方面须控制工程桩至地铁区间隧道的净距不小于 3 m（图 3-21）,以保证后期地铁区间隧道的推进和运营安全;另一方面应严格控制该部分桩基承台的绝对沉降。结合该工程地质勘测资料进行分析研究后,拟定隧道边上桩基采用桩径 1 000 mm 钻孔灌注桩,桩长约 77 m（自地面算起）,有效桩长约 67 m,桩端进入第⑩层圆砾层。单桩受压承载力特征值为 5 800 kN,单桩抗拔承载力特征值为 2 400 kN。

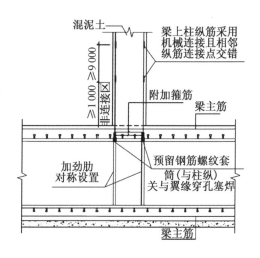

图 3-22　型钢混凝土托梁与混凝土柱连接节点

3.2　深大基坑工程的设计与施工

基坑支护及开挖是地下综合体开发建设实施过程中必须经历的工程环节,而且也是地下工程实施全过程中风险及难度最高、最为集中的一个环节,在地下综合体建设中,必须十分重视深基坑工程的安全稳定及周边环境保护问题。

由于地下综合体开发面积需求大,通常达 10 万～30 万 m²,其所对应的深大基坑工程规模也非常大,基坑面积往往达到 2 万～5 万 m²,开挖深度达 16～25 m。这些深大基坑通常又位于城市中心区域（图 3-23、图 3-24）,工程四周密布各种地下管线,临近各类建筑物、交通干道、地铁等重要设施,人流车流繁忙、施工场地紧张、工期紧、施工条件复杂、周边设施环境保护要求高。

图 3-23　上海某深大基坑 1 工程照片

图 3-24　上海某深大基坑 2 工程照片

由于地下综合体所对应的基坑工程具有面积大、深度深、周边环境保护要求高的特点,因此对相关的设计及实施提出了诸多难题。本节将结合近年来地下综合体中的深大基坑工程，尤其是软土地区深大基坑的设计与实践，介绍深大基坑的工程特点以及卸荷变形的变形机理，并介绍目前软土地区深大基坑中控制卸荷变形常用的设计对策和工程措施。

3.2.1 深大基坑工程的特点

作为地下综合体顺利建设实施的重要环节，深大基坑工程具有其特殊的工程特点。

1）不可逆性和重要性

地下空间的开发与建设是一次涉及大系统、大投资的决策，在很大程度上，地下工程具有不可逆性，而大型地下综合体能否顺利开发建设关系到整个区域社会经济功能的实现。因此，此类深大基坑在建设中的安全及质量显得至关重要。

2）基坑工程规模大

随着城市建设的发展，加之城市地下综合体多功能整合的客观要求，基坑越来越深、越来越大，不少基坑工程开挖面积达到 2 万～5 万 m^2，开挖深度达 16～25 m。周边环境变形控制难度较大。

3）周边环境保护要求高

由于深大基坑卸荷量大（卸荷土方达几十万至上百万立方），其产生的土体位移场、应力场变化影响大，再加上地下综合体通常位于城市繁华区域，周边建筑物密集，管线密布，紧邻地铁设施，因此深大基坑开挖卸载过程面临严峻的安全及周边环境保护问题。

4）地下水安全风险及对环境影响大

随着基坑深度的加深，地下水这一工程风险源开始显现。为防治基坑开挖过程中的承压水突涌，工程常采用降水的措施。但对于工程密集的城市核心区域来说，持续的工程降水会导致地下水位在相当长的一段时间内难以恢复，造成地下含水层固结，引发地面沉降，使地表建筑物发生地基下沉、基础开裂，严重的还会破坏城市道路、管线、通信线路等，甚至会造成城市排水系统变形失效，降低城市的防汛能力。

5）与地质条件密切相关

基坑工程与所处地域的地质条件密切相关。地下综合体位于地表下的工程岩土体中，它既以岩土体为环境，又以岩土体为介质。地下综合体的开发以及它的正常使用都与其所处的地质环境、工程地质条件密切相关。如东部沿海软土地区，工程所处的软土地层基本为饱和含水流塑或软塑黏土层，孔隙比及压缩性大、抗剪强度低、灵敏度高，周边土体对基坑开挖卸载的变形响应敏感，非常不利于基坑施工过程中的变形控制，因此在软土地区尤其需要重视深大基坑工程开挖卸载对周边环境产生的影响，并采取有效的针对性措施加以控制。

3.2.2 软土深大基坑卸荷变形特性及机理

软土基坑的开挖卸荷导致基坑及周围土体的应力场、位移场发生变化，从而引起基坑及基坑周边土体地层产生附加变形（图3-25）。根据理论分析、有限元计算和工程统计，影响基坑卸荷变形的因素归纳如下。

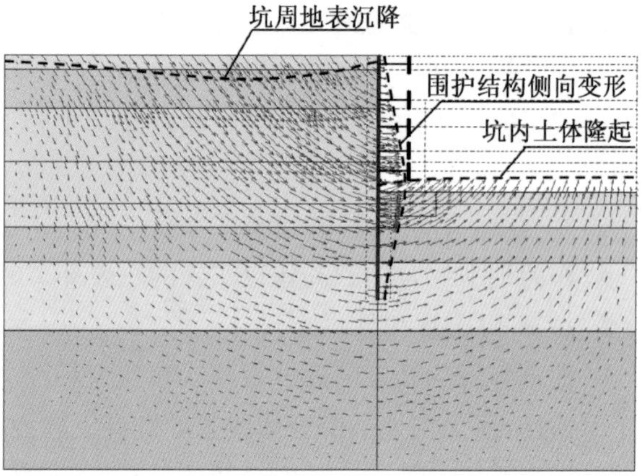

1）围护结构的变形

围护结构的变形除了地层的物理力学特性外，影响围护结构变形因素主要有：围护结构的刚度；围护结构的入土深度；支撑体系的选型和支撑的道数及刚度；基坑开挖后的无支撑暴露时间长短及开挖后暴露空间的大小。

2）基坑坑内土体隆起

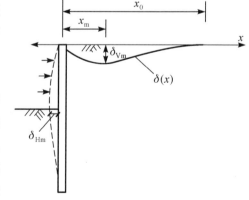

图 3-25　基坑开挖卸载后的变形特征

基坑坑内土体隆起除了坑内开挖面下的土层力学特性和围护结构入土深度影响因素外，主要影响因素是一次性卸荷量的大小，即基坑的开挖面积和开挖深度；卸荷的时间长短；坑内工程桩的数量、分布和桩长。

3）坑周地表沉降及影响范围

坑周的地表沉降及影响范围除了工程所处的土层特性外，在基坑不发生大面积的渗漏水、漏泥、流砂的前提下，其影响因素主要是围护结构的侧向位移和坑内的土体隆起，而坑内的土体隆起主要受基坑的开挖面积和开挖深度大小影响。

根据基坑卸荷变形特征曲线和地层损失平衡的原理，以及大量的工程实测统计，发现基坑卸荷引起的周边土体位移的地表沉降量基本为坑内土体的隆起量与围护结构侧向位移所引起的土层移动量之和。因此要控制基坑变形，减少基坑卸荷对周围环境的影响，就必须控制和减少基坑卸荷后的坑内土体隆起量和围护结构的侧向位移量。

1. 深大基坑卸荷变形特性

围护结构的侧向变形、坑周地表沉降、围护结构侧向变形与地表沉降的比值以及地表沉降大小与沉降影响范围的关系，是研究基坑变形特征的几个重要指标。本节结合工程实测数据，从以下几个方面对深大基坑的变形特征进行总结归纳。

1）窄基坑变形特征

地铁车站（基坑宽度为 20 m 左右）多为窄条形基坑，通过对大量上海地铁车站基坑实测数据的统计分析，发现窄条基坑的坑周地表沉降影响范围 x_0 大致为 $(1.5\sim2.0)H$（H 为基坑开挖深度），同时坑周地表沉降量 δ_{Vm} 与围护结构侧向变形 δ_{Hm} 的相关性较强，两者之间的比值为 0.7～1.0（图 3-26）。

图 3-26　坑外地表沉降

2) 深大基坑

图 3-27—图 3-29 为上海某深大基坑工程(长 210 m,宽 200 m,深 17.5 m)的坑周地表沉降与围护结构侧向变形的实测曲线。工程实测表明对于基坑宽度达 100 m 以上、开挖深度大于 15 m 的深大基坑,坑周地表最大沉降量与围护结构侧向最大变形量之间的比值由窄条基坑的 0.7~1.0 增大至 1.0~2.0;坑周地表沉降影响范围也将由窄条基坑的(1.5~2.0)H 增大为(3.0~4.0)H(H 为基坑开挖深度)。对于深大基坑,其卸荷对于周边环境影响较窄条基坑来得更大(图 3-30)。

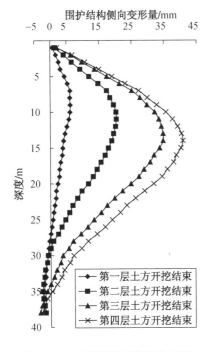

图 3-27　实测围护结构侧向变形

图 3-28　上海某深大基坑现场照片

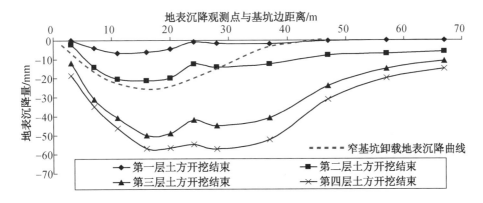

图 3-29　实测地表沉降

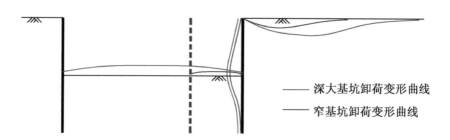

图 3-30　窄基坑与深大基坑的卸荷变形曲线对比

2. 深大基坑卸荷变形机理

在软土地区的城市中开挖深基坑,坑周的地表沉降及影响范围除了与工程所处的土层特性有关外,在基坑不发生大面积的渗漏水、漏泥、流砂的情况下,其影响因素主要是围护结构的侧向位移和坑内的土体隆起。其中坑内土体的隆起主要由两部分组成,分别是卸荷后土体的回弹以及卸荷后坑外土体向坑内的移动,而这二者的大小又与基坑的开挖面积和开挖深度有关。

1) 软土深大基坑卸荷深层滑移带及位移场分区

针对深大基坑工程实践呈现的变形特征,结合大量工程监测分析成果,按其位移场的变化

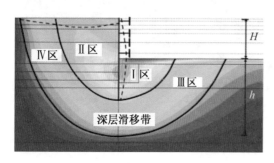

图 3-31　深层滑移带及卸荷位移场分区图

特性可将基坑周边土体分为五个区域(图 3-31):朗金被动区(Ⅰ区)的土体位移表现为坑内土体的挤压和向上隆起;朗金主动区(Ⅱ区)的土体位移表现为土体下沉和向坑内的挤压;围护结构底部以下朗金被动区的影响延伸区(Ⅲ区)是基坑内土体卸荷深层滑移带,滑移带底面位于基坑土体卸荷回弹影响深度处,该区内的土体位移主要表现为向坑内的移动及向上隆起;围护结构底部以下朗金主动区的影响延伸区(Ⅳ区)与Ⅲ区共同组成基坑卸荷土体深层滑移带,该区内的土体位移主要表现为土体下沉及向坑内的移动。深大基坑Ⅲ区和Ⅳ区位移场的变形控制是环境保护的关键。

2) 软土深大基坑与狭窄基坑卸荷变形形态差异的产生机理

根据深层滑移带分布特点,狭窄基坑深层土体滑移带无法形成(图 3-32),基坑变形影响范围及程度较小;随着基坑开挖宽度的逐步扩大,深层土体滑移带逐步扩展(图 3-33),直至完全形成(图 3-34)。

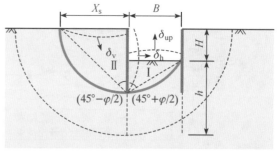

图 3-32　狭窄基坑滑移带无法产生

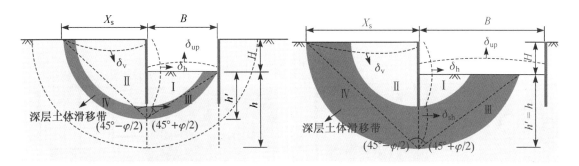

图 3-33　较宽基坑滑移带逐步扩展　　　　图 3-34　深大基坑滑移带完全形成

从图 3-32—图 3-34 的分析示意可见,随着深基坑开挖规模和宽度的扩大,深层土体滑移带的产生和发展以及地表沉降范围的逐渐扩大,当基坑的宽度达到 2 倍基坑卸荷影响深度(坑底以下 h 深度)后,基坑的坑内土体隆起和坑外地表沉降以及沉降影响范围会增大。当基坑较窄时,由于基坑两侧围护结构的遮挡,深层土体滑移带Ⅲ区、Ⅳ区的位移影响较小。Ⅲ区、Ⅳ区的土体位移影响随基坑开挖规模的加大而产生和发展。

因此,对于深大基坑而言,由于基坑宽大、开挖深、一次性卸荷量大、工期长,基坑变形除了产生Ⅰ区朗金被动状态区和Ⅱ区郎金主动状态区的变形影响外,还会产生Ⅲ区、Ⅳ区的深层土体滑移变形影响。深大基坑卸荷引起的坑内土体隆起和坑周地表沉降的影响越来越大。

通过综合分析研究得出:深大基坑由于深层滑移带的作用,其变形影响范围及程度将显著增加,仅通过控制围护结构变形无法解决深层滑移带引起的周边环境变形问题。

3.2.3　软土深大基坑对周边环境保护的设计方法及技术对策

室内试验和有限元计算以及工程实测表明,软土地区的深大基坑由于基坑宽大、开挖深、卸荷量大、工期长,其卸荷所产生的坑周地表沉降量和沉降影响范围,与传统窄条深基坑相比,均有较大的变化和增大。因此,在软土地区城市中心地带开发大型地下综合体时,应充分重视和预估深大基坑卸荷变形对周边环境的影响,并采取相应的对策和措施。

目前,以软土深大基坑深层滑移带及位移场分区为理论基础,经过诸多软土深大基坑的工程积累形成的深大基坑的变形控制技术,在工程实践中收到了很好的效果。

1. 软土深大基坑分区支护设计技术

针对软土深大基坑深层滑移带产生、扩展、完全形成的特点,对紧邻保护对象的深大基坑,可结合建筑物的空间布置,将其分为远离保护对象的大基坑和紧邻保护对象的小基坑,小基坑宽度通常可控制在 20 m 左右,而塔楼等主要建筑物通常位于大基坑内。

远离保护对象的大基坑先开挖,通过加大与保护对象的距离、减小深层滑移带宽度,来达到保护对象变形控制要求;紧邻保护对象的狭窄小基坑后开挖,利用狭窄坑的空间效应来控制深层滑移带的产生,并协同采用土方分层分段、抽条间隔快速开挖、限时形成支撑技术以及钢支撑轴力伺服系统来减小和控制围护结构侧向变形，以达到保护对象微变形控制目标(图 3-35)。

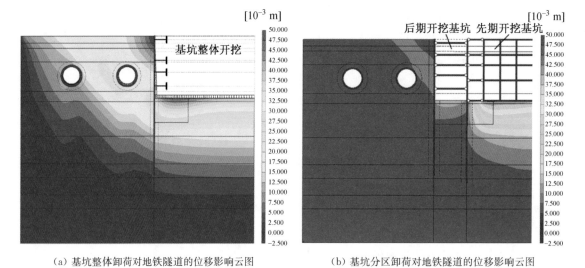

（a）基坑整体卸荷对地铁隧道的位移影响云图　　　（b）基坑分区卸荷对地铁隧道的位移影响云图

图 3-35　深大基坑整体卸荷与分区卸荷变形影响数值分析

分区支护施工如下：

（1）大基坑首先开挖，开挖采用针对软弱土流变控制的"时空效应"开挖支撑施工技术。分层分块、留土围护结构、快速开挖、限时支撑，及时浇筑垫层形成底板。缩短坑底土体在卸荷状态下的暴露时间，从而可有效控制坑底土体隆起和坑外的地层沉降，进而控制保护对象的变形。

（2）远离保护对象的大基坑内的地下室完成施工后，再开挖窄条坑。窄条坑可设置坑内土体加固，控制坑内土体回弹，加上窄条坑两侧较深地墙的遮挡作用，窄条坑卸荷状态下其深层土体滑移影响也较小。因此，窄条坑开挖卸荷对紧邻保护对象的影响主要来自窄条基坑的侧向变形。而对于窄条基坑的侧向变形控制，施工实施中可采用已在众多软土地区地铁车站基坑中使用的成熟工艺技术：支撑体系不设围檩，一幅地墙两根钢支撑，省去混凝土支撑的养护时间，运用"时空效应"原理，快速开挖、限时支撑，尽早完成底板以稳定基坑。从而控制和减少窄条深坑的侧向变形，满足紧邻保护对象的正常安全使用要求。

（3）待窄基坑的地下室完成至地面后，再凿除临时分隔墙，将地下室连成整体。通常临时分隔墙位置的设置结合主体结构后浇带，而位于大基坑内的塔楼等主要建筑物的土建结构封顶是工程的主要控制节点，窄条坑施工工期基本不影响塔楼的关键工期。

（4）对于体量超大的基坑工程而言，将基坑分为远离保护对象的一个大基坑和一个邻近保护对象的小基坑，如图 3-36(a)所示。此时，远离保护对象的 1 区基坑一次卸荷体量仍然较大，基坑开挖的暴露时间仍然较长，且 2 区狭窄基坑的长边开挖围护结构变形效应明显，难以满足变形控制要求。

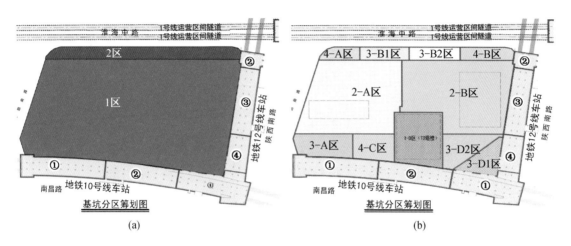

图 3-36　某超大型软土深基坑工程分区开挖图

在采用深大基坑分区支护控制技术时,应根据基坑的规模将远离保护对象的超大基坑再划小分区;而紧邻保护对象的超长基坑再划短分区,交错开挖,以减少基坑一次性卸荷体量和暴露时间,控制长边效应,如图 3-36(b)所示。

通常距离保护对象较远的超大超深基坑可划分为不超过 1 万 m^2 的若干基坑,通过合理分区分级卸荷,减小大面积、长时间、整体卸荷对周边环境的不利影响;临近保护对象的狭窄基坑划分为长度不超过 50 m 的若干短基坑,减少由长边效应引起的基坑变形。

2. 钢支撑轴力伺服系统

通过分区支护卸荷,可有效控制基坑卸荷深层滑移引起的周边环境变形,此外可进一步采取措施控制紧邻保护对象的窄条基坑的围护结构侧向变形。紧邻保护对象的窄条基坑宽度一般控制在 20 m 左右,为采用钢支撑满足快速开挖要求提供了可行和便利条件。但传统钢支撑系统存在易于应力松弛、人工复加轴力效率低、被动受荷变形控制效果差的技术问题,目前上海采用钢支撑的地铁车站深基坑围护结构的侧向变形一般都要达到 30 mm 左右,甚至 40～50 mm。对于紧邻诸如运营地铁等重要保护对象的深基坑,其变形难以满足严格的变形控制要求。

为解决传统钢支撑存在的技术缺陷,借鉴其他工程领域对自动控制系统的技术应用,将自动伺服控制原理应用于深基坑钢支撑的轴力控制中,通过实时监控诊断及自动轴力调节,将深基坑钢支撑的轴力由被动受压和松弛变形变为主动加压调控变形,从而可根据紧邻深基坑保护对象的变形控制要求,主动进行基坑围护结构的变形调控,从而满足紧邻深基坑保护对象的安全正常使用。

钢支撑轴力伺服系统主要由液压泵站和液压千斤顶组成的液压系统模块,以及由自动控制硬件设备和计算机软件组成的自动控制系统模块这两大系统模块组成。钢支撑轴力伺服系统控制深基坑变形的工作原理如图 3-37 所示,工程应用相关现场如图 3-38 所示。

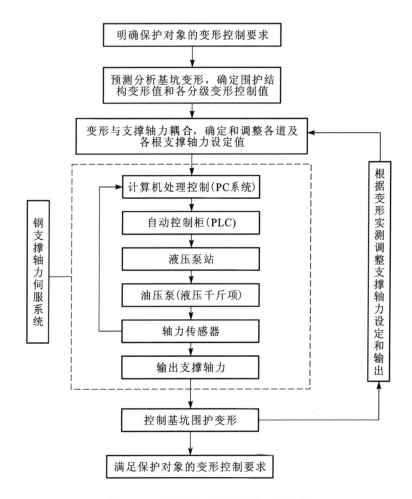

图 3-37 钢支撑轴力伺服系统工作原理

钢支撑轴力伺服系统已在多个紧邻运营地铁的深基坑工程中进行了实践应用,并取得了良好的微变形控制效果。该系统与分区支护技术配合可大幅减小基坑变形,数十项应用工程围护变形均在 6~12 mm 以内,比传统工艺减小 70% 以上。

3. 基于软土流变特性的高效开挖变形控制技术

大量室内土工试验及工程实践表明,饱和软土在卸荷过程中的变形发展具有明显的流变特性,软土地区基坑开挖过程中每个分步开挖的空间几何尺寸和挡墙开挖部分的无支撑暴露时间,对基坑墙体和坑周地层位移都有明显的相关性,这反映了基坑开挖过程中的时空效应规律性。

充分考虑饱和软土的时空效应,在基坑开挖及支撑过程中应根据基坑规模和支护体系布置选择开挖和支撑的分块及施工顺序,按规定时限完成土方开挖并施工支撑或浇筑垫层,快速施工底板结构,减小基坑的无支撑暴露时间。

图 3-38　钢支撑轴力伺服系统工程应用现场

1）远离保护对象的大基坑土方分层分块开挖

（1）分层分块开挖的概念。

对于分层或不分层开挖的基坑，若基坑不同区域开挖的先后顺序会对基坑变形和周边环境产生不同程度的影响时，需划分区域，并确定各区域的开挖顺序，以达到控制变形、减小对周边环境影响的目的。区域如何划分、开挖顺序如何确定是土方开挖需要研究的问题。在基坑竖向上进行合理的土方分层，在平面上进行合理的土方分块，并合理确定各分块开挖的先后顺序，这种挖土方式通常称为分层分块土方开挖。岛式土方开挖和盆式土方开挖属于分层分块土方开挖中较为常用的方式。

（2）分层分块土方开挖的主要方法。

对于长度和宽度较大的基坑，一般可将基坑划分为若干个周边分块和中部分块。通常情况下应先开挖中部分块再开挖周边分块，采用这种土方开挖方式应遵循盆式土方开挖的方法。若支撑系统沿周边布置且中部留有较大空间，可先开挖周边分块再开挖中部分块，开挖过程应遵循岛式土方开挖方法的相关要求。

对于以单向组合对撑系统为主的基坑，通常情况下应先开挖单向组合对撑系统区域的条块土体，及时施工单向组合对撑系统，减少无支撑暴露时间，条块土体在纵向应采用间隔开挖的方式。对于设置角撑系统的基坑，通常情况下可先开挖角撑系统区域的角部土体，及时施工角撑系统，控制基坑角部变形。

应在控制基坑变形和保护周边环境的要求下确定基坑土方分块的大小和数量，制定分块施工的先后顺序,并确定土方开挖的施工方案。土方分块开挖后,与相邻的土方分块形成高差,高差一般不超过 7.0 m。当高差不超过 4.0 m 时,可采用一级边坡;当高差大于 4.0 m 时,可采用二级边坡。采用一级或二级边坡时,边坡坡度一般不大于 1:1.5;采用二级边坡时,放坡平台宽度一般不小于 3.0 m。各级边坡和总边坡应经稳定性验算。

针对基坑一次开挖面积大、无支撑暴露时间长,对围护结构变形影响大的技术难题,研究形成土方分层分块开挖施工技术。在基坑竖向上采用合理分层,在平面上采用合理分块。在满足基坑变形控制要求下确定分块的大小和数量,制订分块施工的先后顺序。土方分层分块开挖高度、宽度及边坡形态控制量化参数指标首次纳入标准规范。典型分层分块盆式开挖如图 3-39 所示。

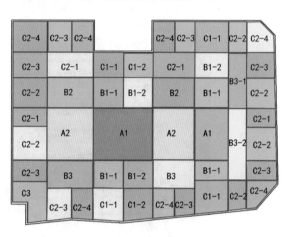

图 3-39 典型分层分块盆式开挖

2)紧邻保护对象的狭窄小基坑土方分层分段抽条开挖

邻近保护对象的狭窄基坑长边效应显著,无支撑暴露时间长,对围护结构变形影响较大。其开挖实施过程中,可将土方分层分段、抽条间隔快速开挖,同时限时支撑。每分段长度通常按 1~2 个同层水平支撑间距确定,分段长度为 3~8 m;每层厚度通常按竖向支撑间距确定,分层厚度为 3~4 m;每段开挖和支撑形成的时间严格限制,通常控制在 12~24 h。典型分层分段抽条开挖如图 3-40 所示。

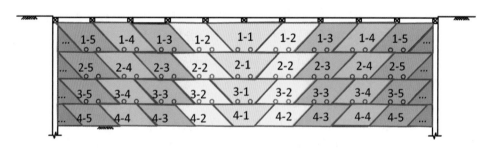

图 3-40 分层分段抽条开挖

通过以上利用时空效应的高效开挖支护技术,可充分减少基坑无支撑的暴露时间,在软土基坑卸荷流变尚未充分发展前及时形成支撑,有效控制基坑围护结构的侧向变形,通过科学高效的开挖技术充分调动和利用土层自身的强度来控制变形,是一种经济有效的变形控制方法。

4. 承压水的处理及控制

承压水降压对周边环境的影响日益突出,其具有影响半径大、影响时间长等特点,一旦对周边环境产生影响,往往难以治理。因此,承压水对周边环境的影响也逐渐受到工程人员的关注和认识。目前对于邻近保护建筑的基坑工程,当需要承压水降压时,往往首先采用围护结构隔断承压水层,从而隔断坑内外承压水的联系,控制基坑周边环境的影响。而针对基坑围护无法有效隔断承压含水层时,应对深大基坑降水安全性及降水对环境影响进行专项分析,并在基坑施工过程中,采用基坑降水自动监控系统。基坑降水自动系统通过实时监测地下水位变化,实现系统发电机组、电路和降水系统的自动切换,通过分级按需降水,同时满足基坑安全和环境保护的要求。必要时还可进行坑内降水,坑外回灌的措施来补偿坑外水位的下降,减小坑内抽降承压水对周边环境造成的沉降影响。

5. 全程信息化监测监控

除采取上述一系列变形控制措施外,在基坑工程施工过程中还必须采用监测监控技术,随时掌握工程施工过程中基坑自身的变形及内力发展情况以及周边保护对象的变形发展情况,实现全过程信息化设计施工,通过对监测数据的分析及时调整设计及施工措施,做到"提前预警、过程控制",确保基坑工程的安全及周边保护对象的正常使用。

根据监测对象的不同,监测监控体系分为对基坑自身的监测以及对周边保护对象的监测。基坑自身监测包括围护结构测斜、支撑轴力、立柱桩隆沉、坑内外水位等监测项目。周边保护对象的监测需根据保护对象各自的特点,对房屋、道路、管线、运营地铁等采取相应的监测手段,比较常规的监测内容包括沉降、倾斜、侧移、裂缝监测等,其中针对运营地铁需采取比较特殊的监测手段,包括垂直位移监测、水平位移监测、隧道直径收敛监测。

总体而言,人工监测成本低,但受制于地铁运营时间的限制,必须在地铁停运后才能进入地铁测量,无法实时掌握地铁变形情况,因此,自动化监测技术的推广应用对于保障地铁日常运营安全十分重要,对于邻近深基坑开挖的运营地铁重点保护区段,一般需采用自动化实时监控。如何降低自动化监测成本,开展对近景摄影测量、激光全息扫描、光纤传感等新技术的研发和应用,提高监测精度和自动化水平,是今后监测技术发展的研究重点。

3.2.4 一体化共建"坑中坑"的安全稳定控制

在地下综合体的建造过程中,采用"共建"方式建造,优势显著。在施工成本上,共建模式可以实现几个子工程的统筹管理,大大缩短工期,节约建造成本;在环境保护方面,共建模式可以最大限度地减小地下工程建造过程中对城市带来的不利影响(如路面翻交、管线搬迁等),实现地下空间开发和城市生活的"和谐"发展;在经济发展和社会效益方面,将地铁车站置于地块开发建筑的大型地下室中的共建模式,可以避免单一轨交车站出入口建造问题,提高城市土地的利用率。因此,共建模式有着广阔的应用前景。但由于地铁设施建造在大型地下综合体内,于是出现了"坑中坑"这种特殊的基坑形式(图 3-41),给地下综合体的建设提出了更高的要求。

坑中坑与常规的单一基坑的区别主要在于内坑的开挖削弱了外坑的被动区,降低了外坑的安全稳定性(图 3-42),同时外坑的存在相当于内坑的附加超载(图 3-43),若运用常规基坑

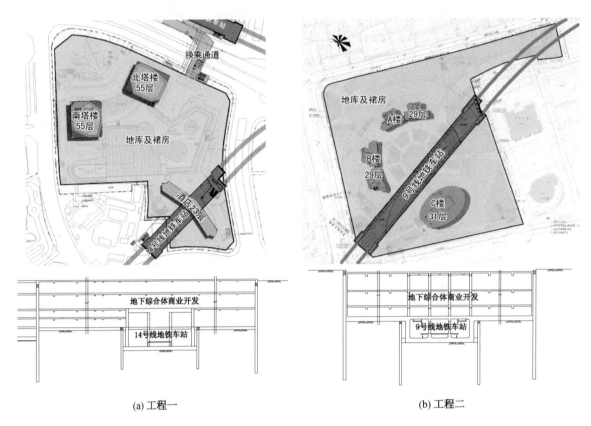

(a) 工程一   (b) 工程二

图 3-41   地下综合体中开发与地铁共建的坑中坑工程

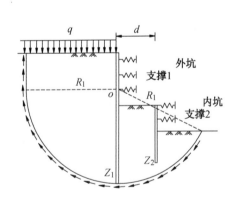

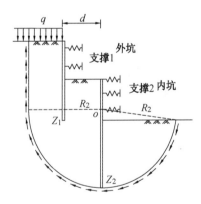

图 3-42   内坑的开挖对外坑被动区的削弱   图 3-43   坑外土体对内坑的超载作用

计算方法分析坑中坑内、外坑的变形和稳定性,必然会过高估计坑中坑的安全性,给工程和周边环境安全带来隐患。尤其在我国沿海软土地区,由于土体主要由成层分布的饱和黏性土、粉性土以及砂土组成,土体性质具有高含水率、高孔隙比、高灵敏度、高压缩性和低强度等特点。因此,坑中坑的设计要点主要在于坑中坑的安全稳定控制。

1. "坑中坑"安全稳定计算原理

软土地区基坑的抗隆起稳定性安全系数 K_s 主要是为了确定基坑围护结构的插入深度,是基坑安全稳定的重要指标。坑中坑的安全稳定计算中,应考虑内、外坑之间的相互影响。

1）外坑抗隆起稳定性计算

坑中坑的外坑与单一基坑的区别在于内坑的开挖造成外坑被动区土体荷载的损失,以及开挖扰动使土体强度降低,从而削弱了外坑的抗隆起稳定安全性。外坑抗隆起稳定性计算的关键是确定其内坑的削弱效应。

根据内、外坑的水平距离 d,内坑对外坑的削弱强度可分为图 3-44 中的 3 个区域,其中 d_1,d_2 和 d_3 为三个临界点,其定义如下:

d_1 为外坑滑动圆弧与内坑坑底平面的交点到地下墙的距离;

d_2 为外坑滑动圆弧与外坑坑底平面的交点到地下墙的距离;

d_3 为当外坑最下道支撑与内坑坑底连线通过滑动圆弧与外坑坑底交点时,内坑围护结构到外坑之间的距离。

（1）当 $d<d_2$ 时,内坑处于强影响区[图 3-44(a)]。内坑的开挖对外坑抗隆起稳定安全性的削弱主要表现为:开挖区域 $HSFN$ 内土体产生的土体抗滑动力矩的损失和相应滑裂段 $F \rightarrow N$ 上剪力消失而产生的滑裂段抗滑动力矩的损失。

（2）当 $d_2 \leqslant d<d_3$ 时,内坑处于弱影响区[图 3-44(b)]。削弱作用主要表现为内坑的开挖对外坑被动区土体产生的扰动,从而降低了外坑被动区土体的抗剪强度。根据工程实践经验,其削弱量可近似为图 3-44(b)中滑裂段 $K \rightarrow N$ 上抗滑动力矩的损失。K 点为外坑最下一道支撑与内坑坑底连线和滑动圆弧的交点。可以看出,随着两坑距离 d 的增大,滑裂段 $K \rightarrow N$ 上抗滑动力矩的损失逐渐减小,内坑对外坑的影响逐渐减弱。

（3）当 $d \geqslant d_3$ 时,内坑处于无影响区[图 3-44(c)]。滑裂段 $K \rightarrow N$ 上抗滑动力矩的损失减小为零,可认为内坑对外坑的开挖没有影响。

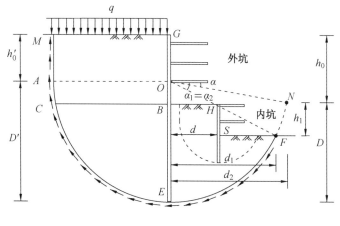

（a）强影响区（$d<d_2$）

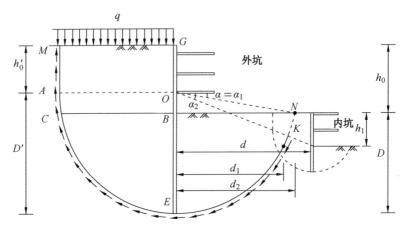

(b) 弱影响区（$d_2 \leqslant d < d_3$）

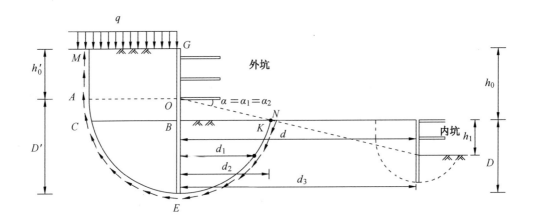

(c) 无影响区（$d \geqslant d_3$）

图 3-44　不同 d 时内坑的削弱效应分析

2）内坑抗隆起稳定性计算

坑中坑内坑与单一基坑的区别在于外坑的存在相当于内坑的附加超载，因此，内坑抗隆起稳定性计算的关键是确定外坑的附加超载效应。根据内、外坑的水平距离 d，外坑的超载效应可分为以下两类，如图 3-45 所示。

（1）当 $d < D_1'$ 时，外坑处于内坑影响范围之内［图 3-45(a)、(b)］。此时，内坑抗隆起稳定性计算时应该考虑外坑的超载作用。可将图 3-45(a)中所示的阴影部分土体 A 的自重及 q 等效为内坑坑外超载（$q + h_0$），如图 3-45(b)所示，但由于外坑围护结构的存在，将分担一部分超载，因此，可根据工程实践经验，将相应的内坑坑外超载（$q + h_0$）乘以折减系数，如图 3-45(b)所示。可将超载带入单一基坑抗隆起稳定性计算公式中，得到内坑的 K_s 值。

（2）当 $d \geqslant D'_1$ 时，外坑处于内坑的影响范围之外，内坑的 K_s 计算不考虑外坑的超载作用，按照单一基坑进行计算。

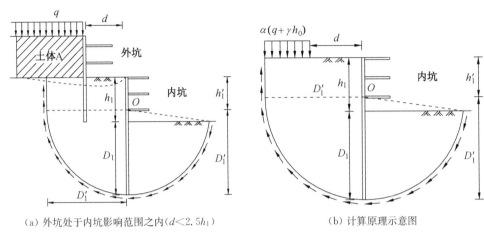

（a）外坑处于内坑影响范围之内（$d<2.5h_1$）　　　　（b）计算原理示意图

图 3-45　$d<D'_1$ 时内坑的超载效应分析

2. "坑中坑"安全稳定设计方法

坑中坑的安全稳定设计大致可分为两个步骤：

（1）判断内、外坑的相互影响强度，确定是否需要进行坑中坑稳定性设计；

（2）根据坑中坑安全稳定系数与围护结构的插入比之间的关系，利用坑中坑安全稳定计算方法，选取围护结构的插入比。

1）内、外坑的相互影响强度分级

（1）内坑对外坑的削弱强度的分级。

内坑的开挖对外坑的削弱效应可分为 3 个等级：强影响区（$d<d_2$），弱影响区（$d_2 \leqslant d < d_3$）和无影响区（$d \geqslant d_3$）。

① 当内坑处于强影响区（$d<d_2$）时，内坑的开挖对外坑的被动区削弱较大，对其稳定性和安全性产生了较大的影响，需重点进行分析计算。

② 当内坑处于弱影响区（$d_2 \leqslant d < d_3$）时，内坑的开挖对外坑的影响相对较小，但仍然不可忽视。

③ 当内坑处于无影响区 $d \geqslant d_3$ 时，坑内的开挖对外坑无影响，在工程中可以不予考虑。

（2）外坑对内坑的超载强度的分级。

同样，外坑的开挖对内坑的超载效应可分为 2 个等级：影响区（$d<D'_1$）和非影响区（$d \geqslant D'_1$）。

① 当 $d<D'_1$（D'_1 为内坑开挖影响深度）时，外坑的超载效应较大，对内坑的抗隆起稳定性及变形产生了较大的影响，需重点进行分析计算。

② 当 $d \geqslant D'_1$（D'_1 为内坑开挖影响深度）时，外坑的超载效应对内坑的影响较小，在工程中可以不予考虑。

2) 考虑"坑中坑"安全稳定的围护结构插入比设计计算

围护结构的插入比是保证基坑安全稳定的重要指标,对于坑中坑形式的基坑工程,内、外坑的围护结构插入比设计计算可参考以下方法。

(1)"坑中坑"外坑围护结构的插入比计算取值。

以某坑中坑案例为基础,在不同内、外坑间距情况下,对外坑抗隆起系数与插入比之间的关系进行了分析研究(图3-46),由图3-46可知,坑中坑外坑的抗隆起安全系数 K_s 随着外坑地下墙插入比的增加而增加。总体趋势有如下特点:

① 当内坑处于强影响区时,不同的 d 值对 K_s 与插入比的关系曲线影响较大,即在插入比相同的情况下,d 值越大(内、外坑间距越大),对应的安全稳定性系数越高。此时,外坑地下墙的插入比应根据两坑之间距离 d 和影响强度等级来确定。

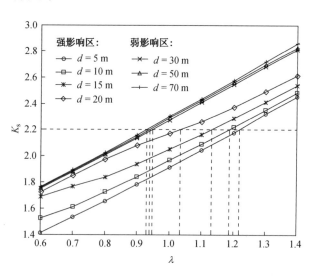

图 3-46 基坑外坑 K_s 与插入比的关系

② 当内坑处于弱影响区时,两坑之间距离 d 对地下墙插入比的影响可忽略不计。

坑中坑外坑保护要求较高,如以上海地区安全等级为一级的基坑标准进行控制,则外坑抗隆起系数取2.2。总结工程实践经验和研究成果,坑中坑外坑围护结构插入比的经验取值可按式3-1进行计算。

$$\lambda = \begin{cases} -0.012d + 1.29 & \text{内坑处于强影响区} \\ 0.9 \sim 1.0 & \text{内坑处于弱影响区} \end{cases} \tag{3-1}$$

(2)"坑中坑"内坑围护结构的插入比计算取值。

同样,在不同内、外坑间距情况下,对内坑抗隆起系数与插入比之间的关系进行了分析研究(图3-47)。

由图3-47可以看出,坑中坑内坑的抗隆起安全系数 K_s 随着内坑地下墙插入比的增加而增加。总体趋势有如下特点:

① 当外坑处于影响区时,此时外坑的存在会对内坑产生明显的超载效应,且在插入比相同的情况下,d 值越大(内、外坑间距越大),对应的安全稳定性系数越高。

② 当外坑处于非影响区时,此时内坑的 K_s 计算不考虑外坑的超载效应。

坑中坑内坑位于基坑内部,相对而言保护要求较低,如坑底抗隆起系数以1.7计取,则坑中坑内坑围护结构插入比的经验取值可按式3-2计算。

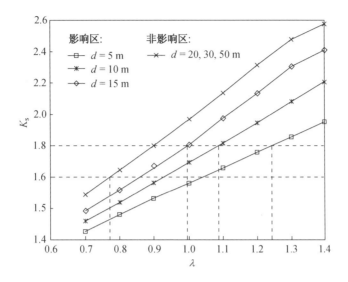

图 3-47　基坑内坑 K_s 与插入比的关系

$$\lambda = \begin{cases} -0.026d + 1.36 & \text{外坑处于影响区} \\ 0.7 \sim 0.8 & \text{外坑处于非影响区} \end{cases} \qquad (3\text{-}2)$$

3. 控制"坑中坑"安全稳定的工程措施

在上海市徐家汇路某地块(图 3-48)、上海自然博物馆、苏州市长江路某地块、宁波站综合交通枢纽等一系列坑中坑基坑工程实践中,以上述坑中坑安全稳定设计方法为指导,并在工程中采取针对性的控制措施,保证了坑中坑基坑安全稳定的同时,也较好地控制了坑中坑开挖卸荷对周边环境的影响。

图 3-48　上海市徐家汇路某地块坑中坑工程照片

总结工程实践经验,控制地下综合体坑中坑安全稳定的工程措施可归纳如下:

(1) 采用考虑坑中坑内、外坑相互影响的安全稳定计算方法,复核基坑的安全稳定性,选取合理可靠的围护结构插入深度;

(2) 对于坑中坑相互影响较强的区域,合理设置坑内加固,改良被动区土体,提高基坑的安全稳定性和抗变形能力;

(3) 结合工程工期筹划分区,分块开挖基坑,以减少大面积一次性卸载对基坑安全稳定的不利影响;

(4) 优化施工步序,待大基坑(外坑)开挖到底后,及时浇筑垫层,再开挖坑中坑(内坑),并迅速施工大基坑底板,以确保外坑的安全稳定。

3.2.5 工程案例

邻近运营地铁隧道或重要保护建筑的深基坑开挖变形控制极其严格,采用传统的基坑施工技术难以满足其变形控制要求。淮海中路某地块发展项目紧邻上海地铁1号线运营隧道,同时与地铁10号线、12号线车站共建。针对该深基坑工程卸荷开挖变形控制要求极为严格的特点,设计实施过程中采用了一系列的设计方法及技术对策,严格控制了紧邻地铁侧的深基坑变形。

1. 工程概况

淮海中路某地块发展项目地处上海市徐汇区,位于城市中心黄金地段,轨道交通1号线、10号线、12号线三条线在此换乘,其中10号线车站与该项目同期建设,12号线车站为拟建项目(图3-49)。

图 3-49 工程基地

该项目基坑开挖总面积约 30 000 m²,基坑东西向边长约 230 m,南北向边长约 120 m。地块北侧局部区域为地下三层地下室,基坑开挖深度 14.75 m;其余区域为地下四层地下室,开挖深度 19.10～21.20 m。基坑围护结构采用地下连续墙,其中约 360 m 是与地铁 10 号线及 12 号线车站共墙开挖,340 m 为自建的围护墙。

1)邻近地铁设施概况

基坑东侧为陕西南路,该侧道路下有拟建的轨道交通 12 号线车站,12 号线车站在本工程基坑完成后再开挖施工。

基坑南侧为南昌路,该侧道路下有同期建设的轨道交通 10 号线车站。

淮海中路下有运营中的地铁 1 号线区间隧道,上行线隧道边距基坑地墙边 7.42 m。隧道顶埋深 9.5～11.5 m(由东至西)。

2)工程地质条件

场地内基本平坦,基坑设计时取自然地面绝对标高为 3.30 m。场区内有潜水和承压水两种类型。潜水稳定水位埋深约 0.6～1.60 m,地下水主要补给来源为大气降水。基坑设计采用地下水位 0.5 m。

场地内第一层承压水赋存于⑦层中,其相对隔水顶板为⑥层;第二层赋存于砂质粉土⑨层。该工程基坑开挖阶段,仅涉及第一层承压水,根据抽水试验结果,其承压水头埋深约 8.5 m。

表 3-3 场地土层主要力学参数

土层编号	重度 γ /(kN·m⁻³)	固快直剪		无侧限抗压强度 q_u /kPa	静止侧压力系数 K_0	渗透系数 /(cm·s⁻¹)	压缩模量 /MPa
		φ_k /°	C_k /kPa				
②	18.6	18.5	17	73	0.48	5E-6	3.72
③	17.4	16.0	11	29	0.50	8E-6	2.98
④	16.8	13.5	11	25	0.58	6E-7	2.14
⑤₁a	17.8	16.5	13	41	0.56	5E-7	3.65
⑤₁b	18.2	24.5	18	62	0.45	6E-6	4.48
⑥	19.7	21.0	51	/	0.50	1E-8	7.18
⑦₁	19.1	35.0	9	/	0.38	2E-4	11.42
⑦₁夹	19.0	17.0	28	/	0.45	9E-6	5.16

2. 基坑分区筹划实施方案

基坑北侧距离地铁 1 号线运营隧道仅 7.42 m,深基坑开挖对周围土体产生的变形和扰动较大,加之扰动土体在列车运行振动下极易发生隧道振陷沉降,进而威胁地铁的运营安全;基坑南侧与同期建设的地铁 10 号线车站共墙,相邻基坑交叉施工工况复杂,风险较高。对于如此大面积卸荷的深基坑开挖,其开挖后土体应力场和位移场范围大并且比较复杂,需要全面预估和分析基坑开挖过程中土体的位移场情况和基坑卸荷对地铁设施的影响情况,从而在设计与施工过程中采取针对措施进行变形控制,保证地铁设施的安全。

根据工程特点和地铁设施的变形控制要求,采取以下工程措施。

1)基坑分区卸荷

根据拟建工程的塔楼和裙房布置,将深大基坑分为多个基坑共同统筹,先后开挖。原则上先开挖远离地铁的大坑,大坑地下室完成后再开挖临地铁侧的窄条坑,从而解决深大基坑卸荷所产生的围护结构侧向变形以及坑内土体隆起而带来的坑外地铁变形。

2)窄条坑内土体的预加固

对于邻近地铁设施的窄条坑内的软弱土层,为了控制基坑开挖面下的土体变形,对坑内土体采用三轴水泥土搅拌和高压旋喷予以水泥土预加固。通过坑内土性的改善,可减少基坑开挖过程中围护结构的下部变形。

3)挖土支撑的时空效应法要求

根据时空效应法设定挖土支撑的施工参数,并快速施工以减少软土基坑的土体流变变形。两边向中间对称开挖,严格实行"分层分块、限时开挖支撑"的原则,每分块土方开挖与支撑安装完成时间不得超过 12 h,具体为挖土 8 h,支撑安装 4 h。

4)钢支撑轴力伺服系统的应用

通过对先期开挖的大坑变形实测数据分析,根据地铁变形的控制要求,预估分析窄条坑开挖的围护变形情况,并将所得围护变形与支撑轴力予以耦合,确定每步序变形控制量和支撑轴力的初始设定值。通过信息化施工及时调整支撑轴力来分级控制变形,从而达到最终的变形控制目标。

根据该工程开发计划及相邻地铁 10 号线车站建设进度计划,并考虑对 1 号线运营隧道、周边市政管线等的保护,经研究筹划将该工程基坑分为 10 个区先后交叉施工(图 3-50)。

(1)基坑分区中先开挖施工 1-D 区,同时施工地铁 10 号线车站的①区;

(2)待 1-D 区施工出±0.00 后再开挖施工 2-A 区、车站的②区;

(3)待 2-A 区底板施工完成后再开挖施工 2-B 区和 3-D2 区(由于进度计划调整,2-B 区和 3-D2 区调整为同步开挖,中隔墙边挖边凿除);

(4)待 2-A 区施工出±0.00 后再开挖施工 3-A,3-B1,4-A 和 4-C 区,其中 3-B1 区须待 4-A 区底板完成后再开挖,4-C 区须待 3-A 区底板完成后再开挖;

(5)待 2-B 区施工出±0.00 后,再开挖 3-B2 区;

(6)待 3-B2 区底板完成后再开挖施工 4-B 区。

该工程基坑分区筹划主要考虑了以下几方面的影响。

(1)该工程塔楼建设进度是关键线路,因此分区筹划中的塔楼分区最先施工。其中 1-D 区内有 T2 塔楼,2-A 区含有 T3 和 T4 塔楼,2-B 区有 T1 塔楼。以上分区筹划满足了工程的开发计划。

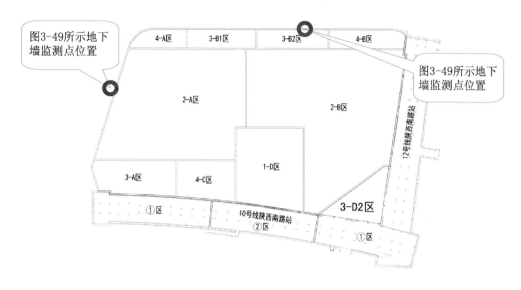

图 3-50　分区筹划图

（2）地铁 10 号线车站两端的①区先施工,保证了地铁盾构推进的节点要求。

（3）考虑到对邻近运营地铁 1 号线隧道以及新建成的 10 号线车站的保护,先施工塔楼区域的 2-A,2-B 区基坑,待塔楼主体结构施工出±0.00,通过加载控制大基坑隆起稳定后,在向上施工塔楼的同时,再开挖施工邻近地铁设施的窄条基坑,以控制围护结构侧向变形,既满足周边设施的变形控制要求,又不影响主体工程的总施工工期节点。

3. 基坑支护方案

1）围护结构

（1）1-D 区。

1-D 区开挖深度为 21.02 m,该区南侧与地铁 10 号线基坑共墙。1-D 区采用 1 000 mm地下墙,墙深 42 m(图 3-51)。

（2）中部 2-A 和 2-B 区。

中部的 2-A 和 2-B 区开挖深度为 19.10 m,北侧靠近地铁 1 号线运营隧道,东侧与拟建的 12 号线车站基坑共墙,西侧紧邻襄阳路。2-A 和 2-B 区的北侧、东侧和西侧采用 1 000 mm地下墙,墙深 42 m。2-A 和 2-B 区南侧的中隔墙为 1 000 mm 地下墙,墙深 40 m。

为减少长时间、大范围降承压水对相邻 1 号线运营隧道的影响,在 2-A 和 2-B 区北侧地下墙内边设置了双高压旋喷桩止水帷幕,深度为坑内加固底部至地面下 55 m,以增加坑内外承压水的渗流路径,减少坑内降承压水对北侧的影响。

（3）南侧 3-A,3-D2 和 4-C 区。

南侧的 3-A 和 4-C 区基坑开挖深度为 19.10 m,南侧与地铁共墙侧及西侧邻襄阳路侧采用 1 000 mm 地下墙,墙深 42 m。其余中隔墙为 1 000 mm 地下墙,墙深 40 m。

（4）北侧 3-B1，3-B2，4-A 和 4-B 区。

北侧的 3-B1，3-B2，4-A 和 4-B 区开挖深度为 14.75 m，北侧紧邻地铁 1 号线运营隧道，为保护运营地铁的安全，采用 1 000 mm 地下墙，墙深 32 m。另外，为保证地铁 1 号线区间隧道的运营安全，北侧地下连续墙采用 φ850 三轴搅拌桩槽壁预加固，以防止成槽塌壁对 1 号线运营隧道的影响。

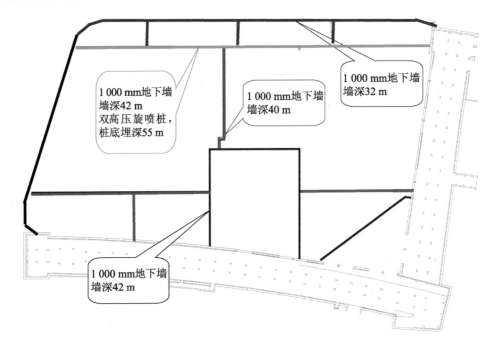

图 3-51　基坑围护结构布置图

2）坑内加固

北侧 3-B1，3-B2，4-A 和 4-B 区邻近地铁 1 号线运营隧道，因此采取 φ850 三轴搅拌桩满堂加固，加固范围从坑底至坑底以下 5.0 m，并且在坑底以上至第二道支撑范围内结合支撑布置和时空效应开挖进行抽条加固；中部 2-A 和 2-B 区基坑东、西侧高压旋喷桩加固宽度为 10 m，加固范围分别为坑底以下 6.0 m 和 4.0 m；南侧 3-A，3-D2 和 4-C 区邻近已建地铁 10 号线车站，为防止基坑开挖引起车站外墙摩阻力损失，从而导致车站不均匀隆沉和变形，邻近 10 号线已建车站侧高压旋喷桩加固宽度为 8 m，加固范围为坑底以下 10 m，并且在坑底以上至第二道支撑范围内结合支撑布置和时空效应开挖进行抽条加固（图 3-52）。

3）支撑体系

各分区均为明挖顺作法施工。1-D 区采用五道钢筋混凝土支撑；北侧 3-B1，3-B2，4-A 和 4-B 区采用一道钢筋混凝土支撑＋三道钢支撑（图 3-53），其中钢支撑采用自动轴力伺服系统，以控制地下墙侧向变形；其余分区采用四道混凝土支撑（图 3-54）。支撑平面布置以对撑形式为主，支撑体系受力明确，刚度较大，控制围护结构变形的能力较好。

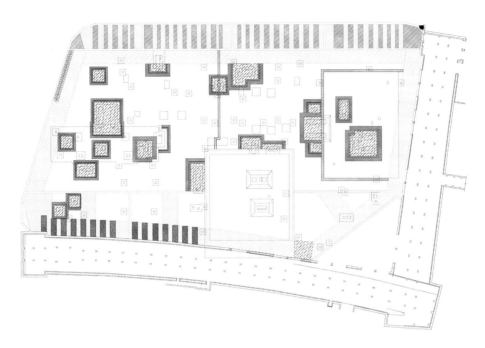

图 3-52 基坑加固平面布置图

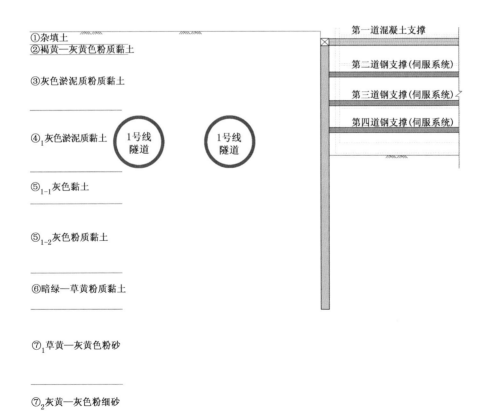

图 3-53 北侧邻近地铁 1 号线区间隧道区域基坑剖面图

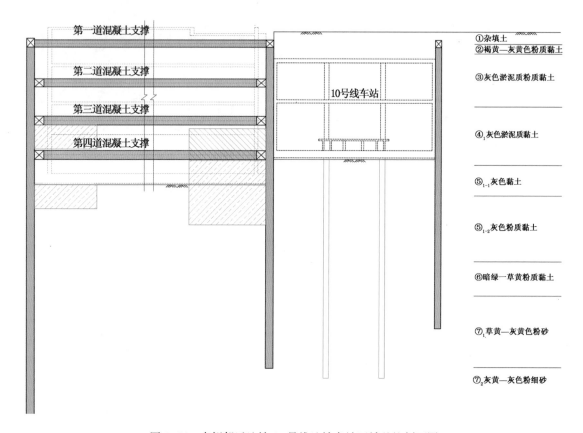

图 3-54　南侧邻近地铁 10 号线地铁车站区域基坑剖面图

4）基坑土方开挖

基坑土方开挖针对上海地区软土的流变特性应用"时空效应"理论，严格实行限时开挖支撑要求。土方开挖、支撑施工为盆式开挖，总原则是"分层、分段、分块、留土护壁、限时对称平衡开挖支撑"，将基坑变形对周围设施带来的变形影响控制在允许的范围内。开挖过程中必须随挖随撑（或浇捣垫层）。土方开挖严格控制挖土量，严禁超挖。

其中，该基坑中部 2-A 和 2-B 区基坑面积较大，土方开挖量大，为控制大体量土方卸载引起的坑内土体隆起而造成的坑外土体变形，保护在建地铁 10 号线车站以及地铁 1 号线运营隧道，在第四道支撑形成后，底板施工结合施工后浇带采用分块开挖，分块浇筑底板，先开挖并施工东、西块底板，再开挖施工中间底板。通过分块卸载再加载的施工方法，减少和控制因土体大体量卸载引起的基坑内隆起和基坑外沉降，从而保护基坑周边地铁设施的安全。

4. 基坑信息化施工及监测监控

该工程在基坑施工全过程中实施信息化施工，对基坑支护结构、坑周环境设施进行跟踪监测，利用监测数据反馈指导施工，获得了较好的效果。

该工程属于超深超大基坑，其实施阶段地下墙侧向变形及周边环境沉降监测结果如图 3-55、图 3-56 所示。地下墙侧向变形实测值（41 mm）与计算结果（37 mm）较为吻合，基坑底板完成时周边房屋最终沉降不超过 18 mm，基坑的设计和施工均满足环境保护的要求。

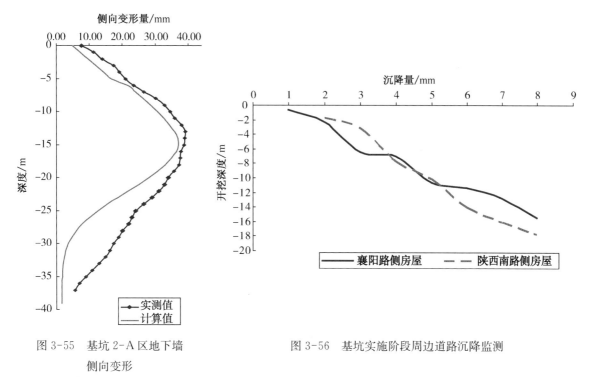

图 3-55 基坑 2-A 区地下墙
侧向变形

图 3-56 基坑实施阶段周边道路沉降监测

基坑北侧距离地铁 1 号线运营隧道最近距离仅 7.42 m，为控制地下墙侧向变形，减少地铁隧道的变形，该区钢支撑采用自动轴力伺服系统。图 3-57 为北侧分区基坑从开挖到底板各阶段地下墙侧向变形的监测值（2009 年 12 月 07 日开始第二层土方开挖，2010 年 01 月 01 日底板完成）。

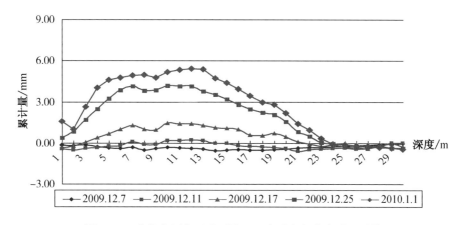

图 3-57 基坑北侧分区地下墙（X8）各阶段侧向变形监测值

根据监测数据可知，基坑北侧分区地下墙最大变形平均值小于 8 mm，采用钢支撑自动轴

113

力伺服系统有效地控制了基坑侧向变形。另外,根据地铁监护部门提供的地铁 1 号线运营隧道的沉降观测结果,在北侧分区基坑开挖阶段,地铁隧道沉降最大值不超过 6 mm,确保了地铁运营的安全,基坑的设计施工满足周边环境安全保护的要求。

除上述代表工程案例外,该变形控制系列技术已在上海几十个周边环境保护要求严格的深大基坑工程中推广并成功应用,达到了良好的变形控制效果,既保证基坑工程的顺利实施,也保障了周边环境的安全。

3.3　地下工程与上部结构共同作用分析

3.3.1　地下综合体上部结构与地下室、地基的相互作用

带有地下室的建筑结构的一个重要特点是上部结构与地下室具有共同的位移场,相互协调变形,而且地下室外的回填土对结构具有一定的约束作用。这种约束作用主要表现在对地下室水平位移的约束,而对竖向位移和竖向转动的约束作用十分有限,一般可以忽略不计。严格地讲,在建筑结构分析与设计中,上部结构与地下室、基础和地基应作为一个整体统一分析,并应合理考虑地下室外回填土对结构的约束作用。

带有大底盘、多塔楼的地下综合体,因其地下室外墙四周有密实回填土,基底下有坚实的基础(桩基或筏基)与坚硬的地基土层相连,无论在竖向荷载还是水平荷载的作用下,综合体上部结构与地下室、地基都会有机地共同作用,相互协调变形,特别是上部结构和地下室对结构整体刚度的贡献,并参与基础的共同受力和变形,起到了拱的作用,从而减少了底板的挠曲和内力。尽管这方面的设计计算理论仍不够完善,但如果仅仅把基础从上部结构和下部地基的客观边界条件中完全隔离出来进行计算,将与实际情况严重不符,导致计算结果偏差较大。

对若干地下综合体工程基础受力钢筋的监测结果表明,在结构施工到出地面底部楼层时,基础钢筋的应力都是处于逐渐增大的状态,变形曲率也逐渐加大。当施工到上部结构一定楼层时,钢筋的应力达到最大值,然后会在一定期间内随着楼层数和荷载的增加,底板钢筋的应力反而逐渐减少,变形曲率也逐渐减缓,其原因是随着结构继续往上施工,已施工的底部结构刚度逐渐形成,并不断加大,与基础底板形成整体结构,共同受力和变形,产生了拱效应,使基础底板由整体弯曲变形逐渐变化到局部弯曲变形,基础变形逐渐趋于平缓。如北京某工程,地下二层,地上十层,根据施工期间对基础底板钢筋的实测应力统计结果显示,基础钢筋应力一开始随底部施工楼层数的增加而加大,当施工到连同地下室共 5 层时,基础底板钢筋应力最大值为 30 N/mm^2。其后基础钢筋应力随施工楼层数的增加呈现减小趋势,到结构封顶时,基础钢筋的最大应力只有 4 N/mm^2(何祥忠,2010)。

诸多工程实践都证明,对于带有大底盘、多塔楼的地下综合体项目,其基础底板实际产生的弯曲内力远小于常规理论计算值,有很大的内在潜力。所以结构工程师在具体工程项目设计中,必须细心把握,否则基础截面厚度和配筋量都会比实际所需大得多,会造成很大的浪费,给业主带来一定的损失。

3.3.2　地下工程与上部结构共同作用的设计分析

到目前为止,对于上部结构-地下室-基础共同作用的理论研究成果与工程设计实践还有较大距离,设计人员难以将研究成果直接应用到工程设计之中,不得不作各种简化。

1) 地下室顶板作为上部结构嵌固端

对于城市节点型地下综合体来说,其地面一般都带有一栋或多栋塔楼,塔楼或为多层或为高层建筑。《建筑抗震设计规范》(GB 50011—2010)规定,高层建筑地下室结构满足一定条件时,地下室顶板可作为上部结构的嵌固部位。若不满足规范要求,可将嵌固部位设置在基础顶面。

在上部结构设计计算时将嵌固端取在±0.0处或某层地下室顶板位置,以嵌固端为界将上部结构与下部结构分离开,分别建立结构计算模型,按照上部结构和下部结构的不同要求,分别进行计算。在地下室刚度足够大(如箱基)时,这样的模型简化计算误差不大,简化措施是可行的。但由于建筑使用功能要求,现在设计的地下室已经很少采用箱基,而且许多地下室都用作停车库或商场,要求空间可灵活分隔,对于这样的工程,上述简化模型导致的误差不可忽视。

2) 考虑上部结构刚度、地基及基础刚度相互影响

实际上基础及上部结构刚度对地基的变形及基础结构对土的作用力具有重要的调整作用,在计算基础的相对弯曲及内力时必须进行上部结构与地基基础共同作用分析。共同作用的机理可以通过上部结构-基础-地基三者各自的刚度对其他两者比例关系的变化造成的影响来阐述。

(1) 地基刚度的影响。

当地基变得软弱时,基础内力和相对挠曲增加。相反,当地基刚度增加至相当大的程度时,这时基础的不均匀沉降很小,上部结构的刚度对基础内力的影响较小,已不需要上部结构来帮助减少不均匀沉降。由此可知,考虑上部结构与地基基础的共同作用,对于软弱地基上的结构物要比坚硬地基上的结构物具有更重要的意义。地基弹性模量对地基刚度的影响较大,地基弹性模量与基础平均沉降成反比,它的变化对差异沉降的影响不甚显著,但对基础底板弯矩和分担建筑物的荷载影响很大。

(2) 基础刚度的影响。

在上部结构刚度与地基条件不变的情况下,基础内力随其刚度增大而增大,相对挠曲则随之减少。相反,上部结构中的次应力却随基础刚度减小而明显增大。因为基础差异沉降增加,引起更大的上部结构次应力,可见从减少基础内力出发,宜减小基础刚度;就减小上部结构次应力而言,宜增加基础刚度。因此,基础方案应视结构类型综合考虑。如上部为柔性结构,只要满足一定要求,基础宜柔不宜刚。反之,对高压缩性地基上的结构,由于它对不均匀沉降敏感,基础宜刚不宜柔。

(3) 上部结构的影响。

在地基、基础和荷载条件不变的情况下,增加上部结构的刚度会减少基础的相对挠曲和内力,但同时导致上部结构自身内力增加。也就是说,上部结构对减少基础内力的贡献是以在自

身中产生不容忽视的次应力为代价的,但上部结构刚度的贡献是有限的,上部结构刚度随着上部结构层数的增加而增加,但增加的速度却逐渐变缓,达到一定层数后趋于稳定。上部结构的刚度对基础的平均沉降影响不大,但可以有效地减少基础的差异沉降,同时能影响桩顶荷载和基础内力的重分布。

3.4 地下综合体结构受力变形控制

3.4.1 地下综合体超长混凝土结构的特点

对地下综合体而言,由于建筑需求的多样性及功能的复杂性,通常在平面尺度上,长度和宽度均为超长结构。而对超长结构,目前尚未有规范对超长混凝土结构给出具体定义,通常工程上当钢筋混凝土结构长度超过规范规定的伸缩缝最大间距时认为是超长结构。而从设置伸缩缝的原因可以给出另外一种定义:即长度达到必须采取措施来解决混凝土收缩、徐变和温度变化等引起裂缝问题的混凝土结构。

超长结构的变形控制主要是通过"放"与"抗"来实现。《混凝土结构设计规范》GB 50010—2010规定的构造措施中主要是通过"放"来解决超长混凝土的温度作用,即通过设置伸缩缝来释放或减小温度对主体结构的作用,不采取特殊措施即可解决温度对结构的影响(郑晓芬,2003)。而当结构不满足设缝的具体要求时,必须考虑温度和混凝土收缩对主体结构的影响,此时通过"抗"即材料和结构施工措施相结合的方法,将温度对主体结构的作用限制在可控范围内。

超长地下综合体不同于地面以上的超长结构,由于大范围的主体结构均处在地面以下,常年与地下水和土接触,设置的伸缩缝对防水、防腐节点要求较高,稍有不慎,会带来防腐、耐久性等一系列问题。由于地下室顶板上敷设大量管线或绿化,如果在使用中发现伸缩缝漏水,更换节点构件几无可能,因此地下综合体在可解决抗裂的前提下,应尽量少设伸缩缝。故地下综合体超长混凝土结构需主要解决混凝土的收缩徐变及使用过程中由于升降温产生的混凝土受拉开裂问题。

地下综合体柱距设置在8~11 m左右,可根据需要设置抗震缝,但由于其处在地面以下,设置较多的抗震缝会带来施工不便和漏水隐患,也会较大地影响商业布局,因此地下综合体设计时应尽量采用不设缝或少设缝的方案,根据地下综合体分区建筑功能的不同,单方向不设缝的尺寸可为200 mm左右。

地下综合体超长混凝土结构的特点:①可以相对灵活地设置抗震缝;②温差变化较小;③与地铁连接或设有人防,具有较多剪力墙;④具有较多的错层和开洞。

3.4.2 地下综合体混凝土结构温度作用分析

混凝土需考虑两种形式的温度作用:一种是混凝土自身特性产生的水化热和收缩、徐变;另一种是环境温度作用,环境温度作用有太阳辐射产生的日照温差、骤降温差和季节温差。

工程中超长结构考虑温度作用的具体实施步骤如下：先将混凝土收缩等效成温降，与环境温度作用叠加，按照弹性计算，得到初步结果。考虑混凝土徐变影响和结构出现裂缝后结构刚度下降的影响，将得到的初步结果乘以徐变松弛系数及刚度折减系数，最终求得温度应力计算结果。

1. 混凝土收缩当量温差

混凝土收缩受到约束即在结构内产生收缩应力，在结构设计中，通常把混凝土收缩量换成相应温度降低值来进行模拟，称为当量温差。混凝土收缩是引起超长结构产生裂缝的主要原因之一。民用建筑结构规范没有提供计算收缩当量温差的公式，可参考《公路钢筋混凝土及预应力混凝土桥涵设计规范》(2004 年版)进行计算。

2. 施工阶段温度作用

在混凝土浇筑完成后，保温隔热措施尚未施工完成，此时应考虑不同楼层在露天环境下的临时温度荷载工况，影响施工阶段的临时温度荷载工况主要是日照温差和骤降温差，其特点见表 3-4。施工阶段温度作用的特点是：如果设置结构后浇带，则结构分块计算单元长度均小于结构完成后的长度；结构温度计算应自下而上按照组装楼层多次计算(图 3-58)。

表 3-4　　　　　　　　　　　　　　　　温差特点

	主要影响因素	时间性	作用范围	分布状态	对结构影响	复杂程度
日照温差	太阳辐射	短时急变	局部	不均匀	局部应力大	复杂
骤降温差	强冷空气	短时变化	整体	较均匀	应力较大	较复杂

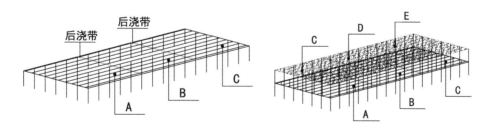

图 3-58　分段分层组装模型图

以图 3-58 为例，当施工结构最底层时，由于设置了后浇带，结构在后浇带封闭前可看做三个独立部分 A，B，C，称为状态一，此时由于尚未采取保护措施，混凝土受太阳直射，最底层温度计算中太阳辐射是主要影响因素之一，应考虑混凝土浇筑养护完毕至封闭后浇带之间的收缩，临时阶段的裂缝在永久阶段依然存在，应控制临时阶段的混凝土温度应力计算小于混凝土的抗拉应力标准值，保证后浇带封闭前无裂缝产生。

当从最底层向上施工一层时，根据后浇带的分割，(A，C)，(B，D)，(C，E)是三个不同单元，竖向构件是独立单元结构。底层不再受太阳辐射的影响，但仍暴露于大气中，受平均温度影响。此时顶层结构 C，D，E 暴露在太阳辐射下。

3. 正常使用阶段环境的温度作用

超长地下综合体后浇带封闭后,结构即形成一个整体。整体结构在使用阶段作为一个独立的力学模型来考虑温度作用。温度作用应考虑气温变化、太阳辐射及适用热源等因素,作用在结构或构件上的温度作用应采用其温度的变化来表示。

以结构的初始温度(合拢温度)为基准,结构的温度作用效应要考虑温升和温降两种工况。这两种工况产生的效应和可能出现的控制应力和位移是不同的,温升工况会使构件产生膨胀,而温降则会使构件产生收缩,一般情况下两者都应校核。

最大温升工况,均匀温度作用标准值,$\Delta T_k = T_{s,\,max} - T_{0,\,min}$

最大温降工况,均匀温度作用标准值,$\Delta T_k = T_{s,\,min} - T_{0,\,max}$

$T_{s,\,max}$——结构最高平均温度,以月平均最高气温 T_{max}(50年一遇)为基础,考虑太阳辐射等附加因素的影响,对地下结构而言,还应考虑离地表面深度的影响(图3-59):①地表土壤受太阳辐射等外界影响较大,应在 T_{max} 基础上附加辐射升温。地面为种植区时,辐射升温 ΔT 可取 10℃,地面为沥青路面时,辐射升温 ΔT 可取 15℃;辐射影响深度可取为 1.5 m,即:离地表面下 1.5 m 处温度可取为 T_{max};②有学者连续十年在 9 月对某一地区进行的温度监测表明,温度自地表向下是先降温后升温的过程,在地表下 20 m 处达到最低点,之后持续增温,温度变化幅度较小,仅为 0.018℃/m。在工程应用中,当离地表面深度超过 10 m 时,可认为土体基本为恒温[《建筑结构荷载规范》(2012)],取为年平均气温 T_1;③地表面至恒温区之间的土壤温度,可近似按照线性梯度变化考虑。

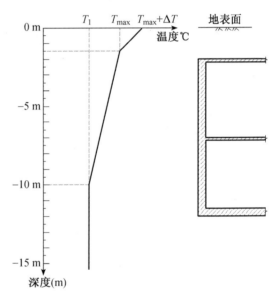

图3-59 地下结构升温工况线性温度示意图

$T_{s,\,min}$——结构最低平均温度,应以月平均最低气温 T_{min} 为基础,考虑不同地区冻土深度影响。对地下结构而言,还应考虑离地表面深度的影响(图3-60):①当位于冻土区时,地表面温度为月平均最低气温 T_{min},冻土最深处的土壤温度取为 0℃;当计算区域无冻土时,可取地表面下 1 m 深度内土壤温度为 T_{min};②当离地表面深度超过 10 m 时,土体基本为恒温[《建筑结构荷载规范》(2012)],可取为年平均气温 T_1;③地表面至恒温区之间的土壤温度,可近似按照线性梯度变化考虑。

$T_{0,\,max}$,$T_{0,\,min}$——分别为结构最高初始温度和结构最低初始温度(0℃),应根据结构的合拢或形成约束的时间确定,或根据施工时结构可能出现的温度按不利情况确定。结构设计时,往往不能准确确定施工工期,因此,结构合拢温度通常是一个区间值。这个区间值应包括施工可能出现的合拢温度,即应考虑施工的可行性和工期的不可预见性。

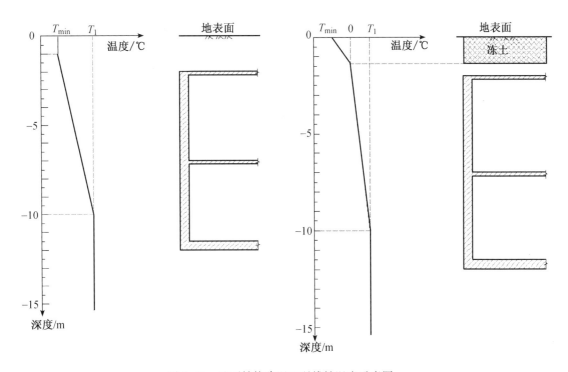

图 3-60   地下结构降温工况线性温度示意图

4. 徐变松弛系数

徐变和松弛是一个物理过程的两种不同反应。当结构承受某一固定约束变形时,由于徐变性质,其约束应力将随时间下降,称之为"应力松弛"。当温度作用的时间周期超过混凝土的松弛周期时,混凝土表现为黏滞特性,此时混凝土极限拉伸可以提高 1~3 倍。

为考虑混凝土徐变对温度作用计算的影响,结构温度作用按弹性计算后的结果应乘以徐变松弛系数进行应力折减。工程上徐变松弛系数可取 0.3~0.5,对于约束应力出现时间较短并且构件配筋较大的区域可取大值,而约束应力出现时间较长的低配筋区域可以取小值。

当结构配筋率较低(0.15%~1%)时,在工程计算中,松弛系数取值可以忽略混凝土硬化前产生的约束变形,仅考虑硬化后经历的时间 t,得到简化的应力松弛系数表(表 3-5)(王铁梦,1996)。

表 3-5 简化应力松弛系数

硬化时间 t/d	0	1	3	10	20	40	∞
应力松弛系数	1	0.611	0.57	0.462	0.347	0.306	0.283

5. 刚度折减系数

当温度作用下混凝土变形受到约束,内力持续增加;当混凝土受到的拉应力大于混凝土抗拉应力时,混凝土开始出现裂缝,此时刚度降低,内力减小;当温度作用下混凝土变形再次增大时,重复上述过程,因此,典型的时间内力曲线呈锯齿状。裂缝发展越多,刚度降低越大,对允许开裂的混凝土结构在做温度效应分析时,可考虑混凝土开裂等因素引起的结构刚度降低,结构温度作用计算结果可乘以刚度折减系数进行应力折减。为了限制结构裂缝开裂数量和宽度在可接受范围内,对允许开裂的混凝土结构,工程上考虑温度作用下混凝土结构裂缝的刚度折减系数取 0.85。

6. 温度作用的荷载组合

当结构或构件在温度作用和其他可能组合的荷载共同作用下产生的效应(应力或变形)可能超过承载力极限状态或正常使用极限状态时,应考虑温度作用的影响。故地下超长混凝土结构设计中一般应考虑温度作用。

温度作用属于可变的间接作用,作为结构的可变荷载之一,温度作用应根据施工和使用期间可能同时出现的情况考虑其与其他可变荷载的组合。根据《建筑结构荷载规范》(GB 5009—2012),考虑到结构的可靠度指标及设计表达式的统一,其荷载分项系数取值与其他可变荷载相同,取 1.4。温度作用的组合值系数、频遇值系数和准永久值系数,可分别取为 0.6、0.5 和 0.4。

7. 约束条件

混凝土在温度作用下可自由伸缩时,结构内不会产生应力,但当温度作用下变形受到约束时,结构内产生温度应力。约束的平面位置、线刚度等是结构内温度应力大小的决定因素之一。目前理论研究较多的仅仅是地面以上框架结构的约束应力。对地下综合体而言,通常结构周边由混凝土挡土墙围合。当地下室埋深较大时,基坑围护施工时可能采用围护桩、围护梁、地下连续墙或加固土体等,这一系列加固措施对地下综合体外围形成较大的强约束。在地下室范围内,最下一至二层设置人防区,人防区范围内根据功能必然布置较多的临空墙,形成较大的约束。另一种情况是地下综合体在地下范围内与高层结构结合,在高层结构的筒体、剪力墙或巨柱等线刚度较大的构件处形成强约束。此时整体结构所处环境已非理想的简化模型,并难以用简单的公式进行概括和了解这种复杂约束下的应力分布情况,采用有限元的分析方法可以对整体的应力分布有一个清晰的了解。

3.4.3 地下综合体混凝土结构裂缝控制措施

为控制地下综合体结构由于混凝土收缩及温度变化产生的裂缝,实际工程中常用的措施是在施工过程中设置后浇带或膨胀加强带、采用补偿收缩混凝土、抗裂纤维混凝土、设置诱导缝、设置预应力钢筋、增设抗温度应力构造筋、加强混凝土养护等。

1. 采用后浇带或膨胀加强带

采用后浇带将超长混凝土结构分成若干能满足混凝土收缩变形的区域,以达到缓解混凝土结硬过程中的收缩应力而避免产生裂缝。施工后浇带节点大样如图 3-61 所示。后浇带宽度一般为 1~2 m,时间间隔一般控制在 45~60 d。为防止新、老混凝土结合部位开裂,后浇带内的混凝土可掺加一定量的膨胀剂形成补偿收缩混凝土。当分隔后的区域仍较大时,可以在区域内加设"膨胀带"来增强该区域混凝土的抗收缩能力。因后浇带施工需要一定间隔时间,对工期有所影响,而采用膨胀带则可与主体结构同步施工,所以近年来出现了以膨胀带替代后浇带实现超长混凝土结构的"无带"设计。

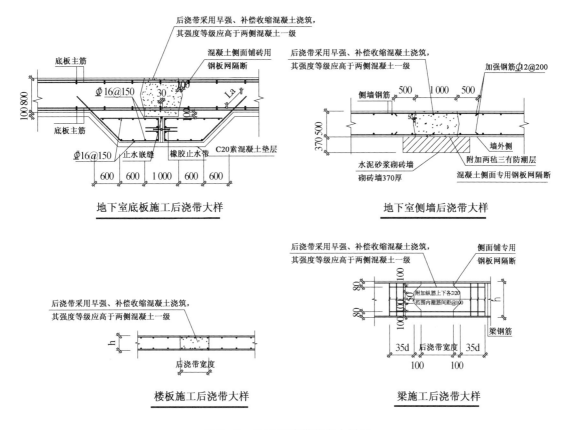

图 3-61　施工后浇带节点大样图

对于地下综合体,当单方向不设缝单段最大尺寸属于超长结构时,在结构中留设后浇带是一种常用手段,留设后浇带的目的和优点是使混凝土封闭前可以相对自由地完成部分收缩,充分利用混凝土早期收缩量大的特点,释放绝大部分收缩应力,减小由于混凝土收缩产生的拉应力,控制裂缝开展。结合工程实际施工周期,在不影响后续工种施工的前提下,将后浇带处混凝土预留一段时间后浇筑。但是后浇带预留时间有限,在结构封闭后,混凝土仍有部分后期收缩变形。

后浇带分割出的独立结构在后浇带封闭前释放的应力大小与商品混凝土配合比、后浇带间距、竖向构件(框架和剪力墙)线刚度和分布、后浇带处钢筋是否断开及后浇带封闭时间等因素有关。当后浇带封闭时间较短时,混凝土的收缩应力尚未及时释放,后浇带的作用有限。而在剪力墙分布密集区域,由于约束刚度较大,宜在剪力墙附近设置后浇带,减小对楼板的约束影响。对超长地下综合体而言,在非剪力墙密集区,结构后浇带间距可以考虑 35～45 m,对于楼板内设置预应力结构,后浇带的间距可以考虑 50～80 m,在 5～10 d 时可以张拉部分预应力,防止混凝土的早期开裂。

2. 采用补偿收缩混凝土

在混凝土中加入膨胀剂,可以抵抗混凝土的收缩变形,有效减小混凝土裂缝,并提高混凝土的抗渗能力。

目前常用的混凝土膨胀剂根据膨胀源的化学组成可以分为:硫铝酸盐系列,氧化钙系列和氧化镁系列膨胀剂等(施惠生,2006)。其中硫铝酸盐系列膨胀剂在超长地下混凝土结构工程中目前应用最为普遍。氧化钙系列膨胀剂是一种比较敏感的膨胀剂,外界温度和湿度都会影响它的膨胀速率,膨胀过程不容易控制,所以该类膨胀剂目前在我国应用不算很多。氧化镁系列膨胀剂在我国许多大型水利工程中都有成功应用。

根据地下综合体结构的长度、宽度、体积大小,温度应力分布情况并结合膨胀加强带的布置,选取合适的补偿收缩混凝土的限值膨胀率,掺入相应数量的膨胀剂。掺入的膨胀剂较小时,不能产生明显的膨胀效果,而掺入的膨胀剂过量,不经济且也不利于混凝土的抗裂。在工程应用中,对常用的硫铝酸盐膨胀剂(主要由硫铝酸盐熟料、明矾石、石膏组成),其在混凝土中的掺量一般控制在6%~12%范围内。

掺用的膨胀剂的质量、限制膨胀率的试验和检验要求应符合《混凝土外加剂应用技术规范》(GB 50119—2003)、《补偿收缩混凝土应用技术规程》(JGJT 178—2009)等有关规范的要求和规定。

3. 掺加抗裂纤维

由于混凝土抗拉强度低,极限拉伸率小,在混凝土中掺入一定比例的复合纤维,以提高混凝土的抗拉性能,包括合成纤维、钢纤维等,其中聚丙烯抗裂纤维在工程中应用较多。加入混凝土的抗裂纤维有阻裂效应,能有效减少混凝土水化热和干缩产生的内部裂缝,减小混凝土表面裂缝数量和宽度。

4. 设置诱导缝

出于防水和使用要求,地下超长混凝土结构宜尽量少设伸缩变形缝,但可设置诱导缝(图3-62),将可能产生的混凝土收缩及温差裂缝产生在人为预留的不影响结构基本受力特性的诱导缝处,且裂缝宽度控制在外贴防水层拉伸范围内,达到裂而不漏的效果,可有效释放超长混凝土结构的温度应力及变形,减少超长混凝土结构的裂缝宽度及数量。

5. 在地下综合体结构中施加预应力

在地下综合体结构设计过程中,施加预应力是不设或少设伸缩缝最为普遍和有效的一种措施。通常做法是在双向框架梁中配置有黏结预应力筋;在楼层梁板中配置无黏结预应力筋。

一般情况下对大跨度混凝土梁施加预应力是为了满足承载能力的需要,即施加预应力主要为"平衡"部分竖向荷载和建立满足裂缝控制的预应力度。而施加预应力的构件在截面中建立一定量的预压应力,可以抵消和降低温差和混凝土收缩产生的拉应力,并使之小于混凝土的极限抗拉应力,因而避免了混凝土开裂。而在超长混凝土板(或梁)中专门设置预应力温度筋的目的仅为使超长混凝土构件产生预压应力,具备抵抗温度变化和收缩变形的能力,一般并不承担竖向荷载。

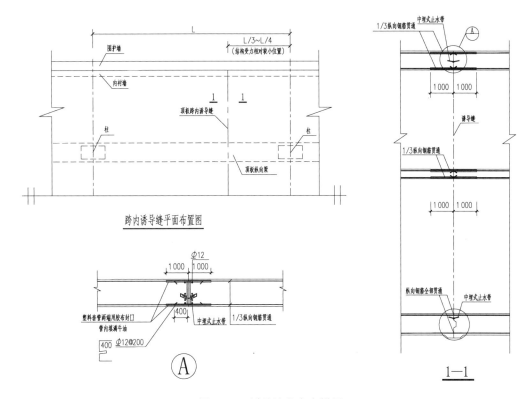

图 3-62　诱导缝节点大样图

6. 在梁板内设置抗温度应力构造筋

在梁板内设置抗温度应力筋也是在设计中经常采用的一种措施。当采用预应力筋作为抗温度筋时,通常是在构件轴心处设置直线形预应力钢筋或钢丝,其预压应力较低,一般控制在 $1 \sim 1.5$ MPa。仅为控制温度应力而言,对于楼板所需建立的预压应力一般不小于 0.7 MPa。

当采用普通非预应力钢筋作为抗温度筋时,在楼板计算配筋的基础上,适当提高构件的配筋率,此部分钢筋应双层双向通长布置,间距宜≤150 mm。

7. 加强施工期间的养护

工程实践表明,混凝土结构在施工期间产生的开裂大多是由混凝土浇筑后的养护措施不当造成的。采用蓄水养护、塑料薄膜覆盖、设置保温、隔热层等是使超长混凝土结构避免产生温差或收缩裂缝的重要防护措施。实践表明,在风速较大时,梁内水分过快蒸发会导致混凝土收缩拉应力迅速增加而加剧裂缝现象。为解决过大温差,采取设保温层和蓄水养护使顶板与底板温差控制在 10℃ 内,抗收缩效果良好。

3.5　地下综合体抗震设计

地下结构抗震是当今地震工程界重要的研究方向,由于其自身的特殊性,地下结构抗震的研究方法与地面结构相比有较大的不同。

传统观点认为,地下结构在地震中由于受到地层在结构四周的约束,而且整体跟随土体一同运动,因此在地震作用下所受破坏程度远比地上结构轻。但在1995年阪神地震(7.2级)中,地铁车站混凝土中柱损坏严重,纵向钢筋弯曲外凸,顶板坍塌;钢管混凝土中柱未见明显破坏;箱型结构刚度拐点部位,震害严重(图3-63)。对阪神地震震害的调查清楚地表明,在地层可能发生较大变形和位移的部位,地铁等地下结构可能会出现严重的震害,因此对其抗震问题应给予高度重视。

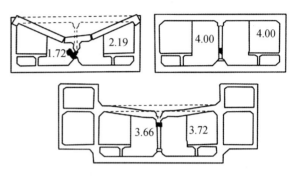

图3-63　阪神地震中地铁车站破坏示意图

地面结构的抗震设计一般分为两大部分:即抗震计算和抗震概念设计。抗震计算是对地震作用效应进行定量的计算分析;抗震概念设计则包括正确的场地选择,合理的结构选型和布置,正确的构造措施等。这种抗震设计方法同样适用于地下结构。由于地震活动的复杂性和不确定性,结构材料特性的时变效应,结构阻尼随变形而变化,围岩介质与结构的共同作用等因素在结构动力分析中难以精确考虑,使目前地下结构抗震计算仍处于低水平,远未达到科学严密的程度。因此,对于地下结构的抗震设计,重点应做好抗震概念设计。

3.5.1　地下结构动力反应的特点

从阪神、汶川大地震和其他的地震资料可以看出,地下结构与地面结构的振动特性有很大的不同(王璐,2011)。

(1)地下结构的振动变形受周围土体的约束作用显著,结构的动力反应一般不明显表观出自振特性的影响;

(2)地下结构在振动中各点的相位差十分明显;

(3)地下结构在振动中的应变一般与地震加速度的大小联系不很明显;

(4)深埋地下结构破坏程度一般比浅埋结构轻;

(5)土中地下结构比岩石中地下结构更容易遭到地震破坏;

(6)对地下结构和地面结构来说,它们与地基的相互作用都对它们的动力反应产生重要影响,但影响的方式和影响的程度则是不相同的。

3.5.2　地下结构抗震分析的基本方法

1. 拟静力法(惯性力法)

假定地下结构为绝对刚体,地震时它与围岩介质一起运动,而无相对位移,将地震对结构作用近似以作用于结构相交构件结点处的地震惯性力的作用效应替代,再用静力方法计算分析地震作用下的结构内力(图3-64)。

2. 时程分析法

时程分析法的基本原理为:将地震运动视为一个随时间变化的过程,并将地下结构物与周围岩土介质视为共同受力变形的整体,通过直接输入地震加速度反应谱,在满足变形协调的前提条件下,分别计算结构物和岩土介质在各时刻的位移、加速度和内力,进行结构的截面设计以及场地的稳定性验算等(图3-65)。

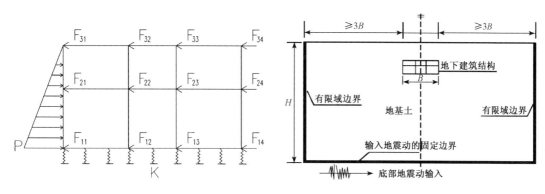

图3-64　计算简图　　　　　　　　图3-65　动力时程方法计算简图

对于重要的地下结构,如地下车站、核电站、超高层建筑地下室等应采用有实际记录的天然地震加速度反应谱输入,直接求解结构体系运动微分方程。采用时程分析方法时,宜按设防烈度、设计地震分组和场地类别选用适当数量的实际强震记录或人工模拟的加速度反应谱作为地震作用输入结构计算模型,并对计算结果进行统计分析。

3. 反应位移法

20世纪70年代日本学者提出了用于地下线形结构物抗震设计的反应位移法,其基本原理是用弹性地基梁来模拟地下线形结构物,将地震时地基的位移当作已知条件作用在弹性地基梁上,以求解地基梁的应力和变形反应,从而计算结构的内力。

反应位移法认为地下结构在地震时的响应取决于周围地层的运动,将地层在地震时产生的位移差(相对位移)通过地基弹簧以静荷载的形式作用在地下结构上,同时考虑结构周边剪力以及结构自身的惯性力,采用静力方法计算结构的地震反应,从而求得地下结构的内力与变形等。

反应位移法应用于地下结构横断面抗震计算时的计算简图如图3-66所示。计算模型中将结构周围的土体用多点压缩弹簧和剪切弹簧来进行模拟,将围岩地震反应分析求得的最大变位施加于弹簧端部,结构一般采用梁单元或其他单元类型模拟。以体型规则的长条形地下结构为例,其结构横截面的等效侧向荷载由两侧土层变形形成的侧向力 $p(z)$、结构自重产生的惯性力及结构与周围土层间的剪切力 τ 三者组成。

反应位移法用静力的方法来解决动力问题,操作简便,是目前国内外地下结构抗震设计中采用较多的方法之一。但是该方法只是一种拟静力方法,存在以下缺陷(王璐,2011):①反应

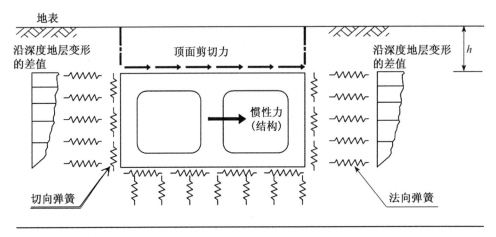

图 3-66　反应位移法的荷载模式

位移法把不规则的地震波传播看作同一周期、同一方向的地震波,过于简单和理想化,从而与实际可能存在较大差异。②无论是通过载荷实验还是根据地震观测结果分析都难以准确推定土体弹簧的刚度值,而土体弹簧刚度值的变化对地下结构内力的计算结果影响很大。③反应位移法的梁-弹簧模型中,土体的等效弹簧之间是不相关的,这就使得地震时土体自身的相互作用体现不出来,造成土体对结构四周接触面的荷载分布带来误差,从而不能真实反映地震过程中土体对结构的动态作用力。

上述几种地下结构抗震分析方法,在一定程度上反映了目前地下结构抗震理论的发展水平。但是,有的方法应用范围很窄,并且都是粗略的和近似的。一方面它们将不规则的地震波视为按同一周期和同一方向传播的波,这使问题的解决过于简单化;另一方面,将地基变形作为作用力输入的地下结构反应解,是一个并未考虑衰减的静力解。然而,实际的地基变形是随时间而变化的,应当考虑动力输入的影响。因此,要准确地反映地下结构的动力特性,只有采用数值计算方法,如有限元法、动力时程法等才能更全面、更真实地计算分析地下结构在地震荷载下的动态特性。

3.5.3　抗震构造措施

地面及地下结构由地震作用产生的震害主要分为两类:一类是由地面加速度引起的结构振动破坏造成的。减轻这一类震害的措施可以通过改善结构强度、刚度、延性和整体性,加强构造处理以提高地下结构的抗震能力。另一类震害是由地基失效引起的,即结构本身具有足够的承载能力和抗震延性,地震作用并没有导致结构破坏,但是由于地基沉陷、失稳等原因引起了结构开裂、倾斜(倾倒)、下沉。减轻这类震害的有效措施则是要先进行地基加固处理,并视情况辅以措施对上部结构进行适当加强。

1) 地下综合体抗震设计结构构造措施

（1）地下综合体钢筋混凝土框架结构构件的最小尺寸应不小于同类地上结构构件的规定。

（2）应加强中柱的设计和构造，防止柱受剪而发生剪弯破坏。中柱的纵向钢筋最小总配筋率应较规范规定值增加 0.2%，且不应小于对应地面层柱配筋的 1.1 倍。中柱与梁或地下室顶板、中间层楼板、底板连接处的箍筋应加密，其范围和构造取与地面框架结构柱抗震构造要求相同。适当提高中柱混凝土强度等级，或者使用钢纤维混凝土代替普通混凝土，防止中柱混凝土挤压破碎。

（3）地下综合体楼板宜采用现浇梁板结构。当采用板-柱-抗震墙结构时，宜在柱上板带中设置构造暗梁，其构造要求与同类地面结构构件相同。

（4）地下室楼板开孔时，孔洞宽度宜不大于该层楼板宽度的 30%。洞口的布置应尽量满足结构的质量和刚度分布均匀、对称，避免局部突变。孔洞周边应设置边梁或暗梁等构件加强。

2) 存在液化土层、地震带等不良地质时的措施

（1）在进行建筑场地选择时，尽可能避开软弱易液化的土层，避开不均匀土层（古河道、断层、破碎带、暗浜沟谷和半填、半挖的地基），避开地震时可能产生滑坡、崩塌、地陷、泥石流等不良地质部位。无法避开上述不良地质场地时，应采取地基处理措施，防止基础局部突沉及液化沉陷。

（2）对位于有液化土层的场地，应对液化土层采取注浆加固、换土等措施，以消除结构上浮的可能性，也可采用设置抗拔桩、配置压重等措施，保持地下结构的抗浮稳定。采用加密法（如振冲、振动加密、砂桩挤密、强夯等）和注浆法加固可液化土层时，应处理至液化深度的下界，且处理后土层标准贯入锤击数的实测值，应大于相应土层的液化临界值。亦可加大基础结构埋深，使基础底板埋入可液化土层以下稳定土层深度不应小于500 mm。

（3）对于地层性质发生变化的区段，要做好地下结构的基础刚度和变形能力的平缓过渡，使上、下部结构变形协调。也可根据上部结构情况适当设置伸缩缝、施工缝、沉降缝等结构缝，并加强连接部位的抗震性能和防水处理（张庆贺 等，2011）。

3.6 地下综合体的防水设计

在地下综合体的开发过程中，各地区水文地质条件差异大，开发投入不一、建筑体形复杂或技术力量不到位等，导致许多地下工程渗漏水现象严重（图 3-67），影响正常的投入运营，损害设备，甚至侵蚀了地下结构基础本身，产生严重的后果。例如浙江奉化塌楼事件发生后，调查发现该楼地基完全浸泡在地下水内，导致不均匀沉降，加上地下水对钢筋、混凝土的长年腐蚀，加剧了倒楼的可能性。

中国建筑防水协会统计数据显示，我国地下工程渗漏率高达 80% 以上，多年来居高不下，渗漏水被称作地下建筑的"癌症"。与建筑过程中出现的坍塌事故相比，地下工程渗漏水对基础的侵蚀缓慢且具有隐蔽性，各方对其重视不足，以至有专家学者说，中国建筑寿命大多不足 30 年，地下工程防水处理欠缺是重要因素之一。

图 3-67　某大型综合交通枢纽渗漏水

渗漏水会使混凝土结构中的氢氧钙溶解流失,pH 值降低,导致钢筋结构表面的钝化膜被活化而生锈,长锈以后就产生膨胀,从而破坏混凝土。因为铁锈的体积很大,一膨胀就裂,这样渗漏水就更多,而且有害物质也渗进去,形成损坏混凝土的恶性循环。

本节将从防水的原则及技术要求、混凝土耐久性及自防水、附加防水、薄弱部位防水、渗漏水处理措施等方面,概括阐述地下综合体工程的防水设计。

3.6.1　地下综合体外墙类型

在地下综合体规划设计中,地下室外墙的选型是一个重要因素,涉及红线退界、容积率、基坑围护选型、耐久性、外墙防水、维护使用等方面,最终将体现在造价和质量上。一般来说,从与围护结构相结合的角度分类,地下室外墙有五种形式(图 3-68),即离壁式外墙、贴壁式外墙、复合墙、叠合墙和单墙。

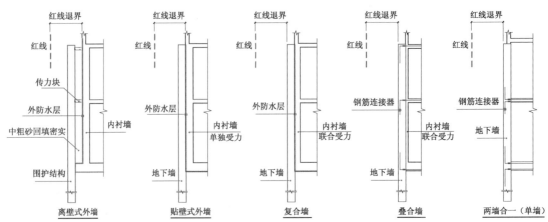

图 3-68　地下综合体外墙类型

地下综合体外墙的五种类型,各有优缺点,造价和使用效果差别较大,施工技术要求不尽相同。表3-6重点罗列了各类型外墙的特点。作为使用百年的大型复杂地下结构,如无特别要求,建议采用离壁式外墙或贴壁式外墙,如空间要求不高,也可采用复合墙。由于防水、耐久性问题,慎用叠合墙、单墙。

表3-6 地下综合体外墙特点

结合形式	离壁式外墙	贴壁式外墙	复合墙	叠合墙	单墙 (两墙合一)
受力特点	地下室外墙与围护结构不结合,外墙单独承受水土压力。两墙间的空间用于施工外防水层,并回填密实	地下室外墙与围护结构不结合,外墙按承担全部水土压力考虑,并反贴防水层	围护结构承受土压力,地下室外墙承受水压力。外墙反贴防水层	围护结构与地下室外墙联合承受水土压力、竖向剪力。外墙与地下间无防水层	仅采用地下墙作为地下室外墙,不另设结构外墙
地下室结构外墙厚度	最厚	最厚	适中	最薄	无
空间利用率	地下室外墙外边起退红线,地下室面积☆☆☆	地下室外墙外边起退红线,地下室面积☆☆☆	地下墙外边起退红线,地下室面积☆	地下墙外边起退红线,地下室面积☆☆	地下墙外边起退红线,地下室面积☆☆☆
外防水形式	正贴外防水	反贴外防水	反贴外防水	无	无
防水效果	第一好	第二好	第二好	第三好	第四好
施工技术	围护结构要求低,技术成熟,施工简便	围护结构要求低,技术成熟,外防水施工难度大	围护结构要求一般,技术成熟,外防水施工难度大	围护结构要求高,地下墙接头止水效果要求高,须准确埋设梁板钢筋连接器。结合面须精心处理,须解决后浇外墙裂缝问题	围护结构要求最高,地下墙接头止水效果要求高,须准确埋设梁板钢筋连接器
优点	受力明确,防水效果最好,后期维护费用低,实用空间利用率高	受力明确,防水效果好,后期维护费用低,实用空间利用率高	地下墙参与主体水平受力,用材环保。防水效果好	地下墙参与主体水平、竖向受力,可替代部分桩基,造价适中,用材环保	地下墙单独受力,造价最低。空间利用率最高
缺点	围护结构仅为临时结构,不环保;且围护距周边道路最近,基坑保护要求高。造价最贵	围护结构仅为临时结构,不环保;且围护距周边道路近,基坑保护要求高。造价贵	地下墙耐久性难以保证,空间利用率低。造价贵	地下墙耐久性难以保证,后浇外墙易产生裂缝,防水效果差,后期维护难度大	地下墙耐久性难以保证,防水效果最差,后期维护费用大

3.6.2 防水原则及技术要求

1. 防水原则

地下工程防水应遵循"以防为主、刚柔结合、多道防线、因地制宜、综合治理"的总原则,并采取与其相适应的防水措施。在此总原则指导下,地下工程防水的设计、施工应遵循以下几点。

(1)防水设计应定级准确、方案可靠、施工简便、经济合理。

(2)确立钢筋混凝土结构自防水体系,并以此作为主体形成系统工程,即以结构自防水为根本,加强钢筋混凝土结构的抗裂、防渗能力。以接缝防水为重点,并增设附加防水层进行加强防水。

(3)防水设计应根据不同的结构形式、水文地质条件、施工方法、施工环境、气候条件等,采取相适应的防水措施,只有在不引起周围地层下降的前提下,才可对极少量渗水进行疏排。

(4)选用的防水材料应具有环保性能、无毒、对地下水无污染、经济实用、施工简便、对土建工法的适应性较好、适应本地的天气环境条件、成品保护简单等优势。

(5)防水施工牢记三要素:施工程序、施工条件、成品保护。

(6)地下工程防水要打破独立作业的传统模式,摒弃长久以来形成的过度依赖材料的思维。在勘探、设计、防水混凝土生产与施工、防水材料供应与施工、细部构造、后期维护的关联过程中,通过管理链条环环相扣,把防水的理念贯彻始终。

2. 防水技术要求

1)地下工程防水特点

地下工程防水主要有三个特点:综合性、复杂性和滞后性。

综合性,要求从防水设计、选材与施工方面,充分考虑防水质量和工程质量的有关问题,还要根据防水工程各构造层次之间相互依存又相互制约的情况,解决好影响防水质量的"湿涨干缩"和"热胀冷缩"两种自然现象。

复杂性,是指防水工程不仅受到外界气候和环境的影响,还与地基不均匀沉降和结构的变形密切相关。特别是在一些特殊的地下工程中,因"先有荷载,后有防水",施工中不确定的因素增多,因此保证防水质量和基坑安全确非易事。

滞后性,即问题孕育在施工工程中,待到一段时间后,在各种变形及变化因素基本完成后,渗漏水才会显现出来(图3-69、图3-70)。因此防水质量的效果要等待工程竣工一段时间或者经历大暴雨、寒暑以及最大地下水压力的考验才能定论。

2)防水设计内容

根据防水工程的三大特点,加之防水措施具有相当的针对性,为确保防水措施有效,在开展防水设计前,应收集以下资料:水文资料、地质质料、区域地震情况、施工技术水平、材料供应来源、建筑结构方案等。根据工程场地实际情况,结合收集到的上述基础资料,展开防水设计,一般包含以下内容:①确定防水等级、设防要求;②确定混凝土强度等级、抗渗等级、裂缝宽度要求、外掺剂和其他技术指标、质量保证措施;③外贴防水层选用的材料、技术指标、质量保证措施;④建(构)筑物细部构造、接缝等的防水措施,选用的材料、技术指标、质量保证措施;⑤工程的防排水系统、地面挡水截水系统、洞口防倒灌措施等。

图 3-69 某地下空间使用一年后渗漏水

图 3-70 某地下综合体底板面渗漏

3)防水等级的确定

在设计过程中,首先要根据工程的水文地质条件以及工程的重要性、适应性确定防水等级,等级确定后,结合经济性考虑采用哪些防水措施、防水材料及施工方法。防水等级的确定见表 3-7。

表 3-7 地下工程防水等级的适用范围

防水等级	适用范围
一级	人员长期停留的场所;因少量湿渍会使物品变质、失效的贮物场所及严重影响设备正常运转和危及工程安全运营的部位;极重要的战备工程、地铁车站
二级	人员经常活动的场所;在有少量湿渍的情况下不会使物品变质、失效的贮物场所及基本不影响设备正常运转和工程安全运营的部位;重要的战备工程
三级	人员临时活动的场所;一般战备工程
四级	对渗漏水无严格要求的工程

4)设防要求

防水等级确定后,应针对整个防水体系做出设计判断,提出防水的总控目标,明确设防要求,确定防水措施、防水材料、防水施工方法等,以便从设计源头上把控防水质量。

地下工程建设有多种不同的施工方法,各种方法对防水的要求不尽相同,所产生的薄弱环节也不同。工程中常见的施工方法有明挖顺作法、逆作法、盖挖法、半盖挖法、盾构法、顶管法、矿山法等,所有这些施工方法可以归纳为两类,即明挖法和暗挖法。针对明挖法的设防要求见表 3-8。

表 3-8　　　　　　　　　　　明挖法地下工程防水设防要求

工程部位	主体结构							施工缝							后浇带					变形缝(诱导缝)					
防水措施	防水混凝土	防水卷材	防水涂料	塑料防水板	膨润土防水材料	防水砂浆	金属防水板	遇水膨胀止水条(胶)	外贴式止水带	中埋式止水带	外抹防水砂浆	外涂防水涂料	水泥基渗透结晶型防水涂料	预埋注浆管	补偿收缩混凝土	外贴式止水带	预埋注浆管	遇水膨胀止水条(胶)	防水密封材料	中埋式止水带	外贴式止水带	可卸式止水带	防水密封材料	外贴防水卷材	外涂防水涂料
防水等级 一级	必选	应选一至两种						应选两种							应选	应选两种				应选	应选一至两种				
防水等级 二级	应选	应选一种						应选一至两种							应选	应选一至两种				应选	应选一至两种				
防水等级 三级	宜选	宜选一种						宜选一至两种							应选	宜选一至两种				应选	宜选一至两种				
防水等级 四级	宜选	—						宜应选一种							应选	宜应选一种				应选	宜选一种				

3.6.3　混凝土结构耐久性及结构自防水

在目前的地下工程中,结构混凝土裂缝、渗漏水现象比较普遍,不仅直接影响混凝土的耐久性能,还间接影响工程质量安全。作为百年大计的地下工程,仅靠外防水材料是远远不够的,一般外防水材料的寿命很难超过 30 年,而建筑设计本身要求使用 50 年,甚至 100 年。很多一味强调"防水材料"的做法,造成建筑地下结构的许多问题被忽视和遮蔽,短时间内掩盖了矛盾,却为未来的防水质量和结构安全埋下巨大隐患。很多建筑工程交付使用一段时间后才出现渗漏,暴露出大量贯通裂缝、混凝土酥松(图 3-71)等影响建筑安全的早期结构缺陷。

因此,应回归建筑地下防水的根本,即以混凝土结构防水为主,辅以适当外防水,形成刚柔相济的防水体系,才能满足设计和使用要求。对于地下工程的防水体系,有一个比较形

图 3-71　局部混凝土酥松导致渗漏水

象的比喻:首先,"躯体"主要部位(防水混凝土)要健康;其次,主要部位之间(细部构造)用与之匹配并适应变形的"柔性材料"关联好;最后,如果要穿"防护衣"(其他防水层),必须以整个"躯

体"的完好性为前提。假使"躯体"孱弱不堪,"防护衣"会成为其短时间的"遮蔽者",但长时间来讲,这对地下工程的总体危害会是致命的。

混凝土结构质量好坏,防水效果如何,其中混凝土的耐久性、致密性非常关键。钢筋作为结构的骨架,如果混凝土酥松渗漏、氯离子渗透过快,很容易造成混凝土结构中的氢氧钙溶解流失,pH值降低趋于酸性,导致钢筋结构表面的钝化膜被活化而生锈腐烂、钢筋膨胀,又进一步破坏混凝土结构(图3-72、图3-73)。所以,本节将结合耐久性阐述地下工程的结构自防水。

图 3-72　混凝土质量差导致龟裂缝　　　　图 3-73　混凝土露筋

1. 混凝土结构耐久性

混凝土结构的耐久性设计有两种方法,即传统经验法和定量计算法。

传统经验法,是将环境作用按其严重程度定性地划分为几个作用等级,在工程经验类比的基础上,对于不同环境作用等级下的混凝土结构构件,针对事先设定的不同设计使用年限,由规范直接规定混凝土材料的耐久性质量要求,包括混凝土的强度等级、水胶比、胶凝材料用量、碱含量、氯离子扩散系数、抗冻指数等,以及钢筋保护层厚度、混凝土表面裂缝宽度等。

定量计算法,即环境作用需定量表示,选用适当的材料劣化数学模型导出环境作用效应,列出耐久性极限状态下的环境作用效应与耐久性抗力的关系式,即可求得相应的使用年限,其中需加入相应的安全系数。

由于耐久性的定量计算方法尚未成熟,参数取值困难,在各种劣化机理的计算模型中,计算结果可以使用的仅局限于钢筋开始锈蚀的年限估算。因此,在实际设计应用中基本采用传统经验法。

2. 混凝土结构自防水

在地下综合体设计中,除了提出混凝土耐久性要求外,还应明确混凝土构件的抗渗等级、防水构件最小厚度、裂缝宽度、保护层厚度、设缝部位等,并提出大体积混凝土浇筑、养护的技术措施。下面针对混凝土自防水的一些特点和要求进行阐述。

1) 水泥品种的选用

防水混凝土宜采用硅酸盐水泥或普通硅酸盐水泥。为了降低水化热、减少混凝土收缩裂缝,混凝土搅拌站在试验结果的基础上,在硅酸盐水泥或普通硅酸盐水泥中掺入一定数量的矿物掺合料,既满足混凝土强度要求,也满足耐久性和防水要求,还节省了造价。

而火山灰质、粉煤灰、矿渣硅酸盐这三种水泥,由于其矿物掺合料品种、质量、数量不同,导致水泥性能差异大,混凝土质量难以把控,因此如果采用这三种水泥,必须通过现场试验确定配合比才能使用。

对于大体积防水混凝土,应选用水化热低、凝结时间长的水泥,并适当掺加减水剂、缓凝剂、矿粉等掺合料,设计龄期不宜小于 60 d。

2) 结构厚度的确定

虽然防水混凝土具有致密性高、孔隙率小、开发性孔隙少的优点,但对长期处于地下水位以下的建筑物而言,地下水是无孔不入的。地下工程中,外墙既是建筑物的外衣,又是建筑物的保护壳、防护层,这层壳体厚度越大,地下水在混凝土中的渗透距离就越大,阻水截面也越大,地下水在混凝土中渗透到一定的临界距离,即混凝土内部的阻力大于外部水压力时,这种有害渗透就会停下来。通过对大量的工程实践观摩和测试,总结出防水混凝土的最小厚度取值,一般不应小于 250 mm。

在设计过程中,应根据作用在结构上的水土压力、地面超载、结构自重、地震荷载、人防荷载等各种荷载组合进行计算,最后得出工程结构的混凝土构件受力厚度,并验算其抗渗性能,满足场地水文地质条件下的抗渗要求,才能确定防水混凝土构件的最终设计厚度。

3) 抗渗等级

普通工程中,对混凝土的要求往往仅提抗压强度作为设计依据,但有防水要求的地下工程中,混凝土除满足抗压强度外,还必须满足一定的抗渗等级要求,工程埋置越深,水压越大,相对应的抗渗等级也越高(表 3-9)。

表 3-9 防水混凝土设计抗渗等级

工程埋置深度 H/m	设计抗渗等级
$H > 10$	P6
$10 \leqslant H < 20$	P8
$20 \leqslant H < 30$	P10
$H \geqslant 30$	P12

4) 裂缝宽度控制

作为地下工程,混凝土结构的防水性能是重中之重,它直接关系到钢筋的锈蚀年限和结构的使用寿命,而裂缝和保护层厚度则是其中的关键因素。混凝土表面裂缝太宽太深,就会使地

下水容易渗透到钢筋部位,加快钢筋的腐蚀,
特别是贯通裂缝(图 3-74),危害性更大。在
地下综合体的设计中,混凝土结构表面裂缝
计算宽度限制一般取 0.2～0.3 mm。

5)保护层厚度控制

混凝土构件中,一般情况下,最外侧的箍
筋或分布筋最先生锈,而保护层越薄,钢筋越
易锈蚀,所以设计中要明确最外层钢筋(以往
提的是主筋)的最小保护层厚度,一般情况下
不小于 50 mm。

图 3-74 贯通裂缝引起的渗漏

6)外掺剂

防水混凝土之所以能起到防水作用,其密实性和裂缝是最大关键因素。混凝土的密实性
与骨料级配、骨料含泥量、施工振捣关系密切,特别是施工振捣,人的主观因素太多,如常见的
混凝土表面蜂窝麻面、露筋、预埋管道周边酥松现象等,严重影响混凝土的质量。但如果首先
在设计中增加一些外掺剂,却可以明显提高混凝土的密实性和抗裂性。

密实性外掺剂主要有减水剂、膨胀剂、防水剂、密实剂、引气剂、复合型外加剂、水泥基渗透
结晶型材料等,这些外掺剂主要以化学反应为主,其品种和用量应经试验确定后方可采用。特
别是膨胀剂,由于质量参差不齐,更应慎用。如某些施工单位就明令禁止在所承接的工程中使
用 HEA 等膨胀剂。

抗裂性外掺剂主要有合成纤维、钢纤维(图 3-75)等,常见的合成纤维有聚丙烯纤维(图
3-76)、纤维素纤维。抗裂纤维在混凝土中主要是物理反应,因其具备独特的抗拉强度和分散
性,能够三维立体分布在砂浆、混凝土中,对砂浆、混凝土起着良好的拉附作用。

图 3-75 钢纤维

图 3-76 聚丙烯纤维

7)设缝要求

地下综合体由于建筑物体量巨大、造型复杂、地质条件差异或荷载作用差异,设计施工过

程中会碰到一系列的设缝留缝问题，如施工缝、沉降缝、伸缩缝、后浇带、诱导缝等，这些缝对于防水混凝土来说，都是防水处理的薄弱点。但是，如果不合理设缝，由于各种内在、外在因素作用，将会使建筑物产生沉降和开裂，反而影响工程整体的防水，甚至会造成永久性结构破坏。所以，在实际工程中往往会设置一定的缝，并采取严密的防水措施。

在施工过程中，防水混凝土应连续浇筑，少留施工缝，减少渗漏水薄弱环节。如果必须设施工缝，则不应留在剪力最大处或底板与侧墙交界处，对于侧墙水平施工缝，应留在高出底板面 300 mm 以上的墙体上。

对于受力差异较大又能自成体系的两部分建筑物间，可设置沉降缝，以调节两边建筑物的沉降，减少结构破坏几率。如果抗差异沉降措施到位且两边的绝对沉降量预估基本准确，也可设立后浇带来解决有害沉降问题。目前，大多数地下工程采用后浇带方式。

混凝土早期收缩效果明显，易引起混凝土开裂。另外，温度应力作用也易引起混凝土收缩开裂。所以，对于超长、超大建筑物，宜设置一定的伸缩缝。

诱导缝是一种控制缝，即通过弱化截面刚度，引导混凝土在预先设计的部位主动产生裂缝，从而减少其他部位的裂缝，这样建筑物的防水、防裂性能整体加强，而主动产生裂缝的薄弱部位可通过节点加强防水进行处理。

8）施工养护制度

为保证混凝土的质量，在混凝土浇筑施工前，应建立合理、科学、严谨的养护规章制度，并根据现场施工环境的湿度、温度、风速、混凝土入模温度以及设计的混凝土强度等级、构件尺寸、原材料组成等，制订切实可行的施工组织方案。在实际操作中应注意以下几点。

（1）混凝土拌合物在运输过程中，如出现离析，必须进行二次搅拌。

（2）当坍落度损失后不能满足施工要求时，应加入原水胶比的水泥浆或掺加同品种的减水剂进行搅拌，严禁直接加水。

（3）防水混凝土应采用机械振捣，避免漏振、欠振、超振现象。如图 3-77、图 3-78 所示为振捣不足产生的渗漏和蜂窝现象。

（4）大体积防水混凝土保温保湿的养护时间不应少于 14 d。

图 3-77　管道周边振捣不足产生渗漏

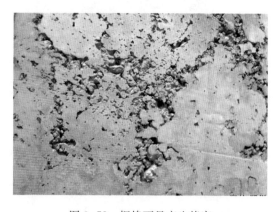

图 3-78　振捣不足产生蜂窝

3.6.4　防水材料分类、特点及选择

3.6.3节介绍了地下工程混凝土自防水的重要性和要求,即防水系统"刚柔相济"中"刚"的一面。可以看出,混凝土自防水尚存在一些瑕疵和薄弱环节,光靠刚性防水无法彻底解决地下综合体的渗漏水问题。因此,还要在地下综合体外层进行柔性防水处理,即附加防水层,利用防水材料的阻水性隔绝地下水与结构的接触,达到进一步加强防水的目的。

一般来说,大型地下综合体均按一级防水设计,那么,其外侧应外贴一到两种柔性防水层,才能确保工程的防水性能和使用寿命。

1. 防水材料分类及特性

防水材料品种繁多,按其主要原料可将防水材料分为五类。

(1) 沥青类防水材料。以天然沥青、石油沥青和煤沥青为主要原材料,制成的沥青油毡、纸胎沥青油毡、溶剂型和水乳型沥青类或沥青橡胶类涂料、油膏,具有良好的黏结性、塑性、抗水性、防腐性和耐久性。

(2) 橡胶塑料类防水材料。以氯丁橡胶、丁基橡胶、三元乙丙橡胶、聚氯乙烯(PVC)、聚异丁烯和聚氨酯等高分子原材料,可制成弹性无胎防水卷材、防水薄膜、防水涂料、涂膜材料及油膏、胶泥、止水带防水板等密封材料,具有抗拉强度高,弹性和延伸率大,黏结性、抗水性和耐气候性好等特点,可以冷用,使用年限较长。

(3) 水泥类防水材料。对水泥有促凝密实作用的外加剂,如防水剂、加气剂和膨胀剂等,可增强水泥砂浆和混凝土的憎水性和抗渗性。以水泥和硅酸钠为基料配置的促凝灰浆,可用于地下工程的堵漏防水。

(4) 金属类防水材料。薄钢板、镀锌钢板、压型钢板、涂层钢板等可直接作为屋面板,用以防水。薄钢板用于地下室或地下构筑物的金属防水层。薄铜板、薄铝板、不锈钢板可制成建筑物变形缝的止水带。金属防水层的连接处要焊接,并涂刷防锈保护漆。

(5) 复合类防水材料。如膨润土防水毯(土工合成材料黏土衬垫,Geosynthetics Clay Liner,GCL)是一种新型环保复合防水防渗材料,也是一种利用膨润土遇水膨胀原理的防水材料。它将膨润土颗粒填充在有纺土工布和无纺土工布之间,将上层的非织布纤维通过膨润土颗粒、经过特殊的工艺和设备、用针刺方法连结在下层的织布上复合而成。主要应用于环境工程中的废弃物填埋场、地下水库、地下基础设施建设等工程中,解决密封、隔离、防渗漏问题,效果好,抗破坏性强。

按成品外形和施工方法,防水材料又可以分为:防水卷材、防水涂料、防水板材三大类。原材料为沥青类、橡胶塑料类、复合类的通常做成卷材;原材料为沥青类、橡胶塑料类、水泥类的可以做成涂料,其中又以水泥类、橡胶塑料类为主;防水板主要有橡胶塑料类、金属类,以塑料类为主。

如按施工顺序又可分为正贴防水层和反贴防水层两种。所谓正贴防水(图3-79),就是在围护体与结构外墙间预留操作空间,待结构施工完成后,再在结构迎水面施工防水层。而反贴防水(图3-80),是指结构与围护体间未预留空间,将防水材料固定在围护体上,再绑扎钢筋、立内模、浇筑混凝土,混凝土直接挤压粘贴预铺的防水层,形成外防水体系。

图 3-79　正贴防水

图 3-80　反贴防水

表 3-10　　　　　　　　　　　　地下综合体外防水实例

项目名称	采用的主要外防水材料	侧墙类型	防水形式
宁波站交通枢纽地下综合体	高分子自黏胶膜防水卷材	离壁式墙(国铁)叠合墙(地铁)	离壁墙:自防水+全外包叠合墙:自防水
苏州乐园站地下综合体	针刺法、钠基膨润土防水毯及SBS弹性体改性沥青防水卷材	贴壁式墙(开发)复合墙(地铁)	自防水+全外包
上海自然博物馆、60号地块、13号线地铁车站地下综合体	针刺覆膜法、钠基膨润土防水毯	贴壁式墙(开发)叠合墙(地铁)	复合墙:自防水+全外包叠合墙:自防水
兰州西站交通枢纽地下综合体	SBS弹性体改性沥青防水卷材	离壁式墙(国铁)复合墙(地铁)	自防水+全外包
上海虹桥交通枢纽地下综合体	SBS弹性体改性沥青防水卷材	离壁式墙	自防水+全外包

表 3-10 罗列了国内一些大型地下综合体采用的外防水措施,一般都采用自防水+全外包防水,从使用情况看,防水效果都不错。而一些采用叠合墙或单墙的工程,渗漏水现象比较普遍,后期堵漏较多。

2. 防水层设计施工要点

由于防水材料种类多,工艺要求各不相同,本节仅讨论一些通用的基本要素。

首先,设计上应结合工程场地水文地质条件和结构埋深、形式、使用年限等,确定工程防水等级、抗渗等级、抗压强度等,再根据工程重要性和工程投资确定混凝土是否采用密实性外掺剂、抗裂性外掺剂等混凝土自防水措施,以及采用哪类防水卷材、板材、涂料等。

防水设计方案中,应注意以下几点。

(1) 结合建筑结构方案,考虑附加防水层是正贴防水还是反贴防水。

(2) 水泥砂浆、涂料防水层,不宜用于受持续振动工程、温度高于80℃的地下工程、受侵蚀性介质作用工程。这些工程采用卷材防水或板材防水比较好。

（3）有机防水涂料适用于工程的迎水面，无机防水涂料适用于工程的背水面。防水层以迎水面为主。

（4）如使用膨润土防水毯，其两侧应具备一定的夹持力，不太适合正贴的分离式外墙防水，在反贴的复合墙体系中使用效果较好。

（5）如地下工程顶板上有植物种植，则应在顶板上设置两层防水层，下层为普通防水层，上层为耐根穿刺防水层，再在上面加设保护层。

（6）防水卷材或板材尺寸有出厂规格限制，所以必须考虑一定量的搭接重叠范围，而且接缝应采用专门的防水胶黏贴焊牢，做到整体不留漏点。

（7）防水层应设置一定厚度的外加保护层，侧墙部位一般采用泡沫板材或砂浆，厚度 20 mm 左右；顶板部位采用砂浆或细石混凝土，厚度在 50～80 mm（图 3-81）。

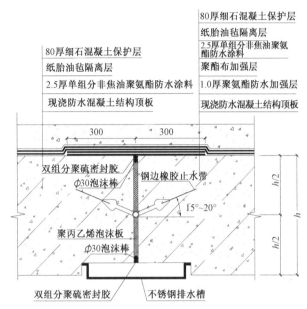

图 3-81　顶板及变形缝防水（单位：mm）

（8）设计文件中要提供各类防水材料的性能指标参数，提出具体的施工顺序、施工技术要求、施工气象条件等。

具体的防水施工过程中，应注意：

（1）混凝土应到设计强度，即早期收缩基本完成后，再施工防水层，避免抢工期导致防水层质量下降或失效（图 3-82）。这一点，作为业主方更应注意，做到有效投入。

（2）防水层基面应平整、干净、干燥无尖锐突起物。

（3）应避免雨天、雪天直接露天施工防水层。

（4）拉杆螺栓等应避免穿越防水层，可使用单向支撑模板解决（图 3-83、图 3-84）。

（5）防水层应先施工平面，再施工立面，交接处应交叉搭接。

图 3-82　施工中防水层破损

图 3-83　对拉螺杆止水片焊接漏洞

图 3-84　对拉螺杆处渗漏水

3. 正贴防水与反贴防水

正贴防水由于是后施工的,技术要求较简单,质量容易得到保证。

而反贴防水,其施工难度较大,质量保证措施多序、复杂;首先要求平顺地固定在围护体上,不用或少用穿透防水层的钉子;其次,绑扎钢筋时应避免电焊渣烫伤防水层、钢筋刺穿防水层,还要注意混凝土浇筑振捣过程中,防水层是否脱落、起折。因此,如果采用反贴防水,宜选择防刺穿、防高温的材料,如膨润土防水毯,并且做好施工过程中的各项保护措施。

尽管如此,目前地下综合体建设中,仍然有大量的项目采用反贴防水层。最主要的原因是,城市土地紧张,如果在围护体与主体外墙间预留操作空间(按围护墙退界),将会损失部分建筑面积。

4. 薄弱部位防水

对于地下开发空间来说,不同规模、不同造型的工程总会存在或多或少的防水薄弱环节,如施工缝、后浇带、沉降缝、诱导缝、桩头、穿墙管、对拉螺杆、临时立柱、降水井等,而且,存在渗漏水的工程绝大多数就是这些部位。下面列了一些节点的防水做法构造,可以在设计、施工中参考使用(图 3-85—图 3-91)。

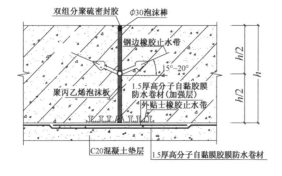

图 3-85　沉降缝防水节点

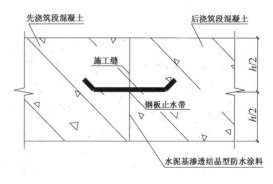

图 3-86　施工缝防水节点

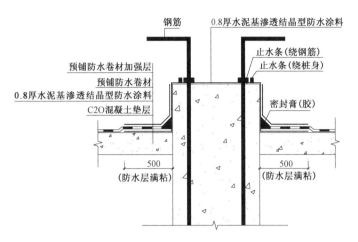

图 3-87 桩头防水节点(单位:mm)

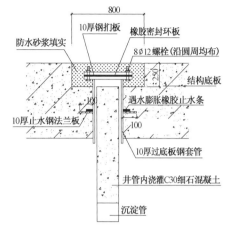

图 3-88 降水井井管防水节点(单位:mm)

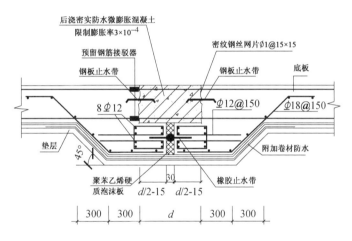

图 3-89 后浇带防水节点(单位:mm)

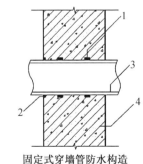

固定式穿墙管防水构造
1—遇水膨胀止水圈；2—密封材料；
3—主管；4—混凝土结构

图 3-90 穿墙管防水节点(一)

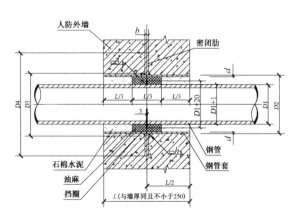

图 3-91 穿墙管防水节点(二)

3.6.5 地下工程渗漏水治理

地下工程渗漏情况多种多样,有混凝土酥松渗漏、裂缝渗漏,还有沉降缝、施工缝、穿墙管、对拉螺杆等薄弱节点的渗漏。堵漏方案应结合漏点部位、水源、流量、对结构的损害程度、操作空间等因素,综合判断,提出具体详实并具可操作性的实施方案。

一般来说,如果属轻微渗漏,可用防水砂浆、防水涂层等处理;如果是严重渗漏,但尚不对结构造成安全隐患,可以采用钻孔(即熟称的针眼法)(图3-92、图3-93)、凿缝注入普通防水浆液措施解决,注入聚氨酯、丙烯酸盐注浆液等;较严重的情况是,裂缝开展过大、或混凝土酥松影响结构安全,则需要注入高强度、耐久性的浆液,如环氧树脂、高标号水泥浆等,甚至在堵漏完成后需要采用诸如粘钢、粘炭纤维等进一步的加强措施。

图3-92　针眼法堵漏

图3-93　初步堵漏后溢出的注浆材料

沉降缝、诱导缝处的渗漏,应先堵水或排水,再用嵌填遇水膨胀橡胶止水带、密封材料、设排水槽等措施处理(图3-94)。施工缝、后浇带、穿墙管等的渗漏,可向内部注浆再表面涂防水层处理。由于堵漏材料到达强度需要一定时间,而且堵漏时要尽量降低水压力,因此,往往会预先设置引流管(图3-95)、引水孔,周边全部堵漏完成后,再对其进行封闭处理。

图3-94　沉降缝渗漏水

图3-95　堵漏引流管

3.7 地下综合体工程减振降噪设计

作为现代化的地下综合体,以城市轨道交通、铁路等为代表的公共交通元素的融入是其典型特征,它们在给地下综合体带来人流、注入活力的同时,也会产生诸如振动、噪声等弊端。例如,在交通枢纽型地下综合体中,多线列车高速从站房内穿过,列车车轮与钢轨之间撞击产生振动,通过轨枕、道床传递给车站结构,会诱发建筑物的振动和二次噪声。从结构安全的角度讲,高速列车运行导致的结构振动不至于对车站结构产生破坏作用,但从旅客舒适度的角度而言,这类振动有可能使旅客及车站工作人员产生不适和恐慌情绪。城市轨道交通在运营中也会产生振动、噪声的问题,且这种振动的作用是长期存在和反复发生的,长期作用于建筑物,将引起结构的动力疲劳和应力集中,严重时还会引起结构的整体或局部的动力失稳,如地基产生液化、基础下沉或不均匀下沉、墙体裂缝、建筑物倾斜甚至局部损坏。因此有必要对这类交通枢纽型综合体工程进行在高速列车通过时的振动响应规律进行分析,提出有效的振动控制技术。

列车在行驶过程中,由于轨道不平顺,轮轨间相互作用会产生车辆振动,车辆产生的振动通过钢轨传递到扣件和道床,继而将振动传递到建筑物,当振源位于地下时,振动能量又会通过土体介质以波的形式向外传递。当建筑物受到列车行驶导致的振动时,不仅自身会受振动影响,而且还会产生结构的二次振动(图 3-96)。

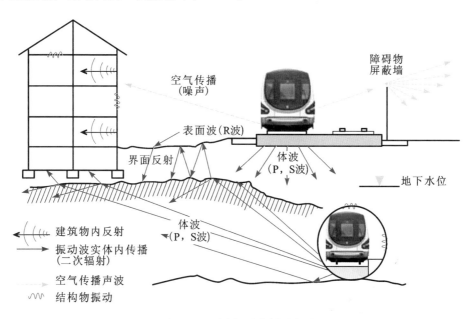

图 3-96 列车振动传播示意图

由图 3-96 可以看出,列车运行诱发的振动不仅和轨道结构有关,而且和建筑物结构形式、地铁隧道周边土体特性、建筑物基础布置等都有密切的关系。对于交通枢纽型地下综合体,高铁列车振动可以直接传递到站房结构,下卧的地铁列车振动不仅可以通过结构内壁向上传递到车站结构,还会通过周围土体介质将振动能量二次传递到车站结构。

列车行驶导致的交通环境振动问题,可从改善振源特性、控制振动传播路径、受振体的减隔振及结构优化等方面,制订技术对策,研究振动控制措施。

1) 振源控制

目前国内外对减振降噪型轨道结构的研究主要集中在弹性扣件、弹性支承块、浮置板等无碴轨道上,其中弹性支承块和浮置板轨道减振效果较好。

减振扣件有一般弹性减振扣件、中等弹性减振扣件和高弹性减振扣件。不同弹性的减振扣件,用于不同减振要求的地段。高弹性扣件是扣件节点垂向静刚度比普通扣件低,即弹性好。这种扣件在荷载作用下能产生较大的弹性位移,从而降低轨道的机械阻抗,减小传至基础的振动,降低二次噪声。目前世界上有多种类型的这类扣件系统,但应用较为成熟的减振扣件系统有:弹性垫层普通铁垫板扣件、Cologne-egg(科隆蛋)轨道减振器(图3-97)、美国 Lord 公司的 Lord 扣件(图3-98)和英国 Pandrol 公司的 Vanguard 扣件(图3-99)等。

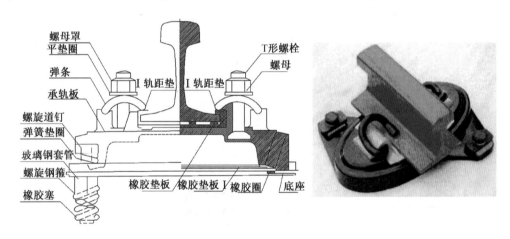

图 3-97　轨道减振器(科隆蛋 Cologne-egg)

图 3-98　Lord 扣件　　　　　　　　　　图 3-99　Vanguard 扣件

目前我国各大城市轨道交通对减振要求较高的地段采用的是科隆蛋轨道减振器。其原理是通过将橡胶圈与承轨台及底座采用硫化工艺牢固地黏结为一整体，使该扣件充分利用橡胶圈的剪切变形，同时选择合理的动静比，使轨道结构获得较低的垂向整体刚度（11～13 kN/mm），但仍能提供较高的横向刚度，以保证轨道的横向稳定性。该方法取得了较好的减振效果，一般可以取得5～7 dB的减振效果。

弹性支承块轨道结构（图3-100）又称低振动型轨道结构（LVT），由弹性支承块、道床板和混凝土底座及配套扣件构成。弹性支承块由橡胶靴套包裹的钢筋混凝土支承块以及块下大橡胶垫板组成，弹性支承块式轨道结构的垂向弹性由轨下和块下双层弹性橡胶垫板提供，可使轨道纵向弹性点支承刚度趋于一致。通过双层弹性垫板刚度的合理选择，使轨道的组合刚度接近有砟轨道的刚度。

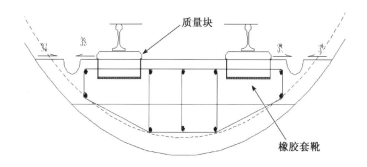

图3-100　弹性支承块轨道

目前，上海、北京、广州地铁均有铺设弹性支承块轨道。北京地铁于1972年在东四十条站铺设了该轨道，由于橡胶靴套横向刚度大、变形小，稳定性有保证，整个结构竖向弹性高，轨道组合刚度11.5～17.5 kN/mm，减振10～20 dB（钢轨—轨下基础），隧道壁减振10 dB左右。现场测试较一般整体道床振动加速度降低30%，减振效果较好。经过20年运营使用，技术状态良好。

浮置板轨道结构（图3-101）一般由钢筋混凝土浮置板、弹性支座、混凝土底座及配套扣件组成。该结构是用扣件将钢轨固定在钢筋混凝土浮置板上，浮置板置于可调的弹性支座上，浮置板两侧用弹性材料固定，形成一种质量-弹簧隔振系统。这种系统有有砟轨道和无砟轨道、预制混凝土底座和现场浇注、可更换支座和固定支座、橡胶支座和弹簧支座等形式。橡胶浮置板中的橡胶支座易老化，且检修困难。此外，橡胶浮置板对软土地基及低频振源地段的隔振效果并不理想，以上缺点限制了其进一步发展。目前，国内大多采用钢弹簧浮置板轨道结构。该结构减振效果明显，达到20～30 dB，但造价昂贵，主要运用于医院、研究院、博物馆、音乐厅等对减振降噪有特殊要求的场合。

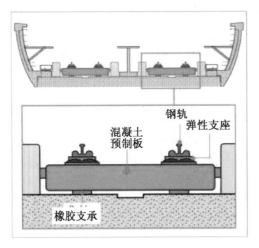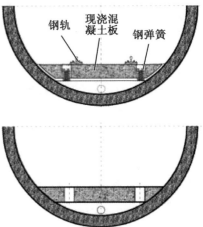

图 3-101　浮置板轨道结构

2）传播路径控制

列车运行时,振动通过土体传播到地铁沿线建筑物,使建筑物内的居民受到振动噪声危害。从传播途径考虑,可采取的减振措施主要是通过切断振动传播途径或者在传播途径上削弱振动,即在土层中采用屏障隔振,目前的研究主要集中在隔振沟、隔振墙、排桩、排孔、波阻板(WIB)等,其原理示意如图 3-102、图 3-103 所示。然而,只有当地面建筑与地下隧道在空间上处于斜上方的空间关系时,此种减振措施才适用,因此该种减振措施有其局限性。

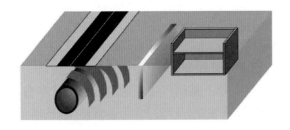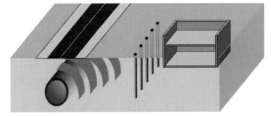

图 3-102　隔振沟、隔振墙隔振示意图　　　　　图 3-103　排桩、排孔隔振示意图

3）受振体控制

地铁振动通过土体传递给地表建筑,土体与建筑结构的相互作用需要考虑,改变房屋建筑的基础结构是一个研究方向。从受影响的建筑物上讲,目前主要集中在建筑物的基础隔振和层间隔振,基础隔振主要是在建筑物基础下设橡胶隔振垫或隔振支座,层间隔振通常采用浮置楼板进行隔振。香港在葵青剧院的建设中考虑到地铁的影响,采用了弹簧隔振技术,对于轨道沿线上振动敏感的新建和已建建筑物,在振源周围设置屏障费用较高或设置屏障较困难的情况下,分别采用 ER/MR 智能隔振装置和耗能减振、隔振器装置,对建筑结构进行振动控制,是一种行之有效的方法。ER/MR 智能隔振装置具有自适应性强、稳定性好和安装方便等特点,能够有效地减小建筑结构的绝对加速度反应。

　　房屋的结构是由构件组合而成的,并非完全的刚体。在房屋楼层间使用弹性层填缝或者在建筑的底板直接采用完全包裹的弹性层(图 3-104、图 3-105),可以有效地控制振动波的传递。

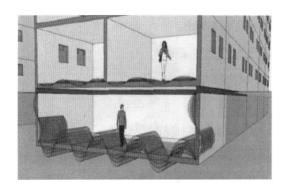

图 3-104　弹性层填缝、"薄片切入"的建筑

图 3-105　完全采用弹性层包裹的建筑

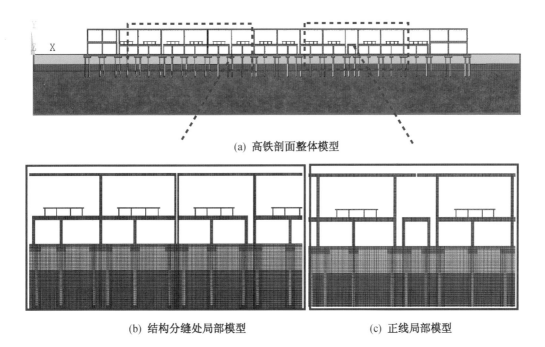

(a) 高铁剖面整体模型

(b) 结构分缝处局部模型

(c) 正线局部模型

图 3-106　兰州西客站高铁剖面有限元模型

　　兰州西站交通枢纽普速场包含两条正线,正线行车车速可达 150 km/h,而且正线邻近车站北站房,有可能影响高架候车层和北站房候车旅客舒适度,所以结构设计时将结构缝布置在正线两侧,站台层正线楼板与主结构断开,对应上方高架层楼板也设置结构缝隔断,该措施是从建筑结构优化的角度采取的减振手段(图 3-106)。此外,在兰州西站交通枢纽的设计中,采用的减振降噪技术措施还包括:①采用减振轨道结构(图 3-107),在充分考虑运行安全的前提

下,采用隔振垫碎石道床,降低轮轨冲击对基础结构振动影响,同时也降低结构辐射噪声。②在车站站台墙壁采用吸声材料,采用喷涂技术将吸声材料附着在站台墙壁,吸收车辆进站的噪声。③在车站顶棚结构中采用吸声结构设计,降低声音混响,提高车站声学效果。

图 3-107　轨道减振器扣件

4 地下综合体的机电设备设计

地下综合体(图 4-1)的大力开发可以集约高效地利用土地,缓解交通拥挤、环境恶化、空间紧张等问题,促进城市的可持续发展。同时与地面建筑相比,地下空间又具有一些自身的特点,例如,被岩土地层包围、空间相对封闭、自然通风和照明相对困难、环境较为潮湿等。在地下综合体的设计过程中,如何根据地下空间的这些特点,有效地利用能源去提供一个舒适、节能、安全的空间环境便成为机电工程师需要重点考虑的问题。

本章将围绕地下综合体的特点,分别从通风空调系统、给排水系统、强电系统、智能化系统四个方面对地下综合体机电设备系统的设计特点、选型和要点进行介绍和分析。

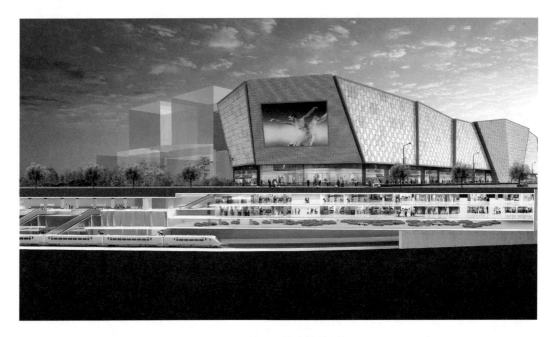

图 4-1 某地下综合体效果图

4.1 通风空调系统

4.1.1 地下综合体通风空调的特点

地下综合体作为地下建筑,不仅包含了地下商业和办公场所,还融合有交通元素,如地铁车站、国铁车站、交通枢纽换乘中心、蓄车场、停车库等功能区域,相较于一般地上综合体建筑,其通风空调系统势必更加复杂。根据在多个综合体项目方面的通风空调设计经验总结,其通风空调系统主要具有如下特点。

1)负荷特点

地下空间环境与地面建筑相比较,有着显著的隔热、遮光、气密、隐蔽等特点,建筑受风、雨、霜、雪和太阳辐射等一些外界条件的影响较小,使得地下空间内的温度波动范围小,具有热稳定性。另外地下综合体围护结构与土壤的传热损失几乎可以忽略,因此其冷热负荷均比地面建筑小。

2)功能性特点

地下综合体是地下各不同功能区域的集合,不同功能区域通风空调需要合适的设计策略,因此其通风空调系统会相对复杂。如地下商业仅需设置一般舒适性空调系统,而地铁需要考虑活塞风和排热系统,地下某些功能场所又可挖掘其自然通风潜力等,所以地下综合体建筑的通风空调设计具有多样化特性。

3)室内环境特点

地下空间四周均为土壤,其空间热湿环境较为恶劣,而且土壤和建材中的氡(Rn)、总挥发性有机物(TVOCs)等有害气体容易挥发扩散,对室内人员舒适度和健康产生威胁。另外地下综合体的换乘中心、蓄车场产生的一氧化碳(CO)、二氧化碳(CO_2)、灰尘、异味也会影响其室内空气品质(IAQ),因此在进行通风空调系统设计时,地下空间内的空气品质需要重点关注,而良好的新风系统设计和气流组织设计是实现室内舒适环境的重要前提。

本节将针对上述三个特点,同时结合通风空调设计成功案例,对地下综合体通风空调系统设计逐一阐述。

4.1.2 负荷计算与系统选择

1. 负荷计算

地下建筑不受太阳辐射传热,同时地下土壤温度比较恒定,造成地下空间总负荷低于地上建筑,且负荷变化比较稳定。根据哈尔滨某地下商场的围护结构传热进行了模拟计算(路福和,1999),得出围护结构传热量对地下商场夏季总负荷的影响完全可以忽略不计。从兰州西站北广场地下商业建筑和某同功能同方位地上商业建筑的单位冷负荷计算结果对比(表4-1)中不难看出,地下建筑单位冷负荷明显小于地上建筑,同时负荷逐时波动性较小,在对地下综合体通风空调设计负荷估算时需要引起注意。

表4-1 地上和地下商业建筑的单位负荷计算结果对比 (W/m²)

时刻 场所	8	9	10	11	12	13	14	15	16	17	18	19	20	21	22	23
地下商业	152	181	210	212	213	214	215	216	216	219	219	220	210	190	45	36
地上商业	92	103	114	140	190	192	220	226	220	250	258	270	230	212	61	54

2. 冷热源选择

在负荷计算的基础上,进行冷热源系统的选择,需要根据建筑规模、使用特性,并结合当地能源结构及价格政策、环保规定等方面经综合论证后确定。区域内有既有或规划城市、区域热源、电厂余热,同时满足工期需求时宜优先采用;具有充足天然气供应的地区,且满足并网要求时可采用分布式热电冷联供系统;具有天然水资源或地热源可供利用时,可采用水(地)源热泵系统;当铁路系统内实施峰谷分时电价政策时,可采用冰(水)蓄冷系统;具有多种能源(热、电、燃气、污水等)的地区,宜采用复合式能源供冷、供热技术。在满足使用要求的前提下,对于夏季空气调节室外计算湿球温度较低、温度日差较大的地区,如气候区划图的 VIIA、VIIC、VIID 区宜采用蒸发式空调。例如,兰州西站交通枢纽地下综合体、宁波站交通枢纽地下综合体等项目在进行冷热源选择时,均依据了以上原则。

兰州西站交通枢纽项目周边有区域供热站,采用集中供热方式进行冬季采暖,所以兰州西站站房以及北广场地下空间的热源均优先采用了市政供热管网作为热源。

兰州西地铁站在冷热源选择时,考虑到地铁作为人员快速通过交通空间,室内空调设计温度略有提高,站台和站厅的室内空调设计温度为 29℃,结合兰州地区夏季空气比较干燥及室外干湿球温差较大的气候特点(夏季相对湿度 43%,夏季空调室外计算干球温度为 31.3℃,夏季空调室外计算湿球温度 20.1℃),针对性地选择了直接蒸发冷却机组作为系统冷源之一,适用于地铁车站的直接蒸发冷却空调系统如图 4-2 所示。该系统与常规冷水机组相比,耗电量不到其一半,运行费用大幅度降低,在经济性上具有明显优势。

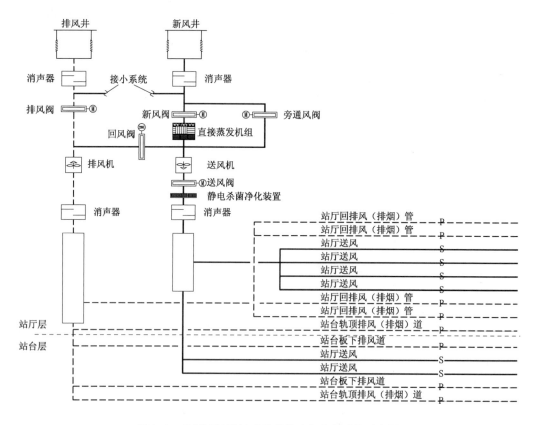

图 4-2　兰州西地铁站直接蒸发冷却空调系统示意图

宁波站交通枢纽附近有热电厂,存在 180℃高温余热,从能源梯级利用的角度,将热电厂的余热作为国铁站空调系统的热源,有利于提高能源利用效率。

4.1.3　不同功能区域通风技术运用

地下综合体建筑是地下各不同功能区域的集合,不同功能区域通风空调需要各自不同的设计策略。地铁需要考虑活塞风和排热系统,地下换乘中心又可挖掘其自然通风潜力等,下面将针对上述两个方面的设计进行阐述。

1. 地铁车站通风系统

地下综合体建筑中的地铁车站通风系统与一般地上建筑的通风系统相比有一定的特殊性,因为地铁站通风包括站厅、站台、车站区隧道、地铁列车、设备与管理用房、出入口通道、换乘通道等区域的通风,不仅要满足人员的舒适性要求,还要满足地铁车辆排热的工艺性要求。据此,地铁车站的通风系统一般需要达到以下目标:当列车在正常运行时,应保证地铁车站内部空气环境在轨道标准范围内,并保证地铁车辆的顺利散热;当列车夜间停运时,应保证地铁车站内温度在规定范围内。

根据以上目标,通常将地铁车站的通风系统分为:区间隧道(含辅助线)活塞/机械通风兼排烟系统(简称区间隧道通风 TVF 系统),车站轨区排热通风兼排烟系统(简称排热通风 UOF 系统)两个方面。

区间隧道通风系统的原理如图 4-3 所示,分为活塞通风系统和机械通风系统,主要由活塞/机械通风井(道)、大型组合式风阀、事故通风机、消声器、射流风机等部件有机组合而成。

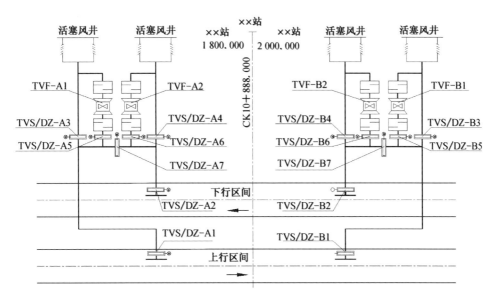

图 4-3　区间隧道通风系统原理图

地下车站原则上两端上、下行线各设一座活塞/机械通风井,即车站两端上、下行线的活塞风口分别位于线路中心线正上方或侧面,活塞风孔设有电动组合式多叶钢制风阀,活塞风通过活塞风道和风井与地面相通。在地铁列车正常行驶时,利用地铁列车进站的活塞压出风和列车出站时的活塞吸入风不仅可以排除区间内列车部分散热量,还可以对地下站台区间(非屏蔽门站台)进行通风换气,为车载乘客营造良好的室外环境。

车站两端隧道通风机房内分别设置两台事故通风机(TVF 风机),事故风机与活塞风道并列,风机可设置在站厅层、站台层的两端或风道、风井之中,车站机械风口可与活塞风口合用,亦可分开设置。两台区间隧道通风机宜就近布置,以便通过组合风阀开关组合,达到双机互为备用和并联运转的目的。当地铁列车夜间停运时,开启双向可逆 TVF 风机,隔站送风和排风,维持车站区间内的温度和空气品质。

排热通风系统是为了列车散热而专门设计的工艺性通风系统,其原理如图 4-4 所示。原则上地下车站两端亦需各设置一套轨区排热通风(兼排烟)系统,各由一台单向运转耐高温轴流风机(UOF 风机)、相关风阀及管路等组成。

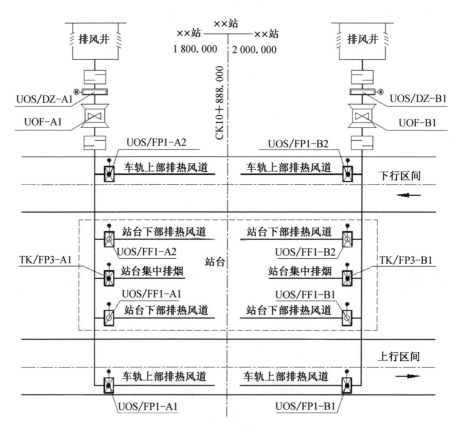

图 4-4　轨道排热风系统原理图

车行道顶部排热风道风口正对列车空调冷凝散热器,以保证列车冷凝器温度处于正常工作范围内。而站台下部排热风道风口正对列车制动电阻系统,以便有效排除列车因制动停站而产生的热量。正常工况时系统排除列车停站时产生的热量,与列车活塞通风共同保证区间隧道风量和风温能够达到设计标准。

兰州 1 号线兰州西地铁站活塞风系统、事故通风系统和排热通风系统工程实例的三维模型如图 4-5 所示。该地铁车站的排热系统根据列车行车和人员密度以及室外气象参数的变化,其排热风机增加了变频调节装置,使风机在不同列车运营密度下均可通过调整转速来实现排风量的变化,节约了区间的机械通风耗电量,实现节能运行。

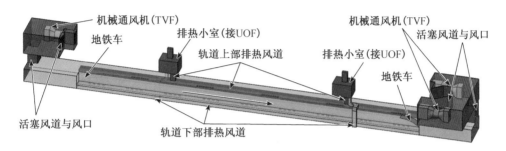

图 4-5　兰州轨道交通 1 号线兰州西地铁站活塞通风、事故通风和排热通风系统三维模型

2. 自然通风系统

自然通风是靠室外风环境的风压和室内外温差引起的热压所驱动的空气流动方式,相比于机械通风,自然通风更为经济,因此在工程实践中应将自然通风视为优先考虑的系统方案。地下综合体由于其所处的地理位置关系,受到室外风环境的风压影响较小,所以其自然通风仅能依靠热压作用的"烟囱效应"来实现,相对于地上建筑而言,实现其自然通风效果的难度更大。

兰州中川机场综合交通枢纽作为与兰州中川机场、中川机场地下铁路站房和国铁站相配套的客运交通站点,是整个区域性综合交通枢纽的重要部分。本工程的地下换乘中心为一个大型地下空间,一方面因长度超过 300 m,造成其自身自然通风条件较差,另一方面因为该地下发车区怠速状态的机动车还会产生大量一氧化碳,因此若不采取任何自然通风措施,势必要完全依靠机械通风设计来提高换乘中心内的空气品质。为了最大程度地利用自然通风,在通风方案制定阶段,采用了 6 个对称的"通风谷"结构(图 4-6、图 4-7),该结构穿过地上换乘大厅

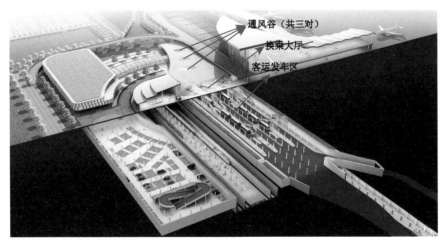

图 4-6　中川机场综合交通枢纽剖面三维效果图

图 4-7 中川机场综合交通枢纽地下换乘中心与通风谷室内效果图

使地下发车区与室外直接相通。在冬季,因为地下发车区的车辆、人员等散热的缘故,使其室内温度要显著高于室外,从而在室内外形成温度差和空气密度差,在"烟囱效应"作用下(ASHRAE,2005),6个通风谷正好承担了"烟囱"的角色,室内热空气经过通风谷流出室外,而室外冷空气从车辆进出口侧流入。

同时,借助计算流体动力学(CFD)数值手段对地下发车区自然通风系统进行模拟研究。根据模拟结果发现,在冬季时,自然通风量可达 4.4 次/h 的换气次数,略小于规范要求的 6 次/h 的换气次数要求,距路面 1.5 m 水平面上的一氧化碳平均浓度为 78 mg/m³ 左右(图 4-8),该平均值能够满足 5 min 暴露时间下的一氧化碳浓度限值 115 mg/m³ 的要求(此为香港环保署规范)。而在夏季时,自然通风条件下,换气次数为 2.7 次/h,距路面 1.5 m 水平面上的一氧化碳平均浓度为 131 mg/m³ 左右,超过了限值要求。

从模拟结果可知,目前这种自然通风形式效果较好,尤其是在冬季工况下,在内热外冷的大温差驱动作用下,室内外换气效果较好,故大部分区域能够满足一氧化碳浓度限值要求,且节能效果明显。

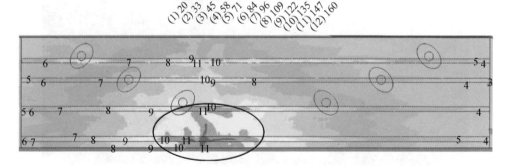

图 4-8 夏季地下换乘中心距道路地面 1.5 m 水平面 CO 浓度分布

(单位:mg/m³,图中的数字与图例中温度值相对应,红色线圈内的浓度较高)

156

4.1.4　地下蓄车场及候车区室内空气品质控制

近年来,机动车大量增加,新建大型交通枢纽中均出现了地下蓄车场,以满足交通需求,但是现行设计规范并未对此类地下蓄车场内的通风系统有针对性的指导或规定。

在已经建成的天津站副广场地下出租车蓄车和待客区的实际使用中发现:出租车驶入蓄车、待客区后处于怠速停车或缓慢行驶状态,发动机并不关闭,尾气持续排放,过程中释放了大量的一氧化碳、二氧化碳和热量(王一飞等,2014)。若按现行规范进行地下车库通风系统设计,其换气次数虽然达到了设计标准,但仍然无法达到稀释、排出污染物和热量的效果,这就导致少许乘客出现胸闷、呼吸困难等症状,地下蓄车场及候车区的室内空气品质令人担忧。对待此类问题,需要对蓄车场和候车区进行有针对性的通风系统设计。

以此为鉴,在宁波站交通枢纽北广场和兰州西站交通枢纽北广场的地下出租车蓄车场通风设计时,将地下车库设计规范规定的 6 次/h 的排风换气次数要求提高到 10 次/h,候车区的排风换气次数提高到 8 次/h,并针对性地增设如图 4-9 所示的候车区送风系统,将室外新风经过滤处理后直接通过附在结构立柱上的条形风口送入到乘客等候区,同时又增设了自然通风口进行自然通风,以最小的能源消耗达到提高候车区的室内空气品质的效果,明显改善了候车区的舒适性。

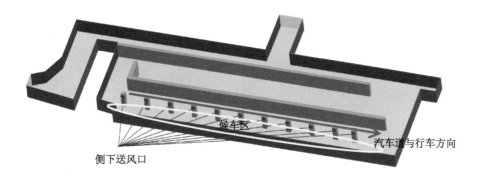

侧下送风口　候车区　汽车道与行车方向

图 4-9　宁波站交通枢纽北广场地下出租车蓄车场候车区送风系统

4.1.5　工程案例

本节将以兰州西站交通枢纽地下综合体和宁波南站交通枢纽地下综合体作为代表,简述两者通风空调设计要点和设计特色。

1. 案例一

兰州西站交通枢纽地下综合体包括国铁、地铁以及南北广场地下空间,其冷热源系统和末端系统设计见表 4-2。其中,北广场地下蓄车场在原有送排风的基础上,对候车区增设送风系统,保证候车人员的环境舒适。而兰州地铁 1 号线西客站根据兰州气候特点,因地制宜地采用了直接蒸发冷却空调机组作为空调系统冷源,节能效果明显。图 4-10—图 4-12 为兰州西站交通枢纽地下综合体通风空调系统的实景图。

表 4-2   兰州西站交通枢纽地下综合体通风空调系统选择案例

系统 项目区域	冷热源系统	空调末端系统	备注
北广场	商业：水冷离心机组＋市政热源 车库及办公：变制冷剂流量系统＋市政热源	商业区和换乘大厅：一次回风全空气低速管道系统 车库及办公：风机盘管＋独立新风	蓄车场候车区增加设置了新风系统
地铁站	公共区域：直接蒸发冷却空调系统 设备用房：变制冷剂流量系统	公共区域：全空气双风机直流通风系统 设备用房：风机盘管	因地制宜地采用了直接蒸发冷却空调系统
国铁站	水冷离心机组＋市政热网	进站广厅、基本站候车区、高架候车区：全空气低速管道系统 高架层广厅及候车区：分层空调，侧送局部顶送 售票厅及售票室区域：变风量全空气低速管道系统	

图 4-10   喷口侧送实景图

图 4-11   组合式空调处理机组   图 4-12   国铁站换热站机房（部分）

2. 案例二

宁波站交通枢纽地下综合体包括国铁、地铁以及南北广场地下空间，其冷热源系统和末端系统设计如表 4-3 所示。在常规通风空调设计基础上，北广场的蓄车场候车区在满足 6 次/h

换气次数要求的基础上,另增设侧送新风系统,很好地保证了候车区的室内空气品质。而宁波国铁站冬季采暖的热源则根据区域能源特征选择附近热电厂的废热作为热源,提高了能源利用率。图 4-13、图 4-14 为宁波站地下综合体通风空调系统的实景图。

表 4-3　　　　　　　　　宁波站交通枢纽地下综合体通风空调系统选择案例

系统 项目区域	冷热源系统	末端系统	备注
北广场	西区:螺杆式风冷热泵机组 东区:涡旋式风冷热泵机组	商业区:风机盘管+新风系统 办公管理用房:分体式空调系统	蓄车场候车区增加设置了新风系统
地铁站	水冷螺杆式冷水机组	站台层和站厅层:全空气低速管道系统 公共区 1—4 号出入口:风机盘管系统	—
国铁站	水冷离心机组+热电厂废热	进站广厅、基本站台进站广厅、高架商业区、高架候车区:侧送分层空调系统 售票厅及售票室区域:变风量全空气低速管道系统 办公区域:风机盘管+新风系统	根据区位特点,选择热电厂废热作为冬季热源

图 4-13　喷口侧送实景图

图 4-14　设备主机房

4.2 给排水系统

地下综合体建筑体量庞大,功能高度集聚,与普通的地面建筑及单一地下室相比,在给排水系统方面具有自身的特点。以下,本节将从给水、污废水、防淹排涝三个方面对地下综合体的给排水系统进行介绍和阐述,并结合具体案例加以分析。

4.2.1 给水工程特点及设计要点分析

节水、节能、节约投资、卫生安全、满足功能性要求是建筑给水设计的目标,城市建筑水源首选市政自来水。对于多层、高层尤其是超高层建筑而言,市政自来水无法达到给水系统所需要的压力,为寻求供水压力的经济性、适用性以及系统的安全性,不得不采用反复增压、减压的措施,构成竖向压力分区众多的繁冗复杂的系统(图4-15)。

地下综合体生活给水系统通常可以充分利用市政水压力,工程中普遍采用的供水方式为:城市市政给水管网→基地室外给水管网→地下综合体室内给水管道。这种最基本的供水方式具有以下优点:①不需要设置低位蓄水池、增压水泵、高位蓄水箱、中间减压水箱、减压阀组、减压孔板等设施、阀件,最大化地减少了能耗,有效节约了建筑面积;②对管道承压要求低,供水更加安全稳定,便于维护管理;③二次污染风险大大降低,能够保证良好的水质;④具备更加良好的社会、环境以及经济效益。

随着地下综合体建造深度的不断增加,体量的日趋扩大,使用功能综合程度的不断提高以及权属关系的日益多元化,给水设计要从有效防止水质回流污染、合理划分水费计量区域以及优化管道敷设路径等诸方面加以重点考虑。

1) 有效的防水质回流污染工程措施

当地下综合体采用城市自来水作为生活、

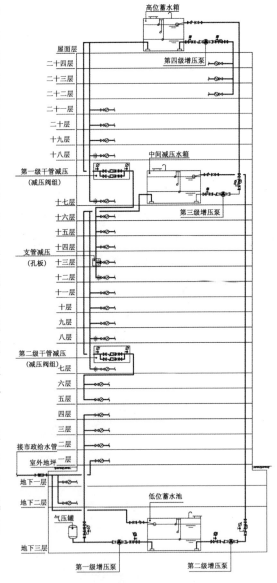

图4-15 某高层建筑供水示意图

生产、消防水源时,存在着建筑物自用给水对城市自来水以及建筑物自用低标准水质对高标准水质造成回流污染的可能性,工程中要根据回流类别及污染危险程度设置适用的防回流污染设施,如表 4-4 所示。

表 4-4 防回流污染设施一览表

序号	防回流污染设施	适用性		使用场所列举
		类别	污染危险程度	
1	空气间隙	虹吸回流	低	生活饮用水水箱(池)补水
			中	消防水箱(池)补水,中水、雨水等再生水水箱(池)补水,游泳池补水,水景补水
			高	循环冷却水集水池补水
2	减压型倒流防止器	虹吸回流	低	小区生活饮用水引入管、生活饮用水管上接出简易喷淋系统
			中	生活饮用水管上接出消火栓、湿式喷淋系统
			高	生活饮用水管上接出泡沫灭火系统
		背压回流	低	生活饮用水有温、有压容器补水、叠压供水
			中	消防水泵直接吸水
			高	商用锅炉、热水机组补水
3	低阻力倒流防止器	虹吸回流	低	小区生活饮用水引入管、生活饮用水管上接出简易喷淋系统
			中	生活饮用水管上接出消火栓、湿式喷淋系统
		背压回流	低	生活饮用水有温、有压容器补水、叠压供水
			中	消防水泵直接吸水
4	双止回阀倒流防止器	背压回流	低	生活饮用水有温、有压容器补水、叠压供水
5	压力型真空破坏器	虹吸回流	低	生活饮用水水箱(池)补水,道路、汽车冲洗软管,未注入任何药剂的喷灌系统
			中	消防水箱(池)补水,中水、雨水等再生水水箱(池)补水,游泳池补水,水景补水
			高	垃圾站冲洗给水栓,注入杀虫剂等药剂的喷灌系统
6	大气型真空破坏器	虹吸回流	低	生活饮用水水箱(池)补水,道路、汽车冲洗软管,未注入任何药剂的喷灌系统

以兰州西站交通枢纽地下综合体为例,设计采用的部分防回流污染设施如图 4-16 所示。

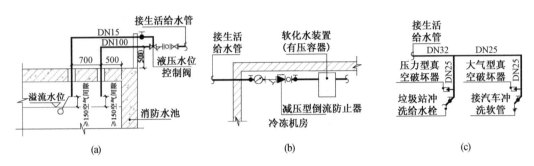

图 4-16 兰州西站交通枢纽地下综合体防回流污染设计方案

注:(a) 当生活给水管道为消防水箱补水时,采用空气间隙防止虹吸回流。
　　(b) 当生活给水管道为有压容器补水时,设置减压型倒流防止器防止背压回流。
　　(c) 当生活给水管道为垃圾站冲洗给水栓、汽车冲洗软管供水时,设置真空破坏器防止虹吸回流。

2) 水费计量区域的合理划分

地下综合体是城市轨道交通、铁路站房、民用建筑、市政设施、人防等多种建筑类别的结合体,权属关系多种多样,用地范围相互套嵌,建筑空间彼此叠合交错。通常对于一个地下综合体项目而言,市政水务部门仅为其提供 1~2 个给水接管点,为减少各运营管理方之间的用水矛盾,同时满足项目所在地市政水务部门的取费要求,设计时要合理划分水费计量区域,配备水表设置等级。以兰州西站交通枢纽地下综合体为例,室外总水表设计方案如图 4-17 所示。

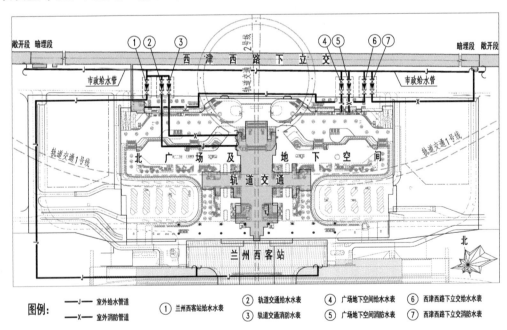

图 4-17 兰州西站交通枢纽地下综合体室外总水表设计方案

3) 管道敷设路径的最优化

对于诸如地铁车站类的地下建筑而言,顶板上覆土一般为 2.5~3.0 m,此时给水引入管最佳入户位置的选择需要充分考量。有条件时尽量沿出入口、新风井等浅埋侧壁处敷设进站,从而减少管道埋深以及管槽开挖深度,降低地下水沿入户套管处渗入站内的风险。

4.2.2 污废水分类、特点及系统设计原则

1. 分类及特点

地下综合体污废水按类别可分为生活污废水、围护结构渗水、消防废水、餐饮油污水、汽车库含油废水、设备机房排水、水处理设备排水。合理的排水方案的制订需要基于对各类别污废水特征的充分了解。从水量、水质、排水点分布、预处理、通气体系设置诸方面考虑,将地下综合体污废水系统的特点概括如表4-5所示。对排水类别的归纳总结可以作为排水系统分类、分区域、分系统设置的依据,从而制订个性化的收集、提升、处理、排放设计方案。

表 4-5 地下综合体污废水特点一览表

序号	类别	水量特征	排水点分布	排水水质	预处理	通气体系设置
1	生活污废水	由人员密集程度、停留时间及卫生间服务半径所界定。水量较均匀	分散式集中	杂质及有机物含量高,组分稳定水质差	化粪池(按照项目所在地规定设置)处理	必要
2	围护结构渗水	外围护采取的防水措施决定了渗水量的变幅。水量均匀	渗入点多,呈线状,甚至片状渗入	较好	不处理	不必要
3	消防废水	取决于消防用水量。瞬间水量大	随机出现	较好	不处理	不必要
4	餐饮油污水	取决于餐饮业规模。水量呈现峰值	集中	油脂含量高,水质差	隔油处理	必要
5	汽车库含油废水	水量较小	分散	含有无机物颗粒、汽油、机油,水质较差	隔油、沉砂处理	不必要
6	设备机房排水	水量较小	集中	较好	不处理	不必要
7	水处理设备排水	取决于反冲洗水量。瞬间水量较大	集中	好	不处理	不必要

地下综合体室内污废水排水点通常低于可供排入的市政污水管道,无法实现重力自流出户,工程中普遍采取分区域重力流汇集至收集坑(设施),再以排水泵等提升装置加压排放的措施。设计中要重点考虑重力流汇集系统的通畅、完备、便捷以及良好的可实施性。同时紧密结合项目特点,对收集、提升设施给予合理分类、分区、布点。遵循经济、适用、利于施工、便于维护的原则选择合理的收集提升设施。同时,地下综合体较各类地面建筑而言,其空间相对封闭,与室外空气进行自然对流的途径受到极大限制。生活污废水、餐饮油污水等有机物浓度

大,易散发恶劣气味。这种恶劣气体需要在通气管道系统内有效排除,否则一旦外溢,弥漫到人员密集场所,将严重破坏室内环境,造成人员舒适度下降。因此,通气体系也是地下综合体设计中需要重点关注的问题。

2. 设计原则

针对地下综合体污废水系统特点,结合工程实践经验,可以归纳总结出以下要点,作为设计中的参考。

1) 系统划分要点

地下建筑污废水体系的划分要遵循分类、分散式集中的原则。对于水质、水温不同的生活污废水、餐饮油污水、汽车库含油废水、有降温要求的设备机房排水、消防电梯坑侧下方集水坑内的消防废水、有特殊处理要求的设备机房排水、作为中水原水的排水等,应各自独立汇流、收集,然后经处理后提升排放。而围护结构渗水、其他消防废水、一般设备机房排水等可共用汇流、收集、提升排放系统及设备。

对于各种类别的污废水而言,在确定每个体系的服务范围时,通常需要考虑以下几点:①建筑允许的重力流汇集横管的坡降以及土建所能提供的降板或垫层范围及厚度(图4-18);②防火分区的划分;③人防区域的设置;④结构沉降缝的位置;⑤电气用房等对管道敷设的制约等。同时,尽量缩短从卫生洁具或受水器到收集处理设备的重力流管段的长度,并确定合理的坡度、流速,选择适用的管径,快速、顺畅排除含渣污水。充分考虑管路堵塞时的检修、疏通途径,并创造舒适、人性化的操作环境。

2) 收集提升设施设计要点

地下综合体中常用的收集提升设施包括"集水池+潜污泵"模式、"密闭水箱+提升泵"模式、真空提升设备、隔油处理与提升一体化设施、"带隔油沉砂功能的集水坑+潜污泵"模式等。针对不同的污废水类别,工程中适用的选项如表4-6所示。以下分析主要收集提升设施的设计要点。

表4-6　　　　　　　　　　　　　工程中适用的收集提升设施一览表

类别	生活污废水	围护结构渗水	消防废水	餐饮油污水	汽车库含油废水	设备机房排水	水处理设备排水
可选项	▲★■	▲	▲	▲◆	▲●	▲	▲

注:▲——集水池+潜污泵　　★——密闭水箱+提升泵　　■——真空设备　　◆——隔油处理与提升一体化设施
　　●——带隔油沉砂功能的集水坑+潜污泵

(1)"集水池+潜污泵"模式(图4-19)。这种模式适用范围广、造价低、系统简洁。但检修维护的卫生条件差,难以保证良好的密闭性,需要降板的深度大,通常为1.0～1.5 m。

设计中要确定合理的卫生间降板区域及高度,并与结构底板一并实施完成。当用于生活污废水系统时,设备孔、人孔等的盖板必须用橡胶圈充分密封,并设置通气管。潜污泵选择带粉碎、搅匀功能的型号。

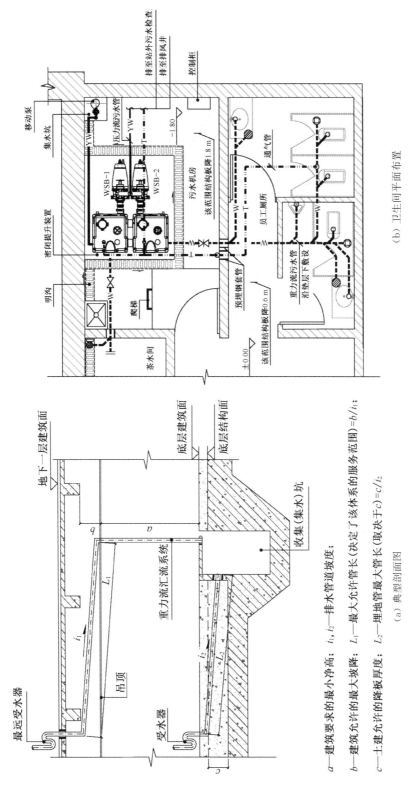

（b）卫生间平面布置

（a）典型剖面图

图 4-18　土建对排水体系服务范围的限定

a——建筑要求的最小净高；

b——建筑允许的最大坡降（决定了该体系的服务范围）$= b/i_1$；

c——土建允许的降板厚度（取决于 c）$= c/i_2$；

$i_1、i_2$——排水管道坡度；

L_1——最大允许管长（决定了该体系的服务范围）$= b/i_1$；

L_2——埋地管最大管长（取决于 c）$= c/i_2$；

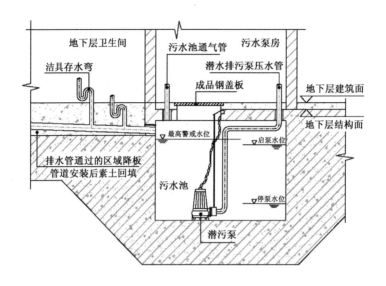

图 4-19 "集水池+潜污泵"模式典型剖面图

（2）"密闭水箱+提升泵"模式（图 4-20）。这种模式常用于生活污废水系统中。设备造价较高；水泵吸水口易堵塞，故障率增加；设备流量及扬程有限，在大埋深、大负荷、提升泵压力管过长的条件下，适用性受限。收集水箱密闭性好，机房具备良好的卫生条件；提升泵在干式环境下运行，选型范围较广；设备一体化，安装简便；不需要太深的降板，一般比重力流排水管底低 700～900 mm 即可。设计时要正确计算密闭水箱有效容积；合理确定卫生间及机房降板区域及高度，并与结构底板一并实施完成；选择适宜的机房位置，确保提升高度在产品限定的范围内。

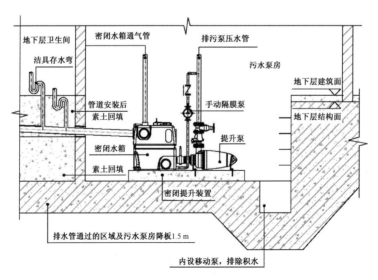

图 4-20 "密闭水箱+提升泵"模式典型剖面图

（3）真空排水系统，通常用于生活污废水系统中，以真空提升设备为主体的真空排水系统由专用便器、真空切断阀、真空罐、真空泵、排水泵、冲洗水控制阀等组成。准工作状态下，通过真空泵的抽吸作用，使真空管道系统保持－0.035～－0.06 MPa负压，当真空切断阀打开时，在外界大气压力与管内负压共同作用下，污废水沿真空管汇集至真空罐，当罐内水位达到一定高度时，排水泵自动开启将污水排走，如图4-21、图4-22所示。该系统不依赖于重力排水，故无须重力坡度，不需要降板；良好的全密闭系统无臭气外泄，不需设置通气管。适用于降板有困难、通气管无出路的地下综合体。但该系统设备造价高，关键部件尚未国产化，管理人员需要特别培训。工程中应结合我国国情，经可行性论证后使用。

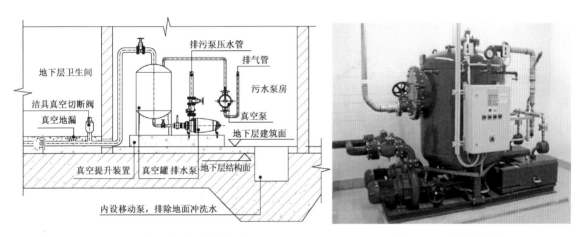

图4-21　真空排水系统示意图　　　　图4-22　真空排水设备

（4）隔油处理与提升一体化设施，用于地下综合体餐饮油污水收集、处理、提升排放。流程为：厨房油污水→本层就地设置的隔油分离器→管道→隔油处理与提升一体化设施→室外污水管道。这一系统不占用室外场地，缩短了油污水输水长度，堵塞率降低。但需要室内运渣通道，废气外泄易对室内环境造成影响，造价较高。适用于地下室外墙线与用地红线之间距离较近，室外埋地隔油处理构筑物及其管道敷设空间较小的项目。常见隔油处理设施如图4-23所示。

3）通气系统设计要点

地下综合体常采用的通气系统包括伸顶通气、专用通气立管通气、环形通气、器具通气等。合理的通气系统可使排水管道内气流通畅、平衡，避免压力波动过大，水封破坏，致使臭气集聚、蔓延，污染室内环境。对于单建式地下综合体而言，通气帽的设置位置是设计的难点，即从哪里出户直通大气，以获得最佳的通气效果。通常采用的方式为：①结合排风井设置，通气帽设于排风井井口百叶内侧（目前轨道交通地下站常用）；②通气管出户，通气帽设于地下综合体上方绿地内（珠海城际地下交通换乘中心）；③沿疏散楼梯间顶部出户（索山公园地下综合体开发）；④沿高风井顶部出户。

图 4-23　常见隔油处理设施

4.2.3　防淹排涝主要技术措施

地下综合体可能产生雨水的部位及相应的防淹排涝方式如表 4-7 所示。其中需要重点考虑的是由机动车、非机动车坡道、下沉广场等敞口处直接侵入室内的雨水,其最主要的特征是雨水瞬间涌入量大,不能重力流排放,若不尽快收集,迅速提升排至室外,将产生灾难性后果。随着极端天气的频繁出现,地下建筑被淹的现象时有发生。如 2012 年 7 月 24 日凌晨,山东烟台遭遇特大暴雨,部分地下停车库被淹,积水最深达 1.5 m,车库内大量汽车报废(图 4-24)。2012 年 4 月 30 日,深圳遭遇 20 年一遇的暴雨,导致全市 120 余处严重积水,其中宝安福永街道商会信息大厦停车场受淹面积达 1 000 多平方米(图 4-25)。不仅车辆被破坏,建筑物结构本体耐久性受到影响,更严重的是一旦地下变电所、消防泵房等因水灾瘫痪,造成的人员、财产损失将无法估量。因此,地下综合体的防淹排涝对保证建筑功能正常运行,建筑内人员财产安全具有至关重要的作用。

设计中需要综合权衡雨水汇流、输送、收集、提升诸环节设计的合理性。

首先,要结合地下综合体可能产生雨水的三个部位,遵循高水高排、低水低排、互不连通的设计原则,选择完备、合理、有效的汇水、收水、排水、集水、提升体系。

表 4-7　　　　　　　　　　　　地下综合体雨水特征及防淹排涝方式一览表

序号	雨水产生部位	收集措施	排放途径	防淹排涝方式
1	敞口机动车、非机动车道、敞口楼扶梯以及下沉广场等	明沟、集水坑	潜污泵提升	压力流
2	出地面的封闭楼梯、采光井、风井等建、构筑物顶面	天沟、雨水斗	横干管、立管	半有压流或重力流
3	室外场地、敞口处接地点	雨水口	埋地管道	重力流

图 4-24　烟台街道车库里的车辆几乎被淹没

图 4-25　福永商会信息大厦地下车库被淹

其次,针对地下综合体压力流排水系统,根据项目所在区域,选择正确的暴雨强度公式及安全、经济的重现期(一般取 30～50 年)等设计参数;正确计算敞口部分侵入地下综合体的雨水量(含侧墙汇入雨水量)。根据雨水量确定集水、提升设备的容量,以迅速排除设计重现期内的暴雨,防止雨水入灌,对地下综合体造成危害。

同时应采用双电源或双回路供电,为提升设备提供不间断动力供应,提高暴雨时排水系统工作的可靠性。

另外,日常的维护保养也是防止水灾发生的重要保障。物业管理部门应定期检查排水明沟、雨水管道、室外检查井及管道的功能和状态,并及时清除系统中的杂质,每年雨季前应对加压提升泵进行巡检和试验。对维护过程中发现的缺陷和问题及时处理,必要场所建立检查和维护档案。

4.2.4　工程案例

兰州西站交通枢纽地下综合体主要由兰州西客站(国铁)、兰州市轨道交通 1 号线、2 号线、南广场地下空间、北广场地下空间以及西津西路下立交等几大子项工程组成。集铁路、轨道交通、公交、出租车、社会车辆为一体的地下交通网络连同地下商业、餐饮、娱乐空间以及地下人防、地下城市通廊共同构成了一个巨大的交通枢纽型地下综合体。

工程以兰州西客站宽约 300 多米的站场轨行区为界,分为南、北两大地块,现以北侧地块为例,分析各子项工程(图 4-26)的排水体系设计。

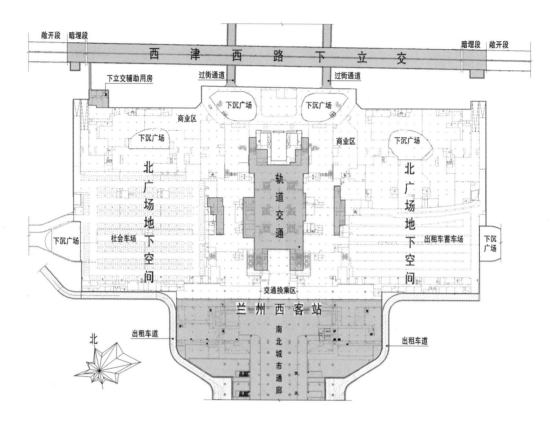

图 4-26　兰州西站交通枢纽地下综合体北侧地块子项工程分区示意图

1. 兰州西客站工程

兰州西客站地下层主要功能分区为:设备用房区域、出租车道、出站通道、交通换乘区以及南北城市通廊。总建筑面积为 10.6 万 m^2。其排水体系包括:

(1)出站通道、南北城市通廊、出站楼梯口部消防水、渗漏水、冲洗水及室外飘雨排水体系。采取统一组织、分段收集、就近独立排放的设计思路。在出站通道内设置明沟,通过地坪放坡,统一组织汇集整个地下公共区域的各类地面废水。结合出站楼梯口部飘雨排放,在每个出站扶梯坑的侧下方布置集水坑,分段收集明沟内废水,再以潜污泵就近提升排至站台层轨行区。如图 4-28 所示为明沟和集水坑潜污泵实景图。如图 4-27①即为呈模块化布设的"集水池+潜污泵"废水排放点。

(2)消防泵房、中水处理机房、冷水换热站等设备机房排水体系。设备机房排水水质各不相同,布点分散,采用"集水池+潜污泵"模式,分别独立收集、处理、排放,如 4-27②、③、④所示。

(3)餐饮油污水排水体系。地下商业区内含餐饮功能,在厨房内设置隔油处理与提升一体化设施,将餐饮油污水收集、处理达标后提升排放,如 4-27⑤所示。

(4)生活污水排水体系。本层作为主要的交通换乘区,人流量大,人员构成交杂,致使公共卫生间排水量大,杂物含量及类别无法控制,设计中采用"集水坑＋潜污泵"模式,如 4-27⑥ 所示。

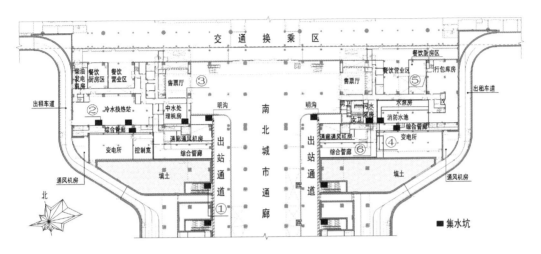

图 4-27 兰州西客站地下层排水体系示意图

 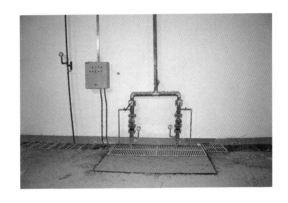

图 4-28 兰州西客站地下层出站通道明沟及集水坑潜污泵实景图

2. 城市轨道交通工程——1 号线、2 号线换乘西客站站

西客站站是地下岛式车站,包括地下一层站厅层,地下二层设备层,地下三层站台层,总建筑面积 4.47 万 m^2,埋深 30.6 m。本站共设 8 个出入口,2 组地面低风井,均位于兰州西客站北广场内,其中两个疏散出入口直通设备区,1 号、2 号出入口通向下沉广场,3 号、4 号出入口通向北广场地面,均为有盖出入口。其排水体系包括:

(1) 出入口、风井、无障碍电梯等局部雨水排水体系。通常就近设置横截沟或集水坑汇流收集雨水,设潜污泵提升排放至站外。如图 4-29①、②、③即为上述部位相应的集水坑。

(2) 站内渗漏水、冲洗水、设备机房排水、消防排水等综合排水体系。通常采用"线、点、面"结合的排水方案。"线"指线状离壁墙排水沟、横截沟、线路明沟等线状汇流体系;"点"指点状布设的排水地漏(图 4-30);"面"指主废水泵房以"集水池＋潜污泵"模式全面收集、排放站

内大部分废水,如图 4-29④所示。

(3)局部排水体系。对于过轨电缆通道、侧式站台板下、外挂式设备机房等处,废水无法汇入综合排水体系,通常就近设置"集水池+潜污泵"(图 4-29⑤、⑥),将废水提升排入综合排水体系或站外。

(4)生活污水排水体系。通常在卫生间侧、侧下方或正下方等部位设置污水泵房,生活污水以重力流管道系统汇流,采用"集水池+潜污泵"或"密闭水箱+提升泵"模式提升排放至站外,如图 4-29⑦所示。

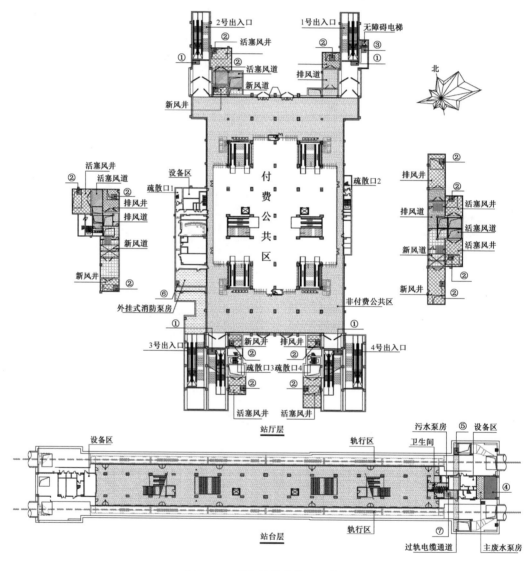

图 4-29 西客站排水体系示意图

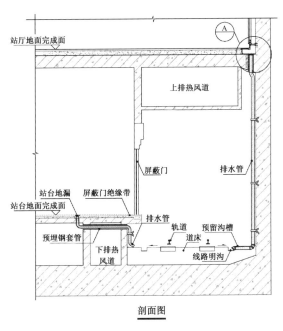

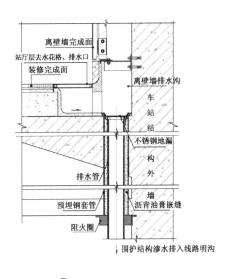

剖面图 Ⓐ

图 4-30 西客站"线、点、面"结合的排水体系示意图

3. 西津西路下立交工程

西津西路是兰州市一条重要的东西向城市主干道,跨城关区、七里河区、西固区。西津西路下立交位于七里河区路段以下,轨道交通 2 号线以上,西侧穿过规划纵 3 路后设置峒口,东侧穿过规划纵 10 路后设置峒口。隧道全长 1 650 m,其中暗埋段长 1 261 m,东侧敞开段长 159 m,西侧敞开段长 230 m。主体隧道宽度 20.1 m。

遵照地下综合体雨水体系设置原则,以下三个部位采取有组织排水,详见图 4-32。

(1)东、西两端敞开段附近设主雨水泵站(图 4-31),以隧道边沟(或暗埋管道)、横截沟拦截绝大部分室外侵入雨水。

(2)暗埋段最低点设废水泵站,收集排放少量车辆携带雨废水及火灾时的消防废水。

(3)外挂消防泵房设集水坑,收集排放消防试验废水。

图 4-31 西津西路下立交雨水泵站实景图

4. 北广场地下空间工程

北广场地下空间总建筑面积约 19 万 m^2,地下共 2 层,包含商业、办公、交通换乘、停车库、出租车蓄车场、设备用房、人防等功能分区,如图 4-33 所示。

其排水体系包括:

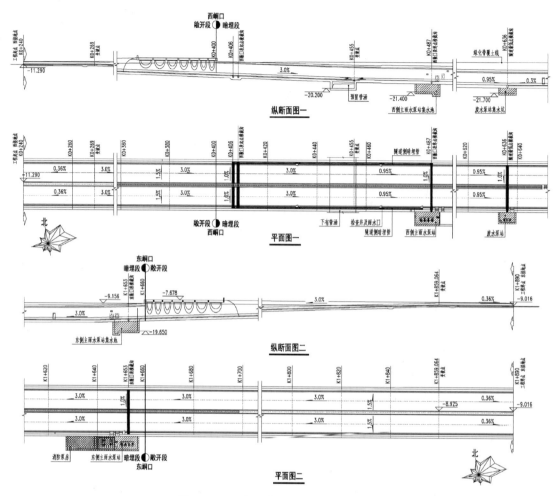

图 4-32　西津西路下立交排水体系示意图

（1）机动车敞开出入口排水体系。

① 以"社会车库出入口"为例（图 4-33①），该出入口共设置三级排水体系（图 4-34）。

第一级，室外路面平坡段重力流排水体系：入口与室外地坪相接的起坡处设驼峰及明沟，阻挡并收集室外路面雨水，重力流排入埋地雨水管道，最大化减少进入地下建筑物的雨量；第二级，机动车坡道敞口段压力流排水体系：在坡道最低点设明沟截留、收集由敞口段及侧墙面直接侵入的雨水，并汇流至就近设置的集水坑内，以潜水排污泵提升排放。第二级雨水量大，水流速度快，是造成地下空间水灾的主要原因，也是地下综合体雨水系统设计的核心；第三级，室内重力流排水体系：在坡道与地下车库交接处设置明沟，收集少量漫流雨水，用地漏重力流就近排水至地下二层集水井内。

② 第二级雨水排水系统设计计算。

A. 汇水面雨水设计流量计算：按照规范要求并选用兰州市暴雨强度公式计算得社会车库雨水量为：$Q=7.51$ L/s。

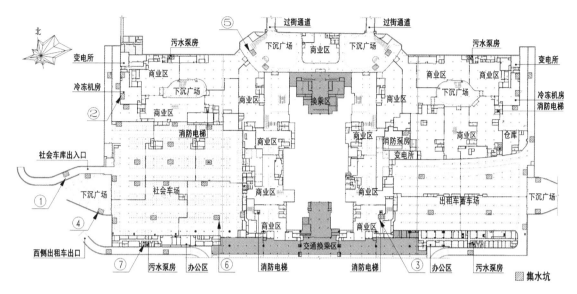

图 4-33　北广场地下空间排水体系示意图

B. 收集提升设施选型：采用"集水池＋潜污泵"模式。集水池尽量靠近截水明沟，除满足雨水有效容积外，还需满足水泵、水位控制器、人孔等的安装要求。雨水提升泵选用自动耦合式潜污泵，按一用一备选用；潜污泵有不间断动力供给，并带自冲洗管道；潜污泵由集水池中的水位自动控制启闭。本工程潜污泵的设计流量不小于 5 min 降雨历时的流量，取 $q_b=30\ \mathrm{m^3/h}$（8.33 L/s）。集水坑有效容积 V 不小于最大一台泵 5 min 的出水量，即 $V>8.33\times5\times60=2.5\ \mathrm{m^3}$，取 3.0 $\mathrm{m^3}$。

（2）水泵房、冷冻机房、报警阀室、隔油处理器间等设备用房局部排水体系。采用"集水池＋潜污泵"模式，分别独立收集、处理、排放，详见图 4-33②。

（3）消防排水体系。在消防水泵房、消防电梯、仓库、地下室最底层采取消防排水措施，均采用"集水池＋潜污泵"模式。其中，消防电梯排水集水坑应设在消防电梯基坑侧下方（图 4-35），并按国家相关防火规范确定集水坑有效容积及潜污泵流量，同时为潜污泵提供不间断动力供给，详见图 4-33③。

（4）下沉广场等室外空间雨水排水体系。下沉广场等室外空间地坪与室内相差不大，雨水若不及时排除，存在侵入室内危险的可能性。设计时应选取较大的重现期。汇水面积除计入下沉庭院和下沉广场周围的侧墙面积外，还应充分考虑暴雨时下沉广场周边可能汇入雨水的面积。通常采用"集水池＋潜污泵"模式（图 4-33④）。潜污泵一般取 5 min 降雨历时的流量，集水池的有效容积不应小于最大一台泵 5 min 的流量。

（5）室外扶梯、无障碍电梯基坑雨水排水体系。室外扶梯、无障碍电梯等通常露天无盖，基坑内常常有雨水侵入积聚，可采用"集水池＋潜污泵"模式提升排放（图 4-33⑤）。

（6）机动车、非机动车停车库地面冲洗水排水体系。停车库地面冲洗水多含泥沙及汽油、

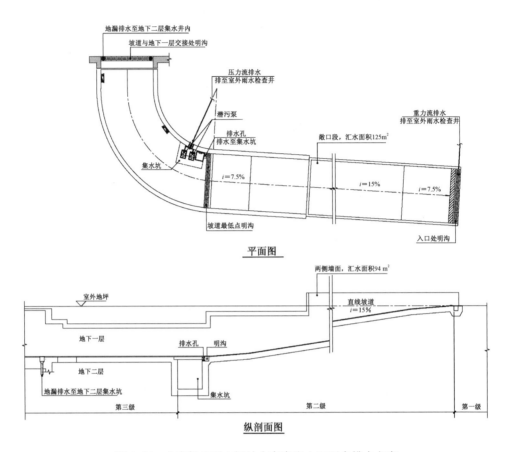

图 4-34 北广场地下空间社会车库出入口雨水排水方案

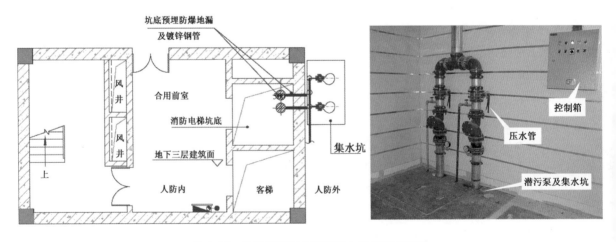

图 4-35 北广场地下空间消防电梯坑排水措施

机油。为防止火灾通过明沟内含油废水贯穿防火分隔墙,宜按防火分区划分排水区域。通常采用"带隔油沉砂功能的集水池(图 4-36)＋潜污泵"模式提升排放(图 4-33⑥)。

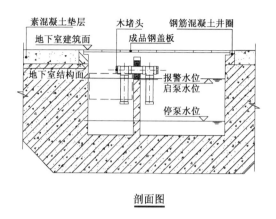
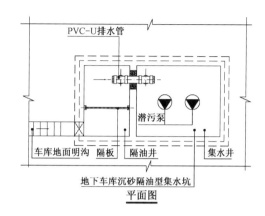

图 4-36　北广场地下空间停车库"带隔油沉砂功能的集水坑"

（7）生活污水排水体系。地下空间所有卫生间污水均无法重力自流排至室外,本工程采用"密闭水箱＋提升泵"模式。污水泵房分散设在卫生间侧(图 4-33⑦)。

（8）人防口部洗消排水体系。按照人防相关规定,设置人防专用集水坑和防爆地漏,预留提升泵排水接口,供战时使用。

4.3　强电系统

地下综合体建筑体量庞大,功能结构复杂,对能源的需求量是巨大的,对能源供应的安全等级要求也是非常高的。综合体供配电系统的设计,既要考虑安全可靠性,又要顾及经济适用性。

4.3.1　供配电和照明系统的特点

地下综合体,尤其是交通枢纽型地下综合体,其供配电和照明系统有别于其他建筑,其特点主要体现在以下几个方面。

（1）综合体建筑一般包括高铁站房、地铁站房、前后广场和其他配套的单体建筑,各类建筑有不同的运营模式。为了便于众多管理部门的管理运营,国铁、地铁、广场和其他不同性质的单体建筑的供电电源独立。

（2）一般情况下,地下层层高有限,而各种机电管线错综复杂,管线综合困难。在有条件的情况下,应尽量分散布置变电所,使变电所的进出线不与其他管线冲突。

（3）地下综合体内不同性质的单体供配电有不同的设计要求。国铁、地铁不仅需满足该行业的内部规范准则,还应该满足地方铁路局、轨道交通公司的相关要求。匝道照明应满足当地路灯所的相关要求。其他单体内部的供配电设计也不相同。

（4）地面综合管线数量大,各种强弱电管线、给排水管线互相交错,敷设难度大。管线敷设路径往往被铁路股道等障碍物所切断,必要时需考虑局部降板做电缆管沟,以便电缆能顺利兜通。

（5）地下综合体内部空间结构复杂,性质有车库、商业、地铁、人防空间等。火灾时人员疏散容易迷失方向,逃生困难,需要借助消防应急照明和疏散指示系统。

4.3.2 供配电要求

分析建筑的功能以及了解各系统的经营管理模式是非常重要的工作,这直接影响着供电区域的划分和供电系统的建立,可以说,设计的最终目的就是要满足地下综合体的合理经营和安全运行。通过分析了解地下综合体的供配电特点,在供配电设计时需要做好以下几点。

(1) 要求为每个单体取得独立可靠的电源。铁路站房的电源引自铁路站场 10 kV 高压配电所;广场、商业、下立交、匝道和汽车客运中心的电源引自市政 10 kV 开关站,地铁电源引自地铁专设的主变电所。

(2) 各自的配电系统灵活方便、可靠,不仅要满足国家、行业规范标准,还要满足地方相关部门的要求。要考虑系统扩展的可能,方便运行管理维护。

(3) 规划好变电所进出线路径,尽量绕开障碍区,保证管线敷设畅通方便。如有实在避不开的区域,可考虑局部降板做管沟,为管线敷设开辟通道。

(4) 地下综合体建筑布局复杂,火灾时逃生路线往往漫长曲折,必须借助安全可靠的消防应急照明和疏散指示系统。消防应急照明和疏散指示系统的应急电源应满足重要用电设备对电源切换时间的要求,其连续供电时间不应少于 60 min,以确保人员顺利疏散。

4.3.3 供配电设计要点

1. 负荷分级

负荷等级的确定和计算是地下综合体建筑供配电设计的基础。地下综合体环境有一定的特殊性,各类用电负荷可以按照工程的性质和规模,并参照相关国家规范来划分级数。

一般情况下,选用一级负荷的主要有:电梯、排污泵、生活用水水泵、重要的计算机系统、疏散和应急照明系统、各类消防设备、报警仪器、安保监控系统等;选用二级负荷的主要有空调设备、自动扶梯、货梯等。其余情况下,可以采用三级负荷。

当建筑物既有地下综合体部分又有地上部分时,用电负荷级别应按其中的高者确定。

表 4-8 为某集合了地铁及国铁的交通枢纽型地下综合体用电负荷等级划分。

表 4-8　　　　　　　　　　　　某交通枢纽型地下综合体用电负荷等级划分

负荷等级 建筑形式	一级负荷 特别重要负荷	一级负荷	二级负荷	三级负荷
城市轨道交通地下车站	防灾报警、通信、信号、应急照明(疏散照明)、变电所自用电系统等重要负荷	消防用电、设备监控、自动售检票、屏蔽门(安全门)、事故风机、排烟机及相关风阀、公共区照明、出入口照明、废水泵(雨水泵)、兼作事故疏散的自动扶梯、防淹门等	一般照明、设备管理用房照明、标志灯箱、污水泵、一般风机、直升电梯、自动扶梯、重要机房的专用空调等较重要负荷	冷水机组及配套设备、广告照明、电热设备、清洁机械等其他不属于一、二级负荷的负荷

续表

负荷等级 建筑形式	一级负荷 特别重要负荷	一级负荷	二级负荷	三级负荷
铁路旅客车站综合交通枢纽地下部分	旅客地道、城市通廊的公共区备用照明等; 其他同城市轨道交通地下车站一级负荷、特别重要负荷	旅客地道、城市通廊的公共区照明、售票屏等; 其他同城市轨道交通地下车站一级负荷	行包通道用电、列车到发系统显示屏、大型及以上站房的空调冷热源设备等; 其他同城市轨道交通地下车站二级负荷	广告照明、电热设备、清洁机械等其他不属于一、二级负荷的负荷

2. 供电电源确定

各级负荷应严格按照规范要求供电,地下综合体基本上都属一级负荷用户。一级负荷应由两个电源供电,当一个电源发生故障时,另一个电源不应同时受到损坏,对于一级负荷中特别重要的负荷,应增设应急电源,并严禁将其他负荷接入应急供电系统。

以宁波站交通枢纽地下综合体为例,可以将其划分为国铁站房、站房北侧、站房南侧和地铁站等用电区域,各用电区域分别取得独立电源。

（1）铁路站房往往不直接与地方发生关系,其电源引自铁路内部的高压配电所。宁波站国铁站房电源引自其铁路站场 10 kV 高压配电所,配电所位于图 4-37 中的Ⓐ位置。

（2）该枢纽内除了铁路以外,其他单体建筑直接由地方供电局供电。以铁路股道为界,分为南北两个供电区域——北侧的北广场、铁路商业、北侧匝道箱变电源引自图 4-37Ⓑ位置市政 10 kV 开关站。南侧的南广场、永达路下立交、汽车客运中心、南侧匝道箱变电源引自图 4-37Ⓒ位置市政 10 kV 开关站。

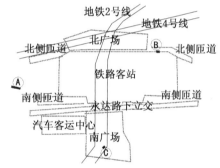

图 4-37　宁波站交通枢纽用电区域划分示意图

各用电区域内所设独立变配电所负责各自的用电负荷,同时设置计量考核,配电综合自动化等装置。

（3）该枢纽内的地铁车站配电独立设置,地铁车站电源来自地铁专设的 110 kV 变电站（图 4-38）。

地下综合体的应急电源可采用柴油发电机组与蓄电池组相结合的应急供电方案。对于容量较大、相对集中的应急负荷,采用柴油发电机组供电,对于局部分散的小容量应急负荷,采用就近设 EPS 柜供电,对于计算机系统要求不间断供电应急电源采用 UPS 供电。

3. 变电所设置和供配电方式

由于地下综合体环境特殊,变电所不宜设在最底层,且应根据环境要求加设机械通风、去湿或空气调节设备。当只有一层或因条件限制变电所只能设置在最底层时,还应采取防水淹措施。

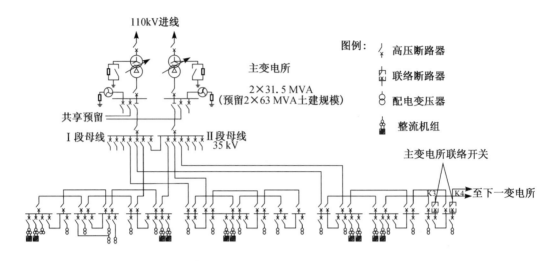

站名	地铁站 1	地铁站 2		地铁站 3	地铁站 4	地铁站 5	地铁站 6	地铁站 7	地铁站 8	地铁站 9
变电所种类	牵引降压	降压	跟随	牵引降压	降压	牵引降压	降压	牵引降压	牵引降压	降压
站间距(m)	1 265	885	1 121	906	1 231	753	1 179	2 905	843	944
牵引变电所间距(m)		2 006		2 137		1 932		2 905	1 787	
配电变压器容量(kVA)	2×1 000	2×1 000	2×800	2×1 250	2×1 250	2×1 000	2×1 000	2×1 000	2×1 000	2×1 000
整流变压器容量(kVA)	2×4 400	—		2×4 400	—	2×4 400		2×4 400	2×4 400	—
供电分区	第四供电分区				第五供电分区			第六供电分区		

图 4-38 地铁车站供配电系统示意图

设置在地下综合体内的变压器,应选择干式、气体绝缘或非可燃性液体绝缘的变压器,单台容量不宜过大。对于出于功能需要的某些特殊设备、季节性负荷容量较大或冲击性负荷严重影响电能质量时可设专用变压器。

地下综合体的变配电所数量往往不止一座,一般除主变电所以外均按无人值守设计,所以变配电系统宜采用多功能网络数字仪表,实现变配电系统自动化功能。

地下综合体内不同性质的单体供配电有不同的设计要求。

(1)铁路、地铁不仅需满足该行业的内部规范准则,还应该满足地方铁路局、轨道交通公司的相关要求。匝道照明应满足当地路灯所的相关要求。

(2)单体内部的供配电设计也不同。如地铁车站内空调风机设备众多,还有地铁专用的隧道风机,排热风机等。通过集中设置环控电控室进行配电及控制。

4. 缆线选择和敷设

地下综合体内的配电线路不应造成下列有害影响:①火焰蔓延对建筑物和消防系统的影

响;②燃烧产生含卤烟雾对人身的伤害;③产生过强的电磁辐射对弱电系统的影响。

地下综合体内的大容量设备可采用密集型母线槽供电,母线槽采用支架吊装。其他配电线路除穿管暗敷或直埋敷设的线缆外,其他均应采用无卤低烟型线缆;当线缆成束敷设时应采用阻燃型线缆,阻燃级别分为 A,B,C,D 级,应根据建筑物适用场所和同一通道内电缆的非金属含量来确定;用于在外部火势作用一定时间内需保持线路完整性、维持通电的场所的线缆应采用耐火型线缆或矿物绝缘电缆,用于特、一级场所的消防线缆宜采用矿物绝缘电缆。

地下综合体地面综合管线数量大、互相交错、敷设难度大。宁波站交通枢纽地块内邻近单体围绕铁路建设,中部为铁路股道,无法穿越。因此整个地块内的管线敷设也往往以铁路股道为分界,南北设置。

北侧区域铁路客站商业变电源引自市政 10 kV 开闭所,电缆需由基本站台综合管沟引入,然后进入火车站地下室区域走桥架敷设至商业变电所内。

南侧区域由于火车站地面抬高关系,地面覆土较浅,无法敷设管线,故在两侧建筑局部降板,上部专门留出了空间以便于管线预埋。

5. 接地和安全防护

地下综合体必须采用总等电位联接,等电位联接端子板的连接点应具有牢固的机械强度和良好的电气连续性。避免装设在潮湿或有腐蚀性气体及易受机械损伤的地方。

与地铁合建的地下综合体的接地设计应兼顾地铁杂散电流防腐蚀的要求,与杂散电流设计矛盾时,应考虑接地的安全设计。

4.3.4　照明配电设计要点

地下综合体照明设计应符合照度及其均匀度、眩光限制、显色性、功率密度等主要技术指标要求,并与地下综合体的总体规划、风格、室内装修、自然采光等相适应。地下综合体的照明一般分为:正常照明、应急照明、商业及广告照明、地面景观照明等。

灯具和光源的选择应能满足照明地下综合体使用场所的环境条件。公共区域内的灯具应有相应的防护措施,除安全特低压照明灯具外,所有灯具均应有 PE 线连接端子。用于应急照明的光源采用能快速点亮的光源,并采取措施使光源不熄灭,各类标志灯的光源宜优先采用 LED。

照度、眩光值、显色性、功率密度等主要技术指标可根据相关规范执行。因地下综合体可利用自然采光的条件较差,所以正确控制光源的色温对地下空间的气氛营造有良好的效果。

(1) 商场以及交通建筑的候车厅、售票厅等有人长时间驻留和活动的区域可控制在 3 300～5 300 K 之间;

(2) 需要高照度的商业局部照明、出入口、安检区、设备用房等可控制在 5 300 K 以上;

(3) 休息等候区、餐饮等需营造温馨气氛的区域可控制在 3 300 K 以下;

(4) 车库等低照度场所,宜采用低色温;

（5）在自然采光与电气照明结合的区域可控制在 4 500～6 000 K 之间。

除了正常照明之外，地下综合体灾害情况下的应急照明也是非常重要的一环，该部分的具体内容可参见本书5.3.6节。

4.4 智能化系统

4.4.1 地下综合体智能化系统建设

智能化系统，即建筑智能化系统，一般由建筑物设备监控系统、安全防范系统（视频安防监控系统，入侵报警系统，电子巡查管理系统，出入口控制系统）、火灾自动报警系统（详见本书5.3.5节）、综合布线系统、车库管理系统等组成。其基本构成如图4-39所示。

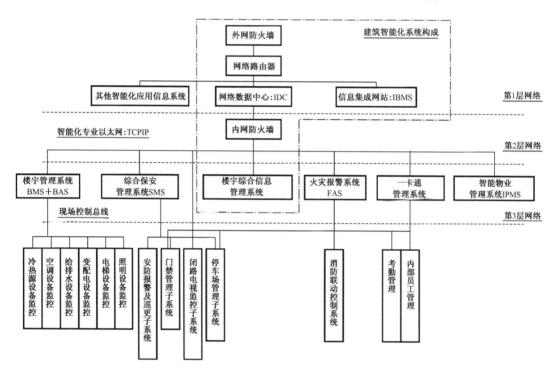

图 4-39　智能化系统基本结构图

地下综合体工程规模庞大，其智能化系统在满足上述基本结构的前提下，还具有以下特点。

（1）前端采集设备量、设备地址数、支线线缆数量都将大量增加；

（2）干线的数据传输速率、传输距离都将受到极大的压力（地下综合体的传输干线一般采用单模多芯光缆）；

（3）智能化系统控制中心的主设备（如弱电机柜、显示设备、存储设备、服务器等）也将大量增加，机房面积与管理人员也相应增加；

（4）地下综合体智能化系统建设的成本也将大大提高。

例如，宁波站交通枢纽地下综合体被宁波高铁站房分为南北两个部分，因此其智能化系统在独立建设后，将南广场控制中心设置为整个地下综合体的主控中心，并通过光纤进行数据互通。同时，宁波站（国铁）智能化系统、地铁站综合监控系统以及永达路下立交智能化系统都将通过光纤为枢纽提供必要的数据（图4-40）。

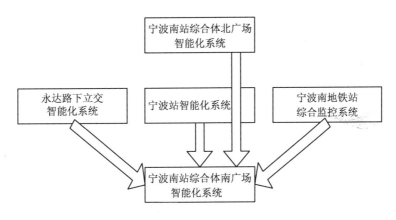

图4-40　宁波南站地下综合体智能化系统结构图

4.4.2　地下综合体与"智慧城市"建设

智慧城市通过以移动技术为代表的物联网、云计算等新一代信息技术应用实现全面感知、泛在互联、普适计算与融合应用，实现以用户创新、开放创新、大众创新、协同创新为特征的知识社会环境下的可持续创新，并强调通过价值创造、以人为本实现经济、社会、环境的全面可持续发展。

地下综合体是一个城市的重要节点，也是智慧城市建设的重要组成部分。智慧城市一般由智慧交通、智慧安防、智慧政务、信息发布等几个部分组成（图4-41），本节将重点介绍智慧交通与智慧安防系统。

1. 智慧交通

智慧交通（图4-42）以交通信息中心为核心，连接城市公共汽车系统、城市出租车系统、城市道路信息管理系统、城市交通信号系统、停车场管理系统等，通过这些系统的综合性协同运作，让人、车、路和交通系统融为一体，为出行者和交通监管部门提供实时交通信息，有效缓解交通拥堵，快速响应突发状况，为城市大动脉的良性运转提供科

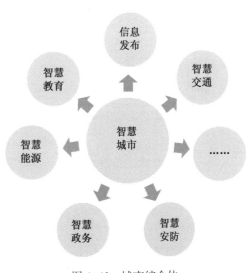

图4-41　城市综合体

学的决策。

智慧交通系统通过各类传感器采集和发布各类交通信息、引导交通。采集到的各类交通信息将统一汇聚到城市交通信息系统中心,进行分析处理。通过对汇聚的数据进行处理和挖掘,可对道路交通拥堵状态进行分析,为交通管理部门进行决策提供帮助。

图 4-42 智慧交通应用图

资料来源:互联网

地下综合体特别是交通枢纽型地下综合体的智能化系统建设,是城市智慧交通建设中不可或缺的一环。以宁波站交通枢纽的智能化系统为例,其作为宁波智慧交通系统的一部分,主要从三个层次来进行设计(图 4-43)。

1)感知层

感知层主要通过各种终端设备实现基础信息的采集,然后通过无线传感网络将这些终端设备连接起来。这些设备就像神经末梢一样分布在交通的各个环节中,不断地收集视频、图片、数据等各类信息。

2)网络层

网络层主要通过移动通信网络将感知层所采集的信息运输到数据中心,并在数据中心加工处理形成有价值的信息,以便作出更好的控制和服务。

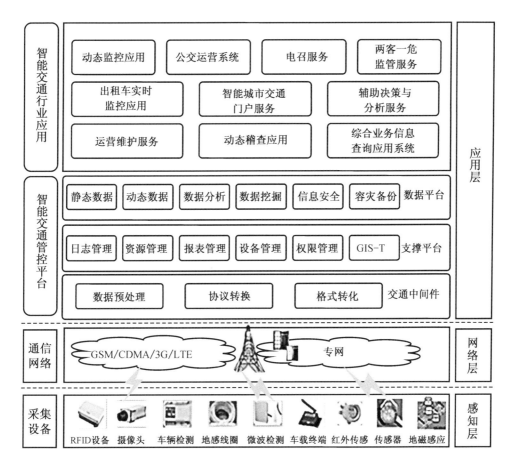

图 4-43　宁波站交通枢纽智慧交通系统构成图

3）应用层

应用层是基于信息展开工作的,通过将信息以多样的方式展现到使用者面前,供决策、供服务、供业务开展。

2. 智慧安防

智慧安防即平安城市建设。平安城市利用现代信息通信技术,达到统一指挥、快速反应、协调作战、提高管理效率等目的,以适应我国在现代经济和社会条件下实现动态管理和及时、有效打击犯罪的需要。

平安城市的核心是视频监控系统的建设。视频监控系统主要由前端图像采集设备、传输设备、网络交换设备、视频存储设备、视频智能分析系统、平台软件及上墙显示等设备组成。其系统结构如图 4-44 所示。

宁波站交通枢纽的视频监控系统建设主要涉及广场面、地下广场换乘区域、周边道路、社会停车场等区域。在这些区域,其前端摄像头(图 4-45)按以下原则设置。

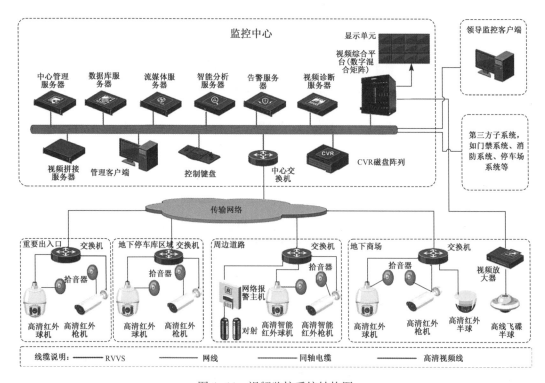

图 4-44　视频监控系统结构图

图 4-45　视频采集设备设置图

（1）在广场面部署 200 万像素高空瞭望球机；在中心广场主入口部署高清球型摄像机；广场周边区域和次要部位部署 130 万像素、200 万像素高清枪机。

（2）宁波站交通枢纽的换乘区域常年人流量聚集，流动性极高，因此该类区域选取具有宽动态的枪型摄像机，对重点过往地区实施重点监控。

（3）在进出南站的 4 条主要道路建设 200 万像素的道路监控专用的强光抑制型枪式摄像机、200 万像素球机等的监控点位，对过往车辆进行抓拍，记录车辆及人员特征等相关信息。

（4）社会停车场区域选用具有低照度功能的红外枪机进行监控部署；对于停车场的排队、等候区域则需要采用强光抑制枪机。

地下综合体视频监控系统后台建设的核心为智能视频分析系统。该系统包含运维管理、视频质量诊断、视频摘要、智能行为分析、人流统计等智能服务器，如图4-46所示。

（1）运维管理服务器对设备的状态监控和运维管理监测。

（2）视频质量诊断服务器对前端摄像机的亮度、清晰度、颜色分析、噪声、条纹、抖动、视频丢失、低对比度、视频移动遮挡、平台软件的视频轮巡、

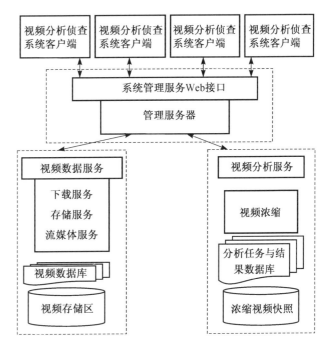

图 4-46　智能视频分析系统

轮巡计划配置、报警联动视频、功能参数配置、轮巡任务配置等进行分析与监测。

（3）视频摘要服务器需要能够对不同场景进行不同的约束条件，以此来筛选出有用的视频录像，方便公安等部门的刑侦。

（4）智能行为分析能够对场景变化、穿越警戒线、进入警戒区、离开警戒区、在警戒区内、穿越围栏、徘徊检测、遗留检测、搬移检测、物品保护、非法停车、快速移动、逆行检测等特定规则的场景进行实时监测与图片抓拍报警。

（5）人流统计服务器能够实现对单向人流量统计、双向人流量统计、区域内人数统计等功能。

5 地下综合体的防灾减灾

　　随着城市地下空间的快速发展、地下综合体类型的不断增多以及运营过程中各类问题的逐步暴露,地下综合体防灾减灾研究越来越受到人们的重视,其重要性和迫切性也逐渐显现。地下综合体的开发体系设计和防灾减灾体系研究应该是相辅相成、相互促进的,只有地下综合体的防灾减灾体系落实到位,地下综合体的开发运营才能有足够的安全保障并稳步发展。

　　本章将首先分析地下综合体灾害的类型和特点,然后重点围绕地下综合体火灾及其防治对策进行阐述,最后再对其他灾害做相应介绍。

5.1　地下综合体灾害的类型及特点

　　地下空间的灾害类型,主要有火灾、水灾、爆炸、地震、空气恶化、结构破坏、交通事故、犯罪等。通过对近 25 年来国内外城市地下空间主要灾害进行调查和统计,结果显示,火灾是发生概率最高的灾害类型,占比达 31%,其次为水灾占 17%,其余依次为爆炸占 12%,交通事故占 11%,空气恶化占 8%,公共设施事故占 7%,犯罪占 6%,结构破坏、施工事故各占 3%,其他占 2%(费翔等,2012)(图 5-1)。

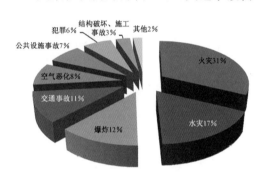

图 5-1　地下空间灾害类型分布

　　由于地下空间的种类不同,其主要灾害类型的表现形式也略有差别,如隧道工程中火灾、施工事故、交通事故等为其主要灾害形式;地下矿井中火灾、水灾、爆炸、空气恶化等为其主要灾害形式;而城市地下综合体中,火灾、水灾、爆炸等为其主要灾害类型。另外,随着地下综合体的复杂性日益提高,往往一个综合体含有多种复合的功能空间,因此,地下综合体的内部交通导向标识也是提高防灾减灾效率、减少人员伤亡的重要措施。

　　地下综合体空间开发面积大、竖向楼层多、内部空间复杂(图 5-2),这就导致了其内的灾害具有致险因子多、疏散救援困难、灾害后果严重等特点。

图 5-2　地下综合体

1. 致险因子多

大型地下空间内的致险因子较一般地下空间更多,主要有以下几个原因。

(1) 大型地下空间面积大,设备多,更易出现因设备故障而引发的灾害事故;

(2) 人流量大,更易发生人为事故;

(3) 多数大型地下空间有两个甚至多个管理主体,容易因管理权限划分不清而存在管理盲点,从而埋下了事故隐患。

2. 疏散救援困难

地下建筑因空间封闭、对外出口少、通风面积小等原因,使得灾害发生后其内的疏散救援非常困难,而大型地下空间在这方面的问题显得尤为突出,主要表现在以下几个方面。

(1) 大型地下空间面积大,竖向楼层多,疏散路线长;

(2) 内部空间复杂,大多数人员对于其内的布局不了解,一旦发生灾情,无法找到最优疏散路线,在灾害情况下更易产生恐惧感;

(3) 人流量大,疏散所需时间长;

(4) 救援人员不易及时达到事故现场。

3. 灾害后果严重

大型地下空间内疏散救援困难,且人流量大,所以一旦发生灾害,更容易酿成严重的后果。此外,大型地下空间内布局复杂、人员众多,在灾害情况下容易因恐惧而发生拥挤踩踏等次生事故,导致灾情的扩大和升级。

5.2 地下综合体火灾成因及危害性分析

地下综合体中,火灾是最主要的灾害类型。地下空间的大面积开发利用,最引起人们关注的当属防火安全问题。由于地下空间的特殊性,尤其是地下公众聚集场所,一旦发生火灾,由于避难和扑救的难度远大于地面建筑,因而造成的损失也更大。在5.1节中已介绍,地下空间内火灾事故几乎占了事故总数的1/3,是地下空间中发生灾害次数最多、损失最为严重的一种灾害。表5-1列出了20世纪以来国内外地下空间火灾事故的典型案例。

表 5-1 国内外地下空间火灾事故典型案例

时　间	地　　点	起 火 原 因	后　　果
1903.08.10	法国巴黎地铁	运行中的列车着火	造成84人死亡
1958.07.28	英国伦敦地铁区间隧道	电气设备故障冒出火花引起火灾	造成1人死亡,51人受伤
1971.12.09	加拿大蒙特利尔地铁	火车与隧道相撞引起电路短路,引起火灾	造成1人死亡,24节车厢被烧毁,损失总额5百万美元
1975.07.02	美国波士顿地铁	隧道照明线路被拉断,电源短路起火	造成34人受伤

续表

时 间	地 点	起 火 原 因	后 果
1979.09.06	美国费城地铁	电气短路引起火灾	烧毁 1 节车厢,148 人受伤
1980.08.16	日本静冈市地下街	石油气管道漏气,店员点火做饭发生起火爆炸	火灾持续 6 小时,造成 213 人受伤,财产损失 30 亿日元
1983.08.16	日本名古屋地下街地铁	变电所整流器短路造成起火	火灾持续 3 个多小时,3 名消防队员死亡,3 名救援队员受伤
1985.08.19	陕西省西安市江安公司地下橡胶库	电焊渣落入洞内,引燃橡胶海绵板造成火灾	大火持续约 123 小时,共计损失 380 万元
1986.06.14	日本千叶县船桥东武百货公司地下室	地下二层变压器绝缘老化造成短路引起火灾	火灾持续 4 个多小时,死亡 3 人,损失上千万日元
1987.11.18	英国伦敦国王十字街地铁车站	火灾起源于自动扶梯下面的机房内发生电气火花	火灾持续 6 小时,导致 32 人死亡,100 多人受伤
1988.09.15	江西省南昌市中心区福山地下贸易中心	一咖啡店附近有火花,蔓延造成大火	大火持续约 16 小时,共计损失达 500 余万元
1991.08.28	美国纽约地铁	地铁列车脱轨随即起火	造成 5 人死亡,155 人受伤
1991.12.28	美国阿梅里科尔德堪萨斯城地下储存库	原因不详	火灾扑救周期长达 3 个半月,经济损失高达 5 亿~10 亿美元
1995.10.28	阿塞拜疆巴库地铁	电动机车电路故障	造成 558 人死亡,269 人受伤
1999.03.24	勃朗峰高速公路隧道	1 辆载有人造黄油的汽车起火	造成 40 多人死亡,烧毁车辆 33 辆,隧道大面积垮塌
2000.11.11	奥地利萨尔茨堡州基茨施坦霍恩山隧道	行驶中的列车发生火灾	造成 155 人死亡,18 人受伤,仅有 9 人安全逃生
2001.10.24	瑞士圣哥达隧道	两辆载重卡车相撞起火	造成 11 人死亡,128 人失踪,事故地段顶部塌陷
2003.02.18	韩国大邱地铁	乘客纵火	造成 192 人死亡,147 人受伤,直接经济损失约 5 亿美元
2006.08.16	美国纽约地铁	原因不详	导致 15 人受伤,3 000 多人紧急疏散

由表 5-1 可以看到,地下空间火灾的后果非常可怕,极有可能造成人民生命财产的巨大损失。这是由地下空间自身的特点所决定的。与地上建筑相比,地下建筑空间相对封闭、对外出口少、自然通风和排烟困难,所以一旦发生灾害特别是火灾,人员疏散以及救援工作如何有效地进行将成为一大难题。

5.2.1 火灾成因

造成地下综合体内火灾事故的主要原因大致有三类:纵火等人为因素、机电设备老化及故障、车辆事故及自身故障。

1. 纵火等人为因素

地下综合体内人流密集,纵火、乱丢烟头等人为因素是诱发火灾的一个重要原因。2003年2月18日上午9时52分,韩国大邱地铁第107次列车驶抵中央路站时,车厢内的一名男子突然从提包里取出两个塑料瓶,用打火机点着后,抛向3号车厢。顿时,整节车厢燃起了大火并冒出浓烟,火势转眼之间就燃烧到了整列6节车厢。不幸的是,对面的列车也在此时驶进车站,火势顿时蔓延到对面的列车,站内的电源也随之切断,导致许多车厢门无法打开,600多名乘客被困在车厢里,最终导致192人死亡,147人受伤,直接经济损失约5亿美元(图5-3)。

图5-3 大邱地铁火灾事故列车

资料来源:互联网

2. 机电设备老化及故障

地下综合体内有大量的电气和线路设备,由于地下环境相对潮湿,使用年限一般都较长,如巡视检查工作进行得不及时,很有可能因电气和线路设备的老化及故障而引发火灾。如英国伦敦国王十字地铁站就因此引发过火灾事故。伦敦地铁是世界上第一条地下铁道,国王十字街站是从1863年就开始投入使用的大型终点站。1987年11月18日下午7点30分左右,国王十字街站一自动扶梯下面机房内的设备故障引发火灾,火势迅速蔓延,顿时浓烟滚滚,充满了纵横交错的地下通道,大火燃烧了4个小时才被扑灭,最终导致32人死亡(其中包括1名消防人员),100多人受伤。

3. 车辆事故及自身故障

地下综合体多与地铁等地下交通系统相结合,车辆的交通事故以及列车自身设备故障、机电零部件老化、电气短路等也是地下综合体火灾的重要诱因之一。1995年10月28日下午6点,阿塞拜疆巴库地铁一辆载有约1 500名乘客的列车抵达阿尔达斯站,此时第4节车厢尾部某处的电气设备发生故障引发火灾,事故发生后因处理不当,最终酿成了558人死亡,269人受伤的一场重大惨剧(图5-4)。从清理死难者的遗体状态看,大部分乘客不是被烧死的,而是窒息死亡。事发后,阿总统宣布29日和30日为全国哀悼日。

图5-4 巴库地铁火灾事故站台及列车

资料来源:互联网

5.2.2 火灾危害性分析

目前,地下空间的开发正朝着大面积、深层

次的方向发展。特别是集交通、休闲、娱乐、购物等于一体的大型地下综合体的开发利用正成为一种趋势和潮流。这些大型地下空间具有面积大、层数多、内部结构复杂、人流大、疏散路线长、致险因子多、管理交叉等特点,其内一旦发生火灾将产生较大的危害。究其原因,主要有以下三个方面。

1. 火灾温升速率快,极易爆发成灾

地下综合体由于空间相对封闭、对外出口较少、自然排烟困难等特点,使得其内一旦发生火灾,温升速率会较地上建筑快出许多,若无法及时控制火势,极易爆发成灾(程群,2006)。研究表明,地下建筑较地上建筑更易出现"轰燃"现象(图5-5),且出现时间较早。"当稳定上升到400℃以上时,极易在瞬时由局部燃烧变为全面燃烧,室内温度从400℃猛升到800~900℃"(程群,2006)。

2. 烟气危害大

建筑火灾中物质燃烧而产生的烟气可以在极短时间内,从起火点迅速扩散到建筑物的所有角落。日本曾经做过建筑物火灾发烟量的试验,在一个约25 m^2 的房间内,以其内部装修材料燃烧来测定发烟量,从发烟开始到10 min,以烟的浓度 $C_s = 0.1\ m^{-1}$ 时计(相当于疏散视距界限为10 m),其发生烟气的体积相当于每层面积3 500 m^2、层高3 m,共23层的高楼大厦的整个空间,可见其发烟量相当惊人。地下综合体与地上建筑比较空间相对封闭,火灾时氧气的供给受到限制,容易发生不完全燃烧,从而产生大量的烟和有害气体(如 CO_2,CO及其他有毒气体),其流动性也难以把握,且往往与构造上的人流疏散避难方向一致。通常烟的扩散速度比人群疏散速度快得多,致使人员无法逃脱烟气流的危害,多层地下空间发生火灾时危害更大。众多的火灾事故事后调查分析显示,有毒烟气是导致人员死亡的最主要因素之一,对人体危害巨大。此外,由于浓烟中含有大量的固体颗粒,从而使人的视距下降,并且能见度大大降低(图5-6),以至辨不清疏散方向而出现判断失误,增加了人员疏散的难度。

3. 灭火救援疏散困难

地下空间内着火后灭火救援疏散困难主要有以下几方面的原因:一是地下工程火灾时人员

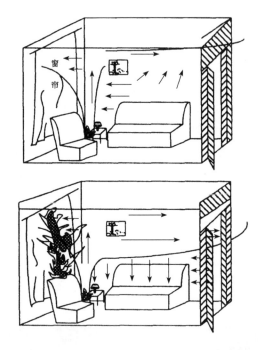
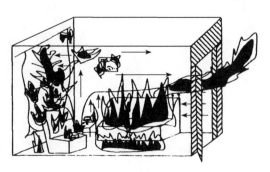

图5-5 轰燃过程示意图

资料来源:宗若雯,2008

从内部向外疏散,而扑救人员则是从口部进入工程,没有其他途径,因而人流交叉,容易延误救援时机;二是烟雾充满了整个地下空间,使扑救人员难以侦察火情并准确判断着火点位置,同时滚滚浓烟也会阻碍救援人员的行进路线(图5-7),对灭火救援工作产生干扰;三是地下火场可调用的各种灭火装备受到很多限制,靠近不了火场,难以充分发挥作用;四是由于烟气和高温的阻挡,扑救人员比地面建筑火灾扑救时伤亡大得多,往往扑救人员反要被人救援。

图 5-6　大邱地铁火灾时车厢内烟雾弥漫　　　　　图 5-7　大邱地铁火灾时出入口情况
资料来源:http://people.com.cn　　　　　　　　　资料来源:http://news.sohu.com

5.3　地下综合体火灾防治对策

火灾作为地下空间内最主要的灾害类型,已引起广泛的关注。为了提高地下综合体运营使用的安全性,主要可从建筑消防、结构防火、防排烟系统、水灭火系统、火灾自动报警系统、应急疏散及标识系统、大空间消防性能化等方面着手增强其防火抗火能力。

5.3.1　建筑消防

地下综合体整体或局部埋置于正常地坪以下,相对于地面建筑出口少、自然排烟困难,在发生灾难时人员逃生以及救援条件更为不利,因此在其设计中,对建筑消防有着更高的要求。

1. 规范层面对地下空间建筑的技术要求

国家针对建筑消防及疏散有专门的规范,即《建设设计防火规范》(GB 50016—2014)。相对于地面建筑,其对地下空间的消防及疏散设计有更加严格的规定。

1) 地下室及半地下室的规范要求

相比于地面建筑,国家规范在防火设计方面对地下及半地下室的规定更为严格,主要体现在以下几点。

(1) 与地面建筑相比,地下及半地下室内单个防火分区所允许的最大面积(不考虑设自动灭火系统时)更小。耐火等级一级的高层建筑允许的最大防火分区面积为 1 500 m²;耐火等级一级的多层建筑允许的最大防火分区面积为 2 500 m²;地下及半地下室单个防火分区允许的最大面积为 500 m²。同时,埋深超过 10 m 的地下及半地下室每个防火分区需设置消防电梯。

(2) 允许只设置一个疏散门的房间面积更小。规范中对可设置一个疏散门的房间提出了如下要求:位于两个安全出口之间或袋形走道两侧的房间,儿童及老年人用房面积不得大于 50 m²;医疗、教学建筑不得大于 75 m²;其他建筑不得大于 120 m²。地下及半地下室的普通房间面积不超过 50 m²,且经常停留人数不超过 15 人时才可只设置一个疏散门。

(3) 国家规范明确规定部分功能不允许设置在地下及半地下室内,包括托儿所、幼儿园的儿童用房,老年人活动场所,儿童游乐厅等儿童活动场所,医院和疗养院的住院部分等。

2) 大型地下商业空间的规范要求

国家规范对地下或半地下室商业的规模有明确的限制要求,地下或半地下室商业"总建筑面积大于 2 万 m² 的地下或半地下商店,应采用无门、窗、洞口的防火墙、耐火极限不低于 2 h 的楼板分隔为多个建筑面积不大于 2 万 m² 的区域。相邻区域确需局部连通时,应采用下沉广场等室外开敞空间、防火隔间、避难走道、防烟楼梯间等方式进行连通"。

2. 工程案例

兰州西站交通枢纽地下综合体含国铁出站厅、南北城市通廊、配套车场、商业区等几类功能,消防及疏散设计分为三个相对独立区域:从北向南依次为北广场、国铁站房、南广场(图 5-8)。

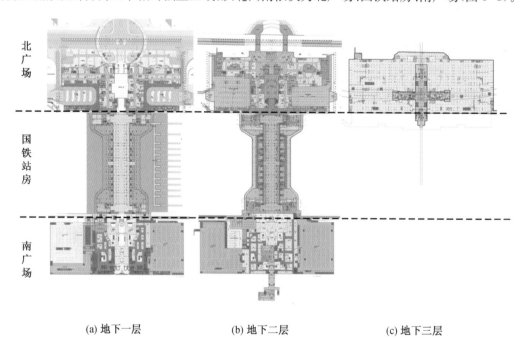

(a) 地下一层　　　　　　　(b) 地下二层　　　　　　　(c) 地下三层

图 5-8　兰州西站综合交通枢纽地下平面图

1）北广场

北广场地下空间总建筑面积约20万 m²，主要功能为车场、商业、设备用房等，其中，商业总建筑面积约5.6万 m²，根据规范应采用相应的方式进行连通。因此，综合考虑北广场地下商业区的特点，消防设计上采用防火隔间进行分隔，对商业区和非商业区的连通也采用防火隔间进行有效的分隔，防止火灾蔓延（图5-9）。

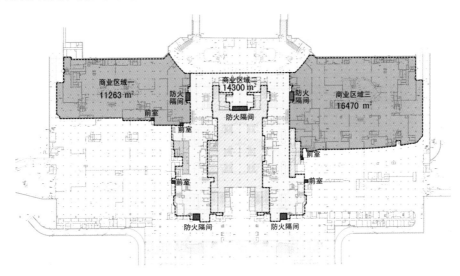

图5-9　北广场地下二层20 000 m²防火区图

对于北广场地下防火分区的划分，地下三层共设84个防火分区（图5-10），防火分区划分规则如下：地下一层为商业区，北侧为沿街面，东西两侧为露天公交车停车场，均可直接作为安全区，因此地下一层按照地面一层划分防火分区，每个商业防火分区面积不超过4 000 m²；地下二层商业区按照不大于2 000 m²划分防火分区；地下二层、地下三层车库按照不大于4 000 m²划分防火分区。

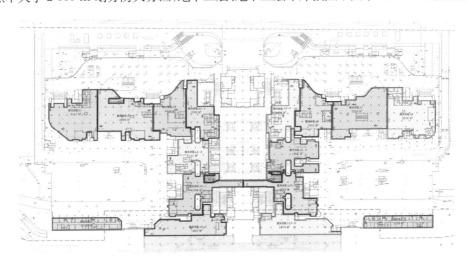

（a）北广场地下一层防火分区图

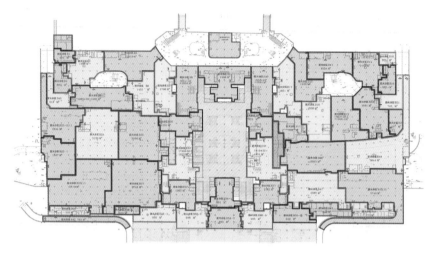

(b) 北广场地下二层防火分区图

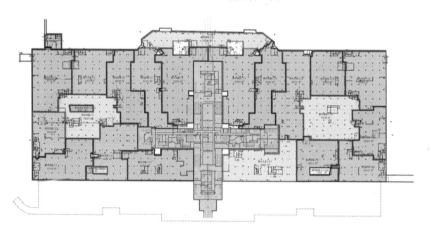

(c) 北广场地下三层防火分区图

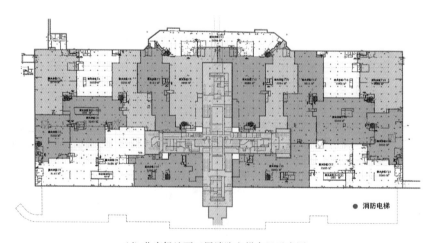

(d) 北广场地下三层消防电梯布置示意图

图 5-10　北广场防火分区及消防电梯示意图

交通换乘区为非商业区,内部装修为不燃材料,由于规范尚未对交通换乘区提出明确的划分防火分区规定,因此,设计中按照普通地下室标准不超过 1 000 m² 划分防火分区。

北广场地下三层室内地面与室外出口地坪高差超过 10 m 的区域,设计时在对应防火分区中设置消防电梯(图 5-10d)。

2)南广场

南广场分为地下两层,共计 71 个防火分区。防火分区划分规则如下:地下一层、二层商业区,按照每个商业防火分区面积不超过 2 000 m² 划分防火分区;地下一层、二层车库区按照不大于 4 000 m² 划分防火分区(图 5-11)。交通换乘区为非商业区,内部装修为不燃材料,规范中尚未对交通换乘区给出明确的划分规定,因此,设计中按照普通地下室标准,即不超过 1 000 m² 划分防火分区。同时,考虑到南广场地下室埋深超过 10 m,每个防火分区都设置了消防电梯。

3)国铁站房

国铁站房规模较大,其地下出站厅与南北城市通廊为旅客的换乘空间,若将其按照《建筑设计防火规范》划分防火分区,整个地下换乘区会被分隔为多个小空间,不利于交通换乘,也会降低空间使用效果。针对该情况,对站房地下大空间区域的消防及疏散进行消防性能化论证,通过计算机模拟以及专家论证的方式,对大空间的安全性进行论证,提高重要部位的防火标准,对必要位置增加消防设备,以此保证大空间内部消防及疏散的安全。

如图 5-12 所示,站房地下出站层的出站厅及南北城市通廊部分总建筑面积约 3 万 m²,为了保证该区域的通透性及高效的换乘要求,在不设防火分隔的前提下,采用划分为多个防烟分区,增加机械排烟系统、消火栓及自动喷淋系统、火灾自动报警系统等措施,来确保该区域的消防安全。

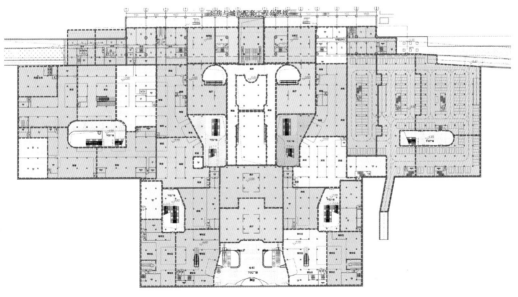

(a)南广场地下一层防火分区图

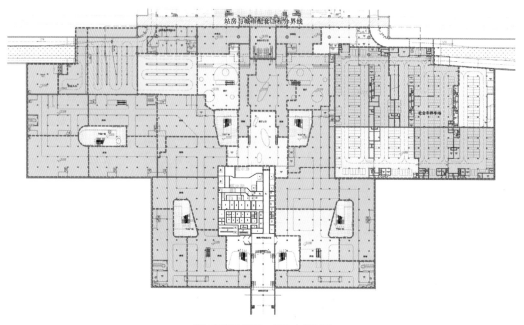

（b）南广场地下二层防火分区图

图 5-11　南广场防火分区图

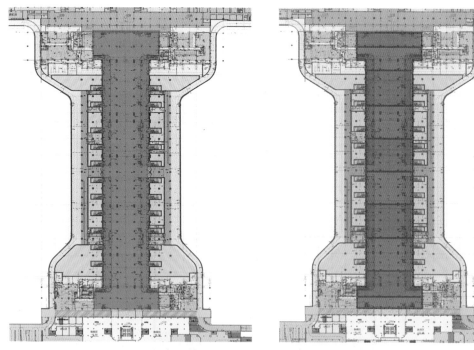

（a）出站通廊及出站厅大空间　　　　　　　　（b）出站通廊及出站厅大空间防烟分区

图 5-12　国铁站房出站层、高架层防火分区超规部分示意图

5.3.2   结构防火

目前,地下结构使用的材料主要为钢筋混凝土。因而,如何提高钢筋混凝土结构的防火性能也是地下综合体防火安全对策中的重要一环。

地下空间由于空间相对封闭、自然通风困难等因素,与地上结构相比,其内的火灾升温速度快、最高温度高,极易爆发成灾。大火除了对地下空间内的人员造成巨大伤害外,还会由于高温导致混凝土爆裂和力学性能的劣化,对地下结构产生不同程度的损坏,大大降低结构的承载力和安全性。

为了提高混凝土结构的抗火耐火安全性,可从表面隔热防护以及提高混凝土结构抗爆裂性能两方面进行着手(朱合华等,2008)。

1. 表面隔热防护

表面隔热防护是利用防火板、防火喷涂料等隔断或者减弱施加到混凝土结构上的热荷载,表面隔热防护的方法根据隔热材料布置的不同,又可分为防火涂料方法和防火板方法。

1) 防火涂料

目前使用的防火涂料(图 5-13)分为膨胀型防火涂料和非膨胀型防火涂料两种。膨胀型防火涂料属发泡型,在火焰或高温作用下,涂层受热迅速膨胀成比原来厚度大几十倍的泡沫碳化层,从而能有效地阻挡外部热源对底材的作用。膨胀型防火涂料根据分散介质的不同可分为水性和溶剂型两类。水性涂料施工安全、环保,但耐水性较溶剂型涂料差;溶剂型涂料施工、运输及储存中存在易燃、对人体产生危害等不安全隐患,同时会对环境产生污染,且价格较高。实际使用时,建议使用水性防火涂料。非膨胀型防火涂料由难燃性树脂、阻燃剂、防火填料等配制而成,在火焰和高温作用下,无机非膨胀防火涂料遇火不燃,并释放出低分子惰性气体,冲淡、覆盖和捕获促进燃烧的游离基。

2) 防火板

防火板主要有蛭石混凝土板、珍珠岩板、石棉水泥板和石膏板等。这类板材主要为轻质材料,强度较低,施工安装较为繁琐(图 5-14)。

2. 提高混凝土结构抗爆裂性能

混凝土爆裂是指在火灾高温条件下,混凝土构件受热表面层发生的块状爆炸性脱落现象,是一种突然、猛烈的脆性破坏(图 5-15)。爆裂会对混凝土构件造成巨大的损害,严重的甚至会导致地下结构塌陷及垮塌,从而引发次生灾害,扩大事故危害并影响之后的修复运营。爆裂现象在隧道内已多次发生,如 1999 年发生的勃朗峰公路隧道火灾以及 2001

图 5-13   防火涂料喷涂

资料来源:http://news.hexun.com

年发生的瑞士圣哥达隧道火灾,均造成了隧道衬砌结构的大面积烧毁甚至垮塌,其中,勃朗峰隧道被迫关闭维修达 2 年之久。由此可见,混凝土爆裂对地下结构的危害是相当可怕的。影响混凝土爆裂的因素可分为内部因素和外部因素,其中内部因素主要包括混凝土水灰比、含水率、外掺料、骨料、渗透性和试件形状等,外部因素主要包括升温速率、应力——温度途径方式和荷载水平等。混凝土爆裂一方面取决于自身的含水量、渗透性和非均匀性,另一方面取决于温升速率和温度梯度。对于钢筋混凝土结构,还要考虑构造配筋和荷载的影响。为了提高混凝土结构的抗爆裂性能,需要从材料和构造两个方面来采取措施。

图 5-14　防火板安装

资料来源:http://www.jxgdw.com

图 5-15　混凝土结构爆裂现象

资料来源:闫治国,2007

1) 掺加聚丙烯纤维

相关研究表明,掺加聚丙烯纤维丝可以有效抵抗混凝土爆裂。其抗爆裂的机理是:当混凝土遭受高温时,一旦温度超过了聚丙烯纤维的熔点 160℃,混凝土内高度分散的聚丙烯纤维就会熔化溢出,在混凝土中留下相当于纤维所占体积的相互连通的孔隙,使得混凝土内部的渗透性显著增大,减缓了内部蒸气压的积聚,从而避免了管片的爆裂。有学者已提出在混凝土衬砌管片中掺加聚丙烯纤维,并设计出一种新型的抗爆

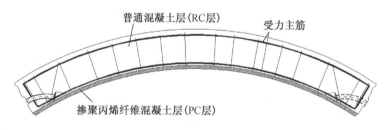

图 5-16　抗爆裂复合耐火管片构成示意图

资料来源:闫治国,2007

裂复合耐火管片(图 5-16),火灾试验结果显示,相比较于普通的混凝土结构,该种管片的抗爆裂性能有较明显的提升(闫治国,2007)。混凝土中掺加聚丙烯虽然能够有效避免混凝土的高温爆裂,但同时也严重降低了混凝土高温后的抗渗耐久性,因此聚丙烯纤维的掺加应适量。

2）改善混凝土材料的组成和配合比

国内外相关研究成果显示,通过优化混凝土骨料的选择、水泥拌合料的选择以及加强混凝土养护等措施,能够有效改善混凝土抗爆裂性能及力学性能。

5.3.3 防排烟系统

排烟系统主要通过防烟系统与排烟系统两部分来实现火灾时有效控烟的目的,以利于人员疏散及灭火救援工作的顺利进行,并尽量减少财产损失。防排烟系统设计时,在明确防排烟对象的基础上,划分防烟分区,按照不同对象进行相应的防排烟设计。当出现与现行规范条文不相符合的情况时,还需增加消防性能化评估环节。

1. 防排烟区域

对于地下建筑,其疏散楼梯间、前室及合用前室应设计防烟系统,而地下车库、办公室、可燃物储藏室等则应设排烟系统。当地下空间内上述位置不满足自然防排烟要求时,需设计机械防排烟系统。

根据地下综合体建筑特征,将其需要设置机械防排烟设施的部位及限定条件列出,如表5-2所示。

表 5-2　　　　　　　　　　　　地下综合体建筑机械防排烟场所

场　　所	限　定　条　件
地铁车站	地下车站的站厅和站台、连续长度超过 300 m 的区间隧道和全封闭车道、防烟楼梯间和前室
地下房间	总面积≥200 m² 或一个房间面积≥50 m²,且经常有人停留或者可燃物较多
地下疏散走道	长度≥20 m(指房间门到前室入口门的距离)
地下汽车库	不满足自然排烟且面积≥1 000 m²
中庭	净空高度≥12 m 或者虽小于 12 m 但不满足自然排烟要求
防烟楼梯间及前室消防电梯前室或合用前室	地下楼层≥3 或者与入口高差超过 10 m 时,应设防烟楼梯间,并采用机械防烟;地下楼层<3 或者与入口高差不大于 10 m 时,应设置封闭楼梯间,当封闭楼梯间首层有直接开向室外的门或有不小于 1.2 m² 的可开启外窗时,其楼梯间可不采用机械防烟

2. 防烟分区划分

在防烟分区划分时注意防烟分区不应跨越防火分区,且净空高度大于 6 m 的房间需补划分防烟分区。根据地下综合体空间的功能特点,所遵循的防排烟设计规范也有所不同,可参考表 5-3。

表 5-3　　　　　　　　　　地下建筑防火分区与防烟分区的划分

最大允许面积(净空高度不超过 6 m)/m²				最大允许面积(净空高度超过 6 m)/m²			
项目　规范	《建规》①	《汽车库规》②	《人防规》③	项目　规范	《高规》④	《汽车库规》	《人防规》
防烟分区	/	≤500④	不宜超过2 000(8.2.2条)	≤500(4.1.6条)	防烟分区	/	可不划分防烟分区	/	可不划分防烟分区,等于防火分区面积 即 1 000(4.1.6条)

注:①《建筑设计防火规范》(GB 50016—2014)。
②《汽车库、修车库、停车场设计防火规范》(GB 50067—2014)。
③《人民防空工程设计防火规范》(GB 50098—2009)。
④本书出版前,因《高层民用建筑设计防火规范》(GB 50045—1995)和《建筑设计防火规范》(GB 50016—2006)已被废止,但相关防烟分区划分的规范尚未出台,根据国家公文声明,此期间暂用《高层民用建筑设计防火规范》(GB 50045—1995)中的相关条文替代。

3. 不同区域的防排烟系统方案

1) 地铁车站

若为地下轨道交通建筑,其防排烟的设置要按《地铁设计规范》(GB 50157—2013)进行。需要设置机械排烟的场所有:地下车站的站厅和站台、连续长度超过 300 m 的区间隧道和全封闭车道、防烟楼梯间和前室。

地下站厅、站台公共区每个防烟分区的建筑面积不应超过 2 000 m²,设备及管理用房每个防烟分区的建筑面积不应超过 750 m²。车站公共区和设备管理用房单位面积排烟量按 60 m³/(h·m²)计算。当车站站台发生火灾时,应保证站厅到站台的楼梯和扶梯口处具有能够有效阻止烟气向站厅蔓延的向下气流,且气流速度不应小于 1.5 m/s。

车站区间隧道通风系统和排热通风系统除平时通风换气功能外,一般均兼有排烟功能,原则上地下车站两端各设置一套轨区排热通风兼排烟系统,各由一台单向运转耐高温 UOF 风机、相关风阀及管路组成,另外车站的事故排风系统(TVF 系统)也兼有排烟功能。

当列车在区间隧道内发生火灾工况时,首先要尽一切可能将列车行驶到达最近车站,使人员从站台疏散,站台的隧道通风系统启动进行排烟,而排热通风系统通过组合阀门切换,关闭下排热风道,运行排热风机,由上排热风道排烟,对站台进行机械排烟。若列车停在区间隧道内,则开启火灾区段两端车站、风井的 TVF 风机、射流风机,保证火灾区段断面风速不小于 2 m/s,并小于 11 m/s。根据控制中心下达的指令,确定通风方向,原则为气流方向与排烟方向相同,与人员疏散方向相逆,使人员始终处于新风区。常见的地铁站区间隧道通风原理图如图 5-17 所示。

2) 地下车库

当地下车库面积大于 2 000 m² 时,应设排烟系统,其防排烟的设置应按《汽车库、修车库、停车场设计防火规范》(GB 50067—2014)进行设计。对于下沉式地下室若有条件开启高侧

204

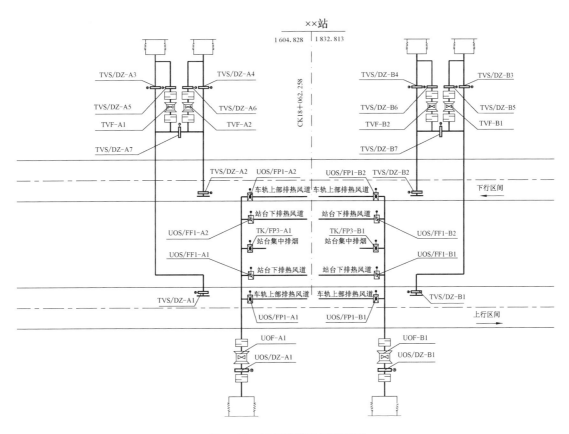

图 5-17　区间隧道通风原理图

窗、天窗,进行自然排烟的汽车库,可采用自然排烟系统,当无自然排烟条件时,应设置机械排烟系统,其系统排烟量按《汽车库、修车库、停车场设计防火规范》中的相关规定执行。若有直接向外的汽车坡道的防火分区,可利用其坡道进行消防补风,无自然补风条件的要设置机械补风系统,补风量应不小于排烟量的50%。

3)地下商业、办公及走道

地下办公、商场等功能场所防排烟设置应按《人民防空工程设计防火规范》(GB 50098—2009)和《建筑设计防火规范》(GB 50016—2014)进行。对于单个房间面积大于 50 m²,或者总面积大于 200 m² 时,应设置机械排烟,其排烟量应按照防烟分区面积计算。无直接自然通风,长度超过 20 m 的内走道,或者虽有直接自然通风,但长度超过 60 m 的内走道以及长度超过 20 m 的疏散走道,应设机械排烟,其排烟量亦应按照防烟分区面积计算。

4)防烟楼梯间、防烟楼梯间前室、消防电梯间前室及合用前室

防烟楼梯间、防烟楼梯间前室、消防电梯间前室及合用前室正压送风系统设置应按《建筑设计防火规范》(GB 50016—2006)进行,当其不满足自然排烟要求时应设置正压送风系统来防烟,正压送风量应按照压差法和风速法计算。

5）地下人防空间

人防工程的防排烟系统设置应按《人民防空工程设计防火规范》(GB 50098—2009)进行，防烟楼梯间及前室或合用前室，避难走道前室应设置机械防烟。

防烟楼梯间送风系统的余压值应为 40～50 Pa，前室或合用前室送风系统的余压值应为 25～30 Pa。防烟楼梯间、防烟前室或合用前室的送风量应符合以下要求：当防烟楼梯间和前室或合用前室分别送风时，防烟楼梯间的送风量不应小于 16 000 m³/h，前室或合用前室的送风量不应小于 13 000 m³/h；当前室或者合用前室不直接送风时，防烟楼梯间的送风量不应小于 25 000 m³/h，并应在防烟楼梯间和前室或合用前室的墙上设置余压阀。

在机械排烟时，当担负一个或两个防烟分区排烟时，应按该部分面积每平方米不小于 60 m³/h 计算，但排烟风机的最小排烟风量不应小于 72 000 m³/h；担负三个或者三个以上防烟分区排烟时，应按其中最大防烟分区面积每平方米不小于 120 m³/h 计算。

5.3.4 水灭火系统

水是最有效、最经济、应用最广泛的灭火剂。在建筑消防中，水灭火系统起到了举足轻重的作用，在适合的场所均应提倡使用。水灭火系统通常由水源、灭火设施、管道、阀门及附件组成，按给水方式可分为低压制、高压制及临时高压制。

低压制指能满足车载或手抬移动消防水泵等取水所需的工作压力和流量的供水系统。

高压制指能始终满足水灭火设施所需的工作压力和流量，火灾时无须消防水泵直接加压的供水系统。

临时高压制指平时不能满足水灭火设施所需的工作压力和流量，火灾时能自动启动消防水泵以满足水灭火设施所需的工作压力和流量的供水系统。

水灭火系统包括室内、外消火栓系统以及自动水灭火系统（根据建筑物空间高度及平面面积的差异，可以选择不同的自动水灭火系统，见表 5-4）。水灭火系统在地下综合体中的适用性如表 5-5 所示。

表 5-4　　　　　　　　　　自动水灭火系统的适用范围

序号	自动水灭火系统	适 用 范 围
1	自动喷水局部应用系统	H(净高)≤8 m，且 S(保护总建筑面积)≤1 000 m² 的湿式系统
2	常规自动喷水灭火系统	H≤8 m
3	非仓库类自动喷水灭火系统	8 m<H≤12 m
4	扩大作用面积的自动喷水灭火系统	12 m<H≤18 m
5	大空间洒水灭火装置（图 5-18、图 5-19）（赵力军，1999）	6 m<H≤25 m
6	大空间射水灭火装置（图 5-20）	H>6 m
7	消防炮灭火系统（图 5-21、图 5-22）	H>8 m，火灾危险性大

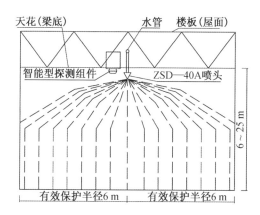

图 5-18 大空间洒水灭火装置安装及
喷水示意图

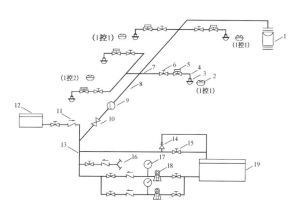

图 5-19 大空间洒水灭火装置基本
组成示意图

1—模拟末端试水装置；2—ZSD 控制器；3—大空间大流量喷头；4—短立管；
5—电磁阀；6—手动闸阀；7—配水支管；8—配水管；9—水流指示器；
10—信号阀；11—逆止阀；12—高位水箱；13—配水干管；14—安全泄压阀；
15—试水放水阀；16—水泵接合器；17—压力表；18—加压泵；19—消防水池

图 5-20 大空间射水灭火装置

图 5-21 消防炮

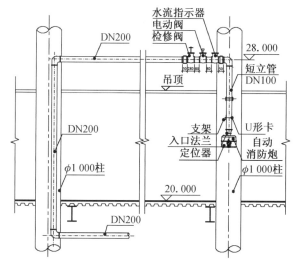 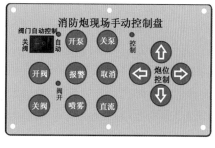

图 5-22 消防炮安装示意图及现场手动控制盘

表 5-5 水灭火系统在地下综合体中的适用性

序号	项目类型	适用的水灭火系统					
		消火栓系统		自动水灭火系统			
		室外	室内	自动喷水	水喷雾	大空间智能型	消防炮
1	城市轨道交通地下站	✓	✓	O			
2	铁路站房地下出站通道及设备区	✓	✓	✓		O	O
3	城市隧道工程	✓	✓		O		
4	人防工程	✓	✓	O	O		
5	地下商业开发	✓	✓	✓	O	O	O
6	地下汽车库	✓	✓	✓	O		

注:1. ✓—应选,O—有条件选择。
　　2. 自动喷水灭火系统包括湿式系统、干式系统、预作用系统、雨淋系统和开式系统等。

1. 设计难点分析

地下综合体是城市轨道交通、铁路站房、民用建筑、市政设施、人防等多种建筑类别的结合体,涉及铁路、城市轨道交通、人防、市政、城市建设等诸多部门及行业。与单一建筑类别相比,水消防设计既遵循共同的原则,也有其自身的特点。目前,尚无一本详尽、完善、系统性的规范作为地下综合体水消防设计的依据。在设计过程中,首先,要结合项目特点,正确选择设计标准;其次,作为消防水源的城市自来水管道的压力范围、流量以及供水可靠性等,是确定水消防系统给水方案的重要依据,需要在设计初期掌握较为准确的信息;第三,地下综合体通常由多家业主投资建设、运营管理,如何合理划分供水区域,是设计需要特别关注的问题;第四,在重力供水和双水源(第一水源:消防水池、消防水泵;第二水源:高位消防水箱、消防水泵接合器)思想指导下,高位消防水箱作为重力供水的第二水源,无论是储水量还是设置高度,都呈现出日益加强的趋势。对于地下综合体而言,高位消防水箱以及稳压设施的设置位置,不仅关系到水消防系统的供水可靠性、设施的安全性,而且对城市景观有较大影响,设计时要慎重分析选择。

1) 选择设计标准

地下综合体水消防设计的依据包括国家标准、行业标准、地方标准以及消防主管部门的相关文件等,首先要结合项目类型,充分分析项目特点,正确选择依据的规范及标准,举例如表5-6所示。再根据项目的功能、规模、耐火等级、火灾危险性等因素,结合相关规范的具体条款,确定合理的基本设计参数。

2) 确定给水方案

地下综合体选址处通常具备比较完善的市政配套设施,有条件以城市自来水作为消防水源。设计前期要协助业主充分调研城市自来水能够为项目提供一路还是两路供水。消防意义上的两路供水需要符合以下三点要求:①市政给水厂应至少有两条输水干管向市政给水管网输水;②市政给水管网应为环状管网;③应至少有两条不同的市政给水干管上不少于两条引入管向消防给水系统供水。同时了解市政自来水压力范围、流量、供水可靠性等,据此确定合理的室内、外水消防系统的给水方式,如图5-23所示。

表 5-6 地下综合体设计依据的规范及标准

序号	项目类型	《建筑防火》①	《汽车库防火》②	《地铁》③	《人防防火》④	《铁路防火》⑤	《消防给水》⑥	《自喷》⑦	《消防炮》⑧	《水喷雾》⑨	《大空间喷水》⑩
		可作为设计依据的规范及标准									
1	城市轨道交通地下站	√		√	√		√	√			
2	铁路站房地下出站通道及设备区	√				√	√			√	
3	城市隧道工程	√					√				
4	人防工程	√			√		√				
5	地下商业开发	√					√	√	√	√	√
6	地下汽车库	√	√				√	√		√	

注：①《建筑防火》—《建筑设计防火规范》(GB 50016—2014)。
②《汽车库防火》—《汽车库、修车库、停车场设计防火规范》(GB 50067—97)。
③《地铁》—《地铁设计规范》(GB 50157—2013)。
④《人防防火》—《人民防空工程设计防火规范》(GB 50098—2009)。
⑤《铁路防火》—《铁路工程设计防火规范》(TB 10063—2007)。
⑥《消防给水》—《消防给水及消火栓系统技术规程》(GB 50974—2014)。
⑦《自喷》—《自动喷水灭火系统设计规范》(GB 50084—2001)。
⑧《消防炮》—《固定消防炮灭火系统设计规范》(GB 50338—2003)、《自动消防炮灭火系统技术规程》(CECS245:2008)。
⑨《水喷雾》—《水喷雾灭火系统设计规范》(GB 50219—95)。
⑩《大空间喷水》—《大空间智能型主动喷水灭火系统技术规程》(CECS263:2009)。

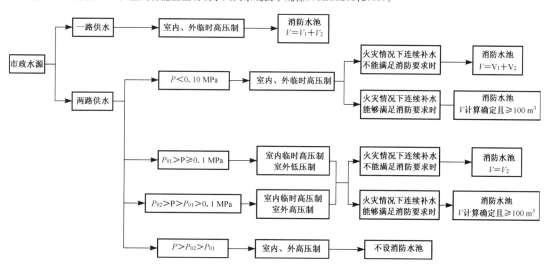

图 5-23 给水方式选择流程图

V—地下综合体消防给水一起火灾灭火用水总量(m^3)；P—从地面算起的市政最低供水压力(MPa)；
V_1—地下综合体室外消防给水一起火灾灭火用水量(m^3)；P_{01}—室外最不利点处水灭火设施所需设计压力(MPa)；
V_2—地下综合体室内消防给水一起火灾灭火用水量(m^3)；P_{02}—室内最不利点处水灭火设施所需设计压力(MPa)

3）划分供水区域

当地下综合体存在两个及以上产权归属或物业管理部门时，应当设置各自独立的水消防系统，以利于投资分摊、运营维护及水量计取。更重要的是可以有效防止消防管理出现安全漏洞。

4）高位消防水箱以及稳压设施的设置

高位消防水箱是临时高压给水系统扑救初期火灾的重要灭火水源，合理的设计不仅可提高消防供水可靠性，而且可以最小成本获得最大的消防安全效益。如 2007 年济南雨季，某建筑物地下室被淹，消防水泵不能启动，其间恰逢火灾，高位消防水箱供水扑灭火灾。高位消防水箱的重要设计参数包括设置高度和有效容积两个方面。当地下综合体与多层、高层等建筑物合建时，高位消防水箱可设在建筑屋面。单建式地下综合体大部分结构处于室外地坪以下，仅有楼、扶梯出入口、风亭、无障碍电梯井等构筑物露出地面。可供选择的消防水箱设置位置包括高风亭、楼梯间顶部及室外地坪上（图 5-25），这种设置方式的高度往往不能满足最不利灭火设施的压力要求，需要增加稳压设施。因此，此类项目的高位消防水箱尤其是稳压设施的放置位置是设计时需要重点考虑的问题，通常有以下选择：

（1）消防水箱放在室外高位，稳压设施与消防主泵一并设在地下消防泵房内，从消防水池吸水，如图 5-24（a）所示。

（2）消防水箱放在室外高位，稳压设施与消防主泵一并设在地下消防泵房内，从高位消防水箱吸水，如图 5-24（b）所示。

（3）稳压设施与消防水箱一并设在屋顶消防水箱间内，从高位消防水箱吸水，如图 5-24（c）所示。

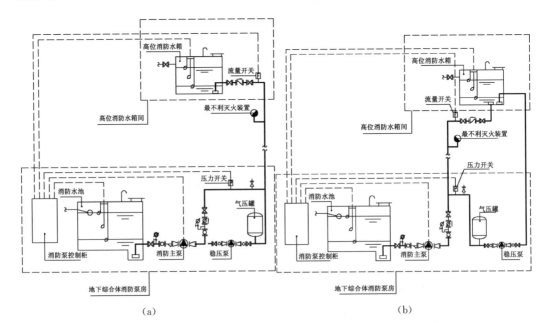

(a)　　　　　　　　　　　　　　　　(b)

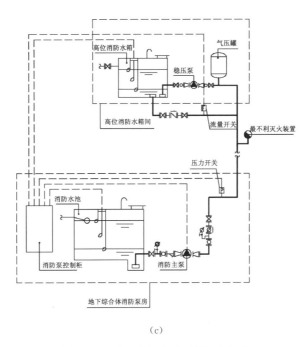

（c）

图 5-24　消防水箱与稳压设施设置图

3. 工程案例

兰州西站综合交通枢纽工程北侧地块主要由兰州西客站、兰州市城市轨道交通 1 号线、2 号线、兰州西站城市配套西津西路下立交、兰州西站城市配套北广场及地下空间等几大分部组成。其地下综合体包含城市轨道交通地下站、铁路站房地下出站通道及设备区、城市隧道工程、人防工程、地下商业开发、地下汽车库等各种类型,设计时必须遵守表 5-6 中的所有规范。

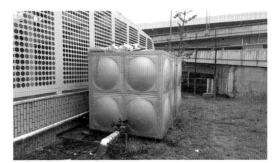

图 5-25　室外消防水箱实景图

1) 给水方式

市政自来水仅能提供一路水源 2 个接口点,除西津西路下立交室外消防采用低压制外,其余室内、外消防均采用临时高压制,设置消防水池及消防水泵。兰州西客站消防水池由站场给水站补水,其余工程由 2 处市政接管点分别接出消防引入管为消防水池补水。

2) 供水区域划分

兰州西站综合交通枢纽工程北侧地块各部分产权归属各不相同,设计中设置各自独立的 4 个临时高压水消防系统:轨道交通 1 号线、2 号线西客站共用系统、兰州西客站系统、西津西路下立交系统以及北广场地下商业开发、人防及车库共用系统。

兰州西站交通枢纽地下综合体水消防系统概况如表5-7所示。

表5-7   兰州西站交通枢纽水消防系统概况

项目名称	功能分区		水源	给水方式		消防水池有效容积/m³	高位消防水箱及稳压设施		
				室外消防	室内消防		水箱有效容积/m³	稳压设施	设置位置
轨道交通1号线、2号线西客站	地下一层	换乘站厅层及设备用房	西津西路一路市政供水,市政最低供水压力0.25 MPa	室内、外,1号线、2号线合用的临时高压制		360	无	有	稳压设施设在消防泵房内,从消防水池吸水
	地下二层	设备层							
	地下三层	设备层、2号线站台层							
	地下四层	1号线站台层							
兰州西客站站房工程	地下一层	出站通道及设备区		与列车上水合用的临时高压制	临时高压制	605	18	有	设在大屋面下夹层内,稳压设施从消防水箱吸水
西津西路下立交	地下一层	机动车下穿隧道		低压制	临时高压制	144	无	有	稳压设施设在消防泵房内,从消防水池吸水
北广场地下空间	地下一层	商业		室内、外合用临时高压制		911	50	有	设在楼梯间顶部,稳压设施从消防水箱吸水
	地下二层	车库(兼人防)							
	地下二层	车库(兼人防)							

3) 消防泵房、消防水箱间、室外消火栓布置

结合该地下综合体各分部建筑平面面积大、消防系统主干管长的特点,在满足疏散要求的前提下,消防泵房尽量布置在服务区中部(图5-26),以平衡系统压力,减小消防泵扬程。其中西客站消防泵房(图5-28)位于东北侧设备区;轨道交通1号线、2号线西客站消防泵房位于站厅层东侧;西津西路下立交消防泵房设在东侧敞开段附近;北广场地下空间消防泵房位于中部商业区。轨道交通1号线、2号线及西津西路下立交不设消防水箱;兰州西客站消防水箱设在站房大屋面下夹层内(图5-29);北广场地下空间消防水箱设于地面楼梯间顶部。兰州西客站的室外消火栓设在站房周围和北广场南侧;北广场地下空间室外消火栓均布于北广场地下空间周边;轨道交通室外消火栓设于各出入口15~40 m范围内;下立交室外消火栓设于敞开口车行道侧,各工程室外消火栓可相互借用(图5-27)。

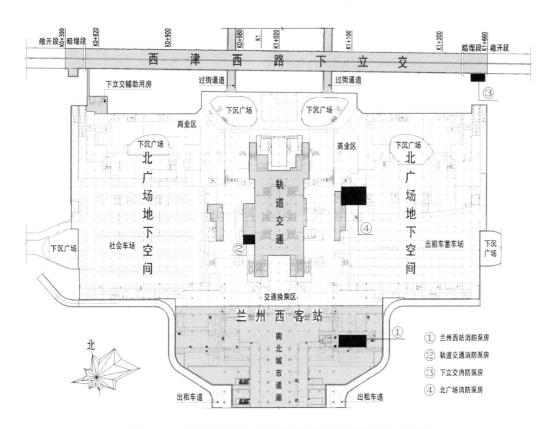

图 5-26 兰州西站综合交通枢纽北侧地块消防泵房布置图

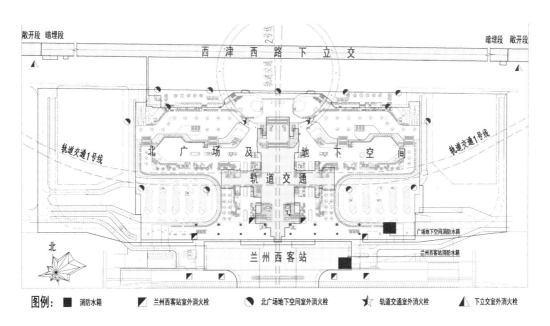

图 5-27 兰州西站综合交通枢纽北侧地块室外消火栓及消防水箱布置图

图 5-28　兰州西客站消防泵房实景图

图 5-29　兰州西客站消防水箱间实景图

5.3.5　火灾自动报警系统

对于火灾,发现得越早,那么将其控制进而扑灭的把握就越大,从而能防止其爆发成灾,避免造成严重的后果。火灾自动报警系统(FAS)便起着尽早发现火情、发出报警并联动其他应急系统协同工作的重要作用。本节将结合宁波站综合交通枢纽对火灾自动报警系统进行介绍。

1. 系统构成

宁波站综合交通枢纽采用集中式火灾自动报警系统,由集中火灾报警控制器(联动型)、消防联动控制设备、各种火灾探测设备、手动火灾报警按钮、各类模块、火灾应急广播(与客服广播合用)、消防专用电话、电源系统、接地系统及连接电缆组成。根据宁波站房的建筑布局、防火分区的划分,以及探测器、控制器等现场设备的数量,将站房划分为若干报警区域,在地面一层消防控制室设置联动型集中报警控制器。

其中,火灾探测器是火灾预警系统中较为关键的部件,它是火灾自动报警系统的“眼睛”,火灾信号全靠它去观察和发现。随着传感器技术及电子技术的发展,依据不同原理开发的火灾探测器层出不穷,常见的有感温、感烟(图 5-30)、图像、气体及感光(火焰式)探测器(图 5-31)。

图 5-30　感烟火灾探测器

资料来源:互联网

图 5-31　双波长火焰探测器

资料来源:互联网

2. 设备设置原则

在办公房屋、公共区域设置感烟探测器或感温探测器。在通信信号机房、变电所、电力配电室等重要设备房间设置气体灭火系统时,气体灭火房间内设置感烟探测器与感温探测器、控制盘等设备,气体灭火控制盘通过标准接口与区域报警控制器互联。在设有气体灭火系统的设备室外门边设置放气指示灯、紧急启停按钮及声光报警器等。在常开防火门、防火卷帘的两侧设置感烟、感温探测器、声光报警器。

在各防火分区至少设置 1 个手动火灾报警按钮。从一个防火分区内的任何位置到最邻近的一个手动火灾报警按钮的距离不大于 30 m。

此外,在楼道等公共场所设置防灾广播扬声器(客服系统设置),当发生火灾时进行报警、通报火情及组织人员疏散。

3. 火灾自动报警及消防联动控制要求

火灾自动报警系统除了能显示火灾报警、故障报警部位、保护对象的重点部位、疏散通道及消防设备所在位置的平面图、系统供电电源的工作状态等信息外,还能与其他的消防系统及设备进行联动控制,包括防排烟风机、消防水泵、自动喷水和水喷雾灭火系统、应急疏散照明指示灯、防火卷帘、防烟卷帘、防火门、电梯等。

5.3.6 应急照明及疏散指示系统

1. 消防应急疏散照明指示灯系统

地下综合体内可采用集中控制型消防应急疏散照明指示灯系统(图 5-32)来保障火灾情况下的应急照明和疏散指示,它可根据实际情况结合事故疏散预案来进行工作。

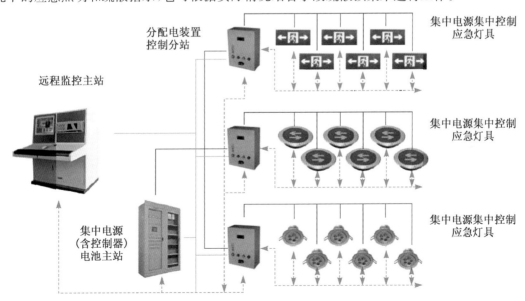

图 5-32　集中控制型消防应急疏散照明指示灯系统

疏散照明指示灯(图5-33)无独立的电池,其光源及相关电路装在灯具内部,工作状态由应急照明控制器控制,具有指示安全出口、楼层、避难所、疏散方向、灭火器材、消火栓箱、消防电梯、紧急或禁止通道、楼梯等场所的功能。其具体设置要求如图5-33所示。

图5-33 指向标志灯(包括导流标志灯)和出口标志灯

(1)疏散应急通道侧设置消防疏散(双向)标志灯,安全电压DC 24V供电,灯具设置间距12 m,安装高度为疏散平台以上0.3~0.5 m之间。

(2)安全出口通道入口门上方设置消防疏散(安全出口)标志灯,标志灯均采用功率为2 W的LED灯,安全电压DC 24V供电。

(3)在应急通道设置疏散应急照明灯,安装高度为房顶高度,灯具设置间距为6 m,照明灯采用功率为9 W的LED灯,AC 220供电。

消防应急疏散照明指示灯系统疏散方案实施原则如下:

(1)正常情况下,疏散标志灯会按照就近原则单向亮。

(2)火警情况下,会根据火警位置,疏散指示灯双向或单向亮起。

火灾报警信息由FAS系统根据火灾报警按钮提供对应的位置信号给智能疏散系统,由智能疏散系统根据FAS提供的信息并根据火警区对应的疏散指示灯,由此完成疏散方案。

2. 疏散指示标识的易辨识性

疏散指示标识易辨识性的优劣取决于众多方面,包括颜色、亮度、位置高度、材料等。

在标识设计中,色彩的影响作用很大。作为非语言形式的标识,色彩以明快、醒目为佳,从而能更好地吸引人的目光并传达相关信息。色彩具有一定的含义和感情上的象征特征。比如蓝色是传递宁静、协调与信任;橙色是暖色调;褐色是一种保守的颜色,表现稳定、朴素和舒适;绿色在某些情况下是一种友好的色彩;红色是最热烈的颜色,表达热情、警惕的意思;白色有清洁、直率的意味。国内外众多学者对于不同颜色标识的可见性大小进行了各种研究,结果发现绿色标识有着非常高的可见度,并且这种情况在光照条件差的情况下表现得愈加明显(图5-34)。此外,标识图形的色彩配置应着重考虑各种色彩、色相、明度、纯度之间的关系,一般用一种色彩来统一图形,否则会给人一种零乱、难识的感觉。

图 5-34 疏散指示标识

疏散指示标识的高度不宜过高也不宜过低（图 5-35）。在考虑标识的高度时，应充分考虑到与人体的高度及人眼视力所及的高度范围相匹配，过高或过低的高度设置均不是最佳选择。同时，考虑到火灾情况下，热烟气往往浮在整个空间的上方，因此设置过高的疏散指示标识容易被热烟气阻挡而变得模糊不可见，从而失去其作用。

图 5-35 疏散指示标识高度

5.3.7 大空间消防性能化

随着我国经济的飞速发展，建筑物的功能越来越多样化，大量新理论、新技术、新材料、新工艺及新设计理念在建筑消防设计中被广泛应用。因此，完全套用指令性规范已不能较好地满足目前的建筑设计要求。由于大空间的地下综合体受其建筑结构、使用功能、空间设计等特殊性的影响，在防火防烟分区划分、安全疏散距离等方面经常出现与现行规范条文不相符合的情况。为了解决这些问题，便需要采取以"性能"为基础的建筑消防安全设计，即"性能化防火设计"。

性能化防火设计要求依据具体建筑物的火灾发展特性来决定其防火的需要，而以定量计算为基础的火灾危险性分析是了解火灾过程基本特性的主要手段。性能化设计即采用确定性或概率方法，基于消防安全工程学的逻辑关系，对已设计或现有的建筑对象，结合其消防工程体系的合理性、实用性，数值化地分析论证其火灾危害与风险。

首先分析待评估建筑的火灾危险性，并根据火灾危险性设定典型火灾场景，通过计算机模拟（图 5-36）对设定火灾场景下的火灾烟气温度、有害气体浓度等参数进行计算，得到人员可用疏散时间 TASET；再根据设定火灾场景设置相应的人员安全疏散场景，并利用人员安全疏散模拟软件得到人员必需疏散时间 TRSET；最后证明 TASET＞1.2TRSET 是否成立，若成立则可以认为，在设计的设定火灾场景条件下，使用人员能在火灾产生的不利因素影响到生命安全以前全部疏散到安全区域。反之，则应判定现有消防设计方案不能满足人员安全疏散的需求,应进行修改。

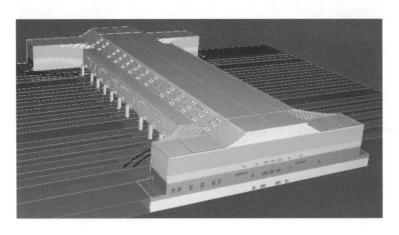

图 5-36 兰州西站国铁站房 FDS 模拟模型

本节将以兰州西站综合交通枢纽为例对地下综合体内大空间的消防性能化进行介绍。兰州西站综合交通枢纽主要含国铁工程、城市配套工程和地铁工程等三个主要工程,其中国铁站房内部空间大且功能性强,由于建筑功能的特殊性和规模限制,出站层防火分区面积达28 724 m²(图 5-37),超过相应规范要求,需要进行性能化防火设计。

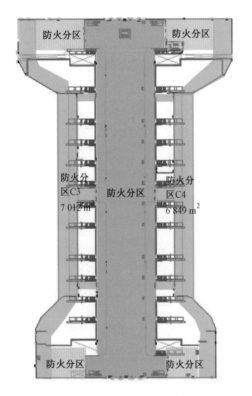

图 5-37 出站层(−10.50 m)防火分区示意图

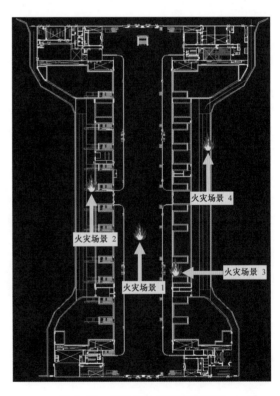

图 5-38 出站层火源位置示意图

针对出站层共设计了 4 个典型的火灾场景(图 5-38),参数详见表 5-8。利用火灾模拟软件(场模拟软件 FDS)对出站层的火灾场景进行仿真模拟,计算得到各火灾场景下的烟气温度、有害气体浓度等参数,并将其与人员生命安全评估准则(表 5-9)进行比对得到人员可用疏散时间 TASET(表 5-8)。

表 5-8 出站层火灾场景及计算结果汇总

编号	场 景 名 称	排烟方式	设计火灾 /MW	危险来临时间 TASET/s
1	−10.50 m 出站层 出站通廊行李火灾	机械排烟	1.5	>1 200
2	−10.50 m 出站层 出租车道汽车火灾	机械排烟	3	>1 200
3	−10.50 m 出站层 出站厅行李火灾	机械排烟	1.5	>1 200
4	−10.50 m 出站层 出租车道行李火灾	机械排烟	1.5	>1 200

表 5-9 人员生命安全评估准则

标 准	特 性 界 定
热辐射(热烟层)	环境 2.0 m 以上, 对普通人员需小于 2.5 kW/m² 或热烟层温度小于 180℃ 对消防员小于 10 kW/m² 或热烟层温度小于 375℃
对流热	环境 2.0 m 以下,对普通人员周围温度不超过 60℃ 环境 2.0 m 以下,对消防队员周围温度不超过 260℃
能见度	环境 2.0 m 以下,能见度不小于 10 m
CO 浓度	环境 2.0 m 以下,对普通人员 CO 浓度不超过 450 ppm
CO_2 浓度	环境 2.0 m 以下,对普通人员周围 CO_2 体积浓度不超过 1%

出站层主要为出站厅、城市通廊、出租车道,该区域主要功能是到站人员出站通廊及城市交通人员通过(图 5-39)。出站通廊内发生火灾后,人员可以通过出站楼梯 CT1-CT22 向中间站台区域进行疏散,或者通过 CT23-CT26 向基本站台区域进行疏散,其余人员可通过疏散楼梯 CT27-CT30 向出站夹层疏散,再向室外疏散(图 5-40)。针对出站层共设计了 4 个疏散模拟场景(图 5-41),参数详见表 5-10。

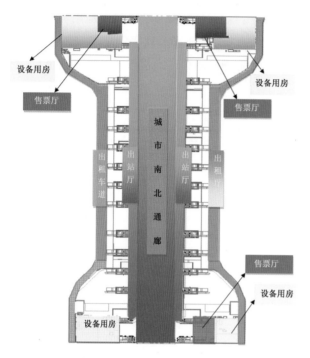

图 5-39 出站层主要功能区

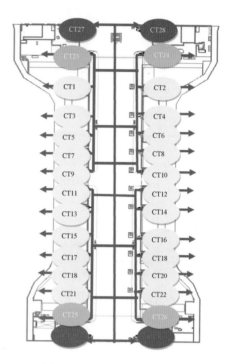

图 5-40 出站层疏散示意图

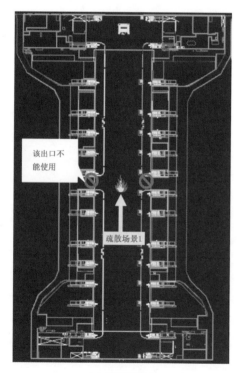

（a）疏散场景 1

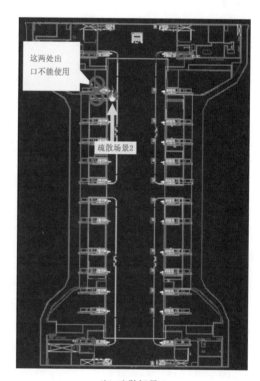

（b）疏散场景 2

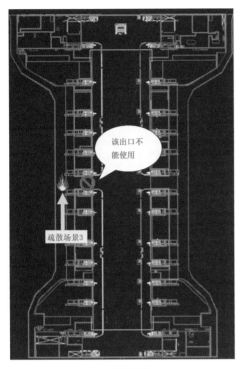 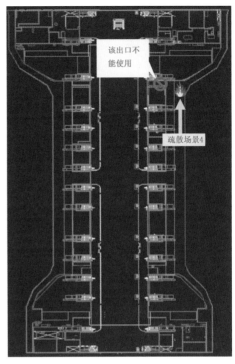

（c）疏散场景 3　　　　　　　　　　（d）疏散场景 4

图 5-41　疏散模拟场景示意图

表 5-10　　　　　　　　　　出站层疏散场景及计算结果汇总

设 计 场 景		疏散人数	需要疏散时间 TRSET/s	危险来临时间 TASET/s	TASET/TRSET比值
疏散场景 1 出站层城市通廊中部行李火灾	出站层	3 226	495	>1 200	>2.42
疏散场景 2 出站层出站厅行李火灾	出站层	3 226	469	>1 200	>2.56
疏散场景 3 出站层出租车道中部车辆火灾	出租车道	806	430	>1 200	>2.79
	出站层	3 226	491	>1 200	>2.44
疏散场景 4 出站层出租车道上客区行李火灾	出租车道	806	418	>1 200	>2.87
	出站层	3 226	466	>1 200	>2.58

采用计算机模拟软件 Building EXODUS 模拟人员疏散过程（图 5-42），计算得到疏散所需要的时间 TRSET（表 5-10），在各个疏散场景下 TASET>1.2TRSET 均可满足。

根据"可信且最不利"的原则设计典型火灾场景，借助计算机仿真模拟手段对兰州西站综合交通枢纽出站层的人员疏散情况进行分析计算，模拟结果表明，在通过性能化设计确定的防火分区、防烟分区及相应的消防策略条件下，可将火灾环境维持在人员相对安全的水平，并有一定的安全余量，表明这些消防措施基本合理。

图 5-42　Building EXODUS 疏散模拟三维显示图

5.3　地下综合体其他灾害及防治对策

除了火灾外,地下综合体的运营安全还会遇到其他灾害的威胁,其中,相对较为常见的还包括水灾水害、核爆以及恐怖袭击等。本节将对以上三种类型灾害的成因特点及防治对策分别进行介绍。

5.3.1　水灾水害

地下综合体的水灾水害主要包括两类问题(王军辉等,2010 年):一类是水灾,即大量水体瞬间向地下空间涌入,造成地下空间运营系统暂时瘫痪,这一问题带有很强的突发性,并可能造成较大的人员危害及财产损失,通常情况下多由地表水体或暴雨引起;另一类是水害,即区域性地下水位逐渐回升的过程中,孔隙水压力和浮力会对设计欠合理的地下结构造成不同程度的破坏。同时,在特定条件下水害问题会转化为水灾问题,例如,在高水头压力作用下,设计不够合理的地下结构有可能会出现局部破坏,从而导致大量的地下水涌入,最终也会造成地下综合体的水灾。此外,由于地下空间的积水和潮湿,使得电气线路的绝缘性能降低,甚至浸泡在水中,将导致二次灾害,引发触电事故。

近年来,地下空间内的水灾水害事故时有发生。其中,水灾事故多源于强台风造成的强降雨,导致城市排洪设施短时间内无法将雨水排出而发生。如 2004 年 7 月 10 日下午,十年以来最大的一次暴雨突袭北京,人防工事和地下室进水 90 处,同时雨水进入北京地铁 1 号线万寿路站,该站 20 分钟无法上下乘客。2008 年 7 月 4 日,因雨势过大,雨水灌进北京地铁 5 号线崇文门站地下售票厅(图 5-43),地铁公司拉闸断电,导致 5 号线南段停运。2010 年 7 月 28 日,深圳天降暴雨,造成深圳地铁 1 号线的深大站折返线积水,导致 1 号线全线列车发生不同程度的延误,最长延误达到 10 min。2011 年 6 月 23 日下午,北京遭受强降雨侵袭,造成地铁 1 号线古城车辆段与运营正线连接线隧道口处进水,苹果园站和古城站停运,4 号线陶然亭站站外积水水面到达腰部,水倒灌入车站内,沿着楼梯形成一层层小"瀑布"(图 5-45)。2013 年 7 月

9日,武汉遭遇50年一遇的特大暴雨,造成10个地下车库里至少500辆汽车被淹受损(图5-44)。2013年9月13日,上海遭遇特大暴雨,因外部雨水倒灌,引发上海地铁2号线信号设备故障,导致部分区段暂停运营,造成大量客流滞留站内。从以上事故可以看到,地下空间内的水灾事故不仅影响其正常运营,还会对人民的生命财产安全造成危害。

图5-43　地铁站内工作人员紧急排

资料来源:http://news.hexun.com

图5-44　地下车库被水淹

资料来源:http://www.chinadaily.com.cn

图5-45　地面积水由出入口回灌至地铁

资料来源:http://news.sznews.com

水位上升引起的水害问题主要包括抗浮危害和渗漏破坏。如北京市在1995—1997年期间官厅水库5次放水,导致区域性潜水及承压水位大幅度上升,北京西客站附近水位升幅接近6 m,造成西客站南广场和西客站北侧附近的京门大厦等建筑物地下室局部破坏,类似问题在地下空间开发较早的发达国家和地区(如英国、日本等)已屡见不鲜。这类问题在地层岩性以砂卵石为主的地区更为突出。据不完全统计,全国90%的地下建筑,都存在不同程度的渗漏。渗漏意味着地下混凝土结构可能存有缺陷,如酥松、孔洞、贯通裂缝等。在地下水的侵蚀下,随着时间的累积,这些缺陷会逐渐扩大,导致钢筋锈蚀、混凝土劣化等一系列问题,损伤建筑结构,引发建筑形态改变,危害建筑安全。与建设过程中出现垮塌等建筑事故相比,地下渗漏水对建筑物的侵蚀是缓慢的,由于具有隐蔽性,因此,对百姓生命及财产安全的潜在威胁更大。

1. 水灾水害成因

地下综合体水灾水害的成因主要有以下几种:

(1)由于雨量大、较集中,城市的排水系统不畅或者雨量超过排水设计能力造成路面积水,进而漫进地下室。

(2) 由于地下空间的排水系统故障导致排水能力大幅下降或失效,造成地下综合体内积水。

(3) 由于未及时落实各类孔口、采光窗、竖井、通风孔等的各项防汛措施(如砌高或安装防水档板、沙袋等),暴雨打进、漫进地下室造成积水。

(4) 市政改造,路面的抬高,造成采光窗的相对高度降低,路面稍有积水就会漫进地下室。

(5) 市政大口径水管爆裂,大量的自来水涌入,从而造成地下综合体的水灾。

(6) 地下综合体内的沉降缝止水带老化破裂,造成地下水的不断涌入。

(7) 地下水位的抬高,加剧简易地下室的渗漏。

2. 水灾防治对策

地下综合体内水灾的防治措施主要分为工程措施和非工程措施两部分。

1) 工程措施

工程上可采取的措施主要包括三个方面:挡水系统、排水系统、储水系统。

(1) 挡水系统。

地下综合体和地面之间的连通口是其进水的最主要途径,因此如何在这些连通口部位设置有效的挡水措施是地下综合体水灾防治的重要内容。这些连通口部位包括各类出入口、下沉广场、无障碍电梯、通风井、采光井等。

在地下综合体出入口设计时应使其高出地面一定距离,如地铁的出入口处应高出地面150~450 mm,采用台阶的方式与路面进行连接(图5-46);车库地面入口前建造上升的缓坡,垂直高度要达到250 mm,可以有效防止地面雨水灌进车库,不能建造缓坡的,可以在车库地面入口处建造排水沟。此外,当市政路面积水上升时,还可在出入口处设置各类挡水闸板和防汛沙袋(图5-48)。例如,地铁出入口处一般均设有防淹闸漕,为挡水钢板插入所用(图5-47)。

图5-46 地铁出入口平台及台阶

图5-47 地铁出入口处防淹闸漕

资料来源:http://www.19lou.com

此外,根据《地铁设计规范》及《轨道交通工程人民防空设计规范》要求,对于穿越河流或湖泊等水域的地铁、越江隧道工程,应在进出水域的隧道两端适当位置设防淹门或采取其他防淹措施(刘曙光等,2014)。防淹门兼顾防淹和人防防护双重功能,目前主要有落闸式和平开式(图5-49)两种。

图 5-48 挡水闸板和防汛沙袋

资料来源：http://gogo.embel.com

（2）排水系统。

地下综合体内的排水系统由截水沟、集水井、排水泵和排水管道组成。其中，集水井的有效水深一般为 1～1.5 m，以保证水泵底有一定的淹没深度。排水泵负责排出集水井内的积水，可以说是地下综合体排水的核心，对排水系统的运行效率产生直接的影响。集水井内水泵的数量一般不少于 2 台，以保证有一台备用泵。

（3）储水系统。

常见的储水系统包括地下调节水库、地下行洪道、地下河、地下暴雨储藏隧道等（刘曙光

图 5-49 平开式防淹门

资料来源：http://www.whrfgc.com

等，2014）。地下储水系统的防洪原理基本与水库的防洪原理类似，都是利用库容拦蓄洪水，达到减免地下综合体及地下空间水灾的目的。例如，日本东京为了防治暴雨洪水对城市的威胁，在首都圈埼玉县建成了一个深 50 m、长 180 m、宽 78 m 的大型地下水库，并用 59 根巨型的水泥柱支撑着整个地下空间（图 5-50）。正是因为有了这个巨大的洪水调节器，使得东京原先一受到暴雨袭击就变得脆弱不堪的城市排水系统变得坚强无比。

图 5-50 日本东京大型地下水库

资料来源：http://wang196010.blog.163.com/blog/static/3484954201152663030559/

2) 非工程措施

(1) 管理维护措施。

在地下综合体的日常运营过程中,应加强对排水设备的维护管理和对管道的排查巡视,一旦发现设备故障及管道漏水应立即对其进行维修和更换,保证地下综合体内排水设施的正常运行,避免因排水设备故障及失效而导致积水。

(2) 预报预警及应急预案。

地下空间及地下综合体的水灾主要受暴雨及地面积水的影响,因此,管理部门应与有关部门建立网络联系,加强对非常灾害天气的预测预报,根据天气预报及时做好地下空间及地下综合体出入口的临时防洪措施,预备好充足的排水设备及人力物资,制定好相应的应急预案,如关闭防淹门,暂时中断地铁运营,疏散地铁乘客及有关人员等,以应付突发事故的发生,使灾害的危害降到最低程度。

(3) 生态环境措施。

随着城市的不断发展,市中心区域钢筋混凝土的高楼大厦密集,建筑物空调、汽车尾气更加重了热量的超常排放,使城市上空形成热气流,热气流越积越厚,最终导致降水形成。这种效应被称为"雨岛效应"(图 5-51)。"雨岛效应"集中出现在汛期和暴雨之时,这样易形成大面积积水,甚至形成城市区域性内涝,进而殃及地下空间和地下综合体。而城市绿地具有缓解"雨岛效应"的能力,是改善城市"雨岛效应"的有效途径之一。因此,要解决这样的问题,减少城市"雨岛效应"的污染,就需要在城市规划中保证绿地在城市中所占有的比例。

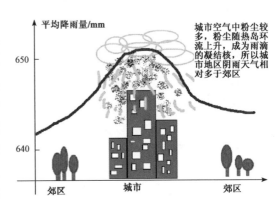

图 5-51　城市"雨岛效应"

资料来源:http://wenwen.sogou.com

3. 水害防治对策

为了应对地下综合体内的水害问题,主要可从以下两个方面着手防治。

(1) 地下结构自防水、构造防水、外包防水设计。

地下综合体防水是一个"刚柔"有机组合的体系,"刚"是指混凝土结构的自防水,"柔"是指构造防水及外包防水。地下综合体的防水是一项系统工程,在实际操作中,必须从勘探、设计、防水混凝土生产与施工、防水材料供应与施工、细部构造、后期维护等全过程加以控制和把关,从而确保地下综合体防水的有效性。

(2) 提高地下结构抗浮能力。

加强不利条件下地下水位的预测研究工作,以及基于此的抗浮设计工作,采取设置抗浮桩、抗浮锚杆和配重等工程措施。同时应加强抗浮机理研究,以在保证地下综合体安全使用的同时,充分发挥地下结构自身的抗浮能力,尽可能地减小造价和工期。

5.3.2 核爆

迄今为止,人类历史上遭受核打击的国家只有日本,在二战接近尾声时,美国在日本的广岛和长崎各投下了一枚原子弹(图5-52),迫使日本无条件投降。随着时代的发展以及技术的进步,人类的核技术也有了长足的发展,但是发生大规模核战争的几率越来越低,这是否意味着核防护工程无足轻重了呢?显然不是,虽然国家间大规模核战的几率微乎其微,但国际政治中的核威慑、核讹诈长期存在。另外,恐怖分子制造混乱的方式也不断升级,轻型核武器也是可选项之一。这就决定了人民防护工程的存在价值,在一定程度上讲,人防工程也属于一个国家核战略的一部分。

核爆炸时产生的冲击波是高速高压气浪,具有强大的挤压力和冲击力,对人员和各种物体造成挤压和抛掷作用。挤压作用造成人员内伤;抛掷作用造成人员外伤。由冲击波造成的建筑物倒塌,还会造成人员的间接伤害。因此,核爆时,向地下逃生是唯一可行的方式。

我国城市地下空间开发利用就始于防备空袭而建造的人民防空工程,由于人防工程的独特性,单一功能的人防工程在非战争期间几乎都是闲置的,因此,在我国,人防工程实行平战结合的方式,平时功能涉及交通、商业、体育、娱乐、停车场等各

图 5-52 原子弹爆炸形成的"蘑菇云"

资料来源:http://baike.haosou.com

个方面,在地下综合体中,有相当一部分区域就是平战结合的双重功能,这既有利于提高地下综合体的功能性,缓解中心城区用地紧张的压力,又有利于提高人民防空应急准备的能力。

虽然未来爆发核大战的可能性已经很小,但是核威胁依然存在。在我国的一些城市和城市中的地区,人防工程建设仍须考虑防御核武器。根据各地区所受威胁环境不同,规范把防空地下室分为甲、乙两类,甲类防空地下室战时需要防核武器、防常规武器,乙类防空地下室不考虑防核武器,只防常规武器和生化武器。为强化人防功能,地下综合体在设计过程中可以着重考虑以下几个方面。

1)人防地下室的设置

针对战争时期的需要,国家规定建筑工程在一定条件下需设置供战时使用的人防地下室。人防工程的设置在国家层面和地方层面都有专门规定:在国家层面有《中华人民共和国人民防空法》(1996.10)和《人民防空战术技术要求》(2009);在地方层面制定专门的人民防空工程建设规划、防空袭方案及实施计划,其中也有针对特定区域的人防规划要求。

总体来讲,人防地下室的设置应按照如下原则:人防地下室的位置、规模、战时及平时的用

途,应根据城市的人防工程规划以及地面建筑规划,地上与地下综合考虑,统筹安排。既要满足平时正常功能的使用,同时也要保证战争时期的要求。

兰州西站交通枢纽地下综合体的人防区域设置充分体现了上述原则。

(1)确定本工程在城市整体人防规划中的定位。

针对兰州西站交通枢纽的规模、功能、所处区域以及兰州市人民防空总体规划的要求,确定了整个兰州西站交通枢纽应设置不少于 2 万 m² 的人民防空地下室的要求。

(2)结合工程实际情况明确可用于设置防空地下室的区域。

兰州西站交通枢纽北侧为城市主干道西津西路,南侧为城市主干道南山路,整体场地呈南高北低态势。以中部国铁站房站台层为 0.00 标高,则北侧西津西路低于站台层标高 8.7 m,南侧南山路与站台层标高基本相平(图 5-53、图 5-54)。

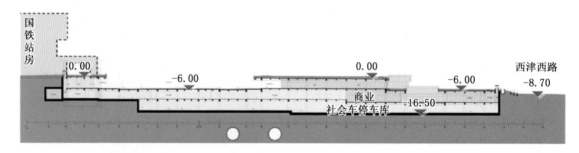

图 5-53　北广场剖面示意图

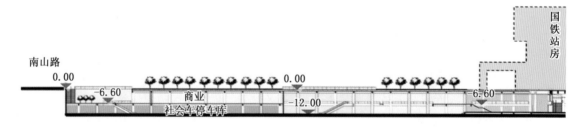

图 5-54　南广场剖面示意图

在兰州西站交通枢纽的设计中,北侧为三层地下室,南侧为两层地下室。由于现状地形高差的存在,北侧地下一层实际为地面层,地下二层为半地下室,均不适合设置人防地下室。从平时使用功能考虑,若在平时商业区设置人防地下室会降低商业功能的使用效率。在满足城市人防规划面积要求的前提下,尽量在平时社会车停车库的位置设置人防地下室。

综合考虑各方面情况,兰州西站交通枢纽地下综合体在北广场地下三层社会车停车场东西两侧设置总计 1.5 万 m² 的人防物资库;在南广场地下二层社会车停车场设置总计 1.5 万 m² 的人防物资库及人员掩蔽所(图 5-55),满足了城市人防规划的要求。

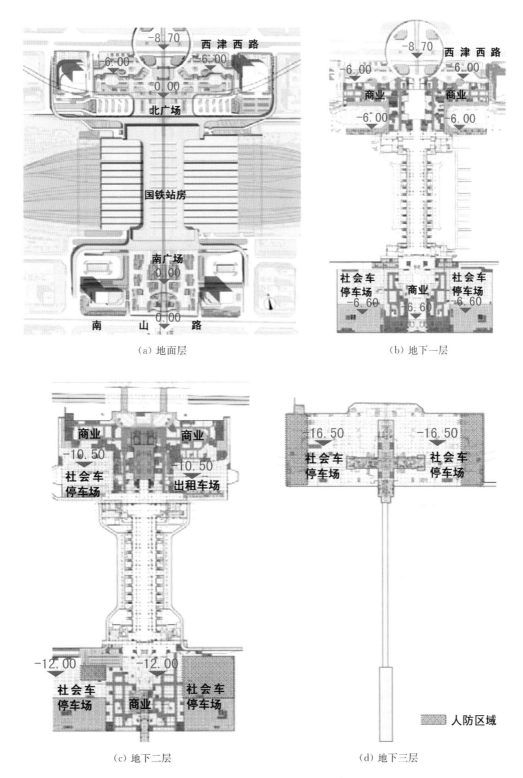

（a）地面层

（b）地下一层

（c）地下二层

（d）地下三层

图 5-55 兰州西站交通枢纽地下综合体平面图

2）出入口的设置

当城市战时遭到空袭后，尤其是遭受核袭击之后，地面建筑物会遭到严重破坏，以至于倒塌，防空地下室的室内出入口极易被堵塞。因此，必须强调防空地下室出入口的设置数量以及设置室外出入口的必要性。主要出入口是战时空袭后也要使用的出入口，为了尽量避免被堵塞，要求主要出入口应设置在室外。对于那些在空袭后需要迅速投入工作的防空地下室，如消防车库、中心医院、急救医院和大型物资库等，更需要保证其战时出入口的可靠性，故要求这些工程要设置两个室外出入口，为了尽量避免一颗炸弹同时破坏两个出入口，还要求出入口应设置在不同方向，并尽量保持最大距离。

3）建筑材料的选择

防空地下室结构材料应根据使用要求、上部建筑结构类型和当地条件，采用坚固耐久、耐腐蚀和符合防火要求的建筑材料。对于防空地下室中钢筋混凝土结构构件来说，处于屈服后开裂状态仍属于正常的工作状态，这点与静力作用下结构构件所处的状态有很大的不同。像冷轧带肋钢筋、冷拉钢筋等经冷加工处理的钢筋伸长率低，塑性变形能力差，延性不好，在防空地下结构材料中不应采用。

由于爆炸冲击波作用会引起防空地下室顶板的强烈振动，为了避免因振动使抹灰层脱落而砸伤室内人员，防空地下室的顶板不应抹灰。平时设置吊顶时，龙骨应该固定牢固，饰面板应采用便于拆卸的，以便于临战时拆除吊顶饰面板。而像密闭通道、防毒通道、洗消间、滤毒室、扩散室等战时易染毒的房间，其墙面、顶面、地面应平整光洁，易于清洗。

4）通风口的设置

地下人防工程中，平时进风口如设置在出入口通道中，容易形成通风短路，室内的新风量不易保证。在南方地区的夏季通风会使出入口通道产生结露，而在北方地区的夏季通风会使出入口通道的温度明显降低。目前，我国所建的防空地下室已比较重视平时的开发利用，往往其平时的通风量与战时的通风量相差较大。另外，从各地使用情况看，平时排风口若与出入口相结合，会严重影响出入口通道的空气质量。在战时通风中，由于清洁通风的时间最长，在室外未染毒的情况下，人员进出频繁，若门扇经常开启，室内新风量也不容易保证。所以不论平时通风口，还是战时通风口，都宜在室外单独设置。

5.3.3　恐怖袭击

地下综合体由于功能复杂，各类人群交织混杂，特别是交通枢纽型地下综合体，更是容易成为恐怖分子袭击的目标。究其原因，主要有以下几个方面：①地下综合体人员密集程度很高；②地下综合体人流量巨大，很难对每一个进入地下综合体的人进行检查，恐怖分子容易混入；③地下综合体处于地下，一旦遭遇袭击，人员疏散和救援难度大；④类似于地铁这样的地下线性空间内通风气流和隧道活塞气流可使生化及放射性污染物迅速扩散，造成大面积污染，故地铁交通枢纽对生化及放射性恐怖袭击的防护能力薄弱，很容易给恐怖分子以可乘之机。

地下综合体和地下空间内的恐怖袭击较为常见的主要有三类:爆炸活动,生化及放射性恐怖袭击,火灾。其中火灾已在5.2节中有详细介绍,因而不在此节赘述。

1) 爆炸活动

爆炸活动表现为恐怖分子故意在地铁安置炸弹,伤害生命,形成政治影响,给有关方面施加压力。爆炸长期以来都是最普遍的恐怖袭击方式。1968年以来发生的所有国际恐怖主义袭击中,爆炸占到46%。例如,2010年3月29日莫斯科地铁受到恐怖袭击,"卢比扬卡"地铁站以及"文化公园"地铁站先后发生连环爆炸,共造成41人死亡,74人受伤(图5-56)。

图5-56 莫斯科地铁连环爆炸案现场

资料来源:http://www.thmz.com

2) 生化及放射性恐怖袭击

生化及放射性恐怖袭击表现为不法分子及邪教分子施放化学毒剂、投放放射性材料或使用"脏弹",制造惊人的事件。1995年3月20日,日本东京地铁站发生一起恶性投毒事件。邪教组织"奥姆真理教"成员向东京地铁内投放了沙林毒气(图5-57),造成13人死亡,约5 500人中毒,1 036人住院治疗。事件发生的当天,日本政府所在地及国会周围的几条地铁主干线被迫关闭,26个地铁站受到影响,东京交通陷入一片混乱。美国政府部门及相关研究机构发布的《全球恐怖活动的统计数据》与《今后发展形势预测报告》一致指出:今后的恐怖袭击活动除传统的爆炸方式外,生化及放射性恐怖袭击将成为世界恐怖主义发展的新趋势。

图5-57 东京地铁沙林毒气事件

资料来源:http://roll.sohu.com

为了应对潜在的恐怖袭击,地下综合体在设计过程中可以从以下几个方面采取相应措施。

1) 出入口设计

地下综合体的出入口由于其公共属性,不可能对其严格限员控制,但可利用具体的设计手法来加强其安全感。如出入口设计应合理考虑开敞通透,有良好的视野;周围不宜采用浓密的种植植物,以避免恐怖分子携带炸弹等武器藏匿。

2）改善建筑装修材料和结构

为了避免地下综合体在遭受袭击时产生次生灾害，在设计时应慎重选择所用的材料。材料的选用应遵循以下原则：①尽量避免使用易燃材料，地下综合体系统的设计应采用高度防火标准，特别是在人员可聚集的公共区域更要坚持此原则；系统内所有的电气材料和电缆都必须装置在有阻燃作用、产生低密度烟雾和无毒气物质制成的护套内，以降低火警危险。②尽量避免使用化学类材料，这类材料不仅易燃烧，而且会产生大量有害气体。③对于爆炸袭击后会产生锋利尖角的材料，如玻璃、陶瓷制品及石料等也应谨慎使用。④装饰应尽量简洁，切勿使用多种材料进行堆砌，以免遭受恐怖袭击时造成大量的坍塌和堵塞，并造成人员伤亡及影响人员的及时疏散。

3）完善的通风设施

当地下综合体内发生生化或放射性恐怖袭击事件时，完善有效的通风系统可对有毒气体的传播起到一定的抑制作用，防止毒气扩散到其他区域从而产生更大的危害。同时，对于地下综合体内容易遭受袭击的高风险区域，如人员的公共活动区域、货物的运输及存储区域、重要的房间等，可考虑设置独立的空气处理机组或者取消系统的回风（王明洋等，2014）。

4）完善报警系统和监控系统

完善的监控系统（图5-58）和报警系统能让管理人员实时查看到地下综合体内的每个角落，及时发现可疑分子并发出警报，从而有可能在暴恐分子攻击前采取有效行动，对其进行控制。同时，在事故发生时也能实时监控到事故现场的情况及事故发生地点，有利于营救人员在第一时间赶赴现场进行救援行动，也可有效指挥地下综合体内其他人员及时疏散，避免恐慌情绪的蔓延。

图 5-58　监控系统

资料来源：互联网

6 地下综合体案例实施分析

本章将结合笔者参与的 5 个工程案例对地下综合体的设计进行介绍和分析,分别为兰州西站交通枢纽地下综合体,宁波站交通枢纽地下综合体,上海陆家嘴地区地下综合体,上海自然博物馆、60 号地块、13 号线地铁车站地下综合体,上海漕宝路地下综合体。

6.1 兰州西站交通枢纽地下综合体

6.1.1 枢纽概况

兰州市的城市发展受地形的限制,形成了"两山夹一河"的东西向带状布局。兰州西站综合交通枢纽即位于这个带状布局的中心区——七里河区,枢纽区北侧为城市主干道西津西路,南侧为城市快速路南山路。交通枢纽区涵盖了铁路站房、地铁站点、公交车场、社会车场、出租车场、旅游大巴车场等多种交通设施,也包含了市民休闲、商业、办公、酒店等多种开发功能,兰州西站交通枢纽是集多种交通设施及开发于一体的大型综合交通枢纽,也是国家"一带一路"发展的重要交通节点(图 6-1)。

图 6-1　枢纽区周边城市设计

枢纽区内主要含国铁工程、城市配套工程、地铁工程等三个分项工程,其中,每个分项工程又含多个子项工程,彼此界面相互交叉。兰州西站交通枢纽是一个多维度、立体的大型综合交通枢纽,对七里河区的城市改造更新起到极大的带动作用,未来的枢纽片区将打造成兰州市新的城市中心区。

6.1.2 枢纽区交通规划设计

1. 区域交通规划设计

作为大型、综合的交通枢纽,其交通问题都不是单一和孤立存在的,而是城市整体交通问题的局部反映,对于此,在枢纽区的交通设计过程中,对兰州市、七里河区、兰州西站站区的现状进行调研,从城市"大交通"角度进行分析(图6-2),以此为基础结合市政部门提供的资料进行仿真分析,进而对枢纽区域存在问题的节点提出合理性建议和方案,从城市角度把站区的交通疏解做流畅、做合理。如图6-3所示,1—4为兰州西站枢纽区域可能的瓶颈点分析,如瓶颈点1,站前西津西路下立交两边敞口段距离过近,下立交口部道路易发生拥堵,合理的解决方案是将下立交开口后撤并做好路口的组织设计工作。瓶颈点2,南山路路幅较窄、通行能力较低,由于进出枢纽流量较大,易发生拥堵,对应的修改方案是拓宽该路段。上述交通分析中的具体建议都在后期的实施方案中得到了贯彻,优化了枢纽核心区的交通。

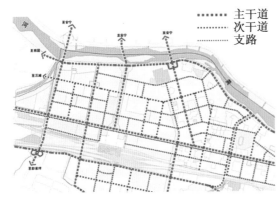

图6-2 兰州西站周边区域道路等级规划　　　图6-3 站区道路瓶颈点分析

2. 枢纽区内交通规划设计

保证大区域的交通规划是枢纽区内部交通组织顺畅的基础和前提,在此基础上,合理组织枢纽区的各类交通设计原则。

在枢纽区内,通过对多种交通方式的综合设计,实现了以下原则:首先统筹考虑机动车流线,尽量减少在西津西路开设机动车出入口,降低枢纽区内交通对城市主干道的交通影响;其次通过地面与地下车道相结合在东西两侧分别设置贯穿枢纽区的出租车道,实现了机动车流线的通畅性和连续性。

枢纽区域内部的交通组织具有高度集成性。地铁、公交、社会车、出租车、旅游大巴等交通方式与铁路站房紧密衔接,为兰州西站综合交通枢纽的形成起到了支撑作用,有效解决了火车站与城市的有序衔接。站房南北两侧的广场综合解决了地铁、公交、社会车、出租车、旅游大巴等交通的停靠、换乘及流通需求,为旅客提供了舒适的换乘空间环境,使整个交通枢纽的集聚效应大大增强。

站区内的各类交通流线基本遵循右进右出、尽量避免交叉的原则,这使得枢纽区的换乘更加高效、便捷。详细流线示意如图 6-4 所示。

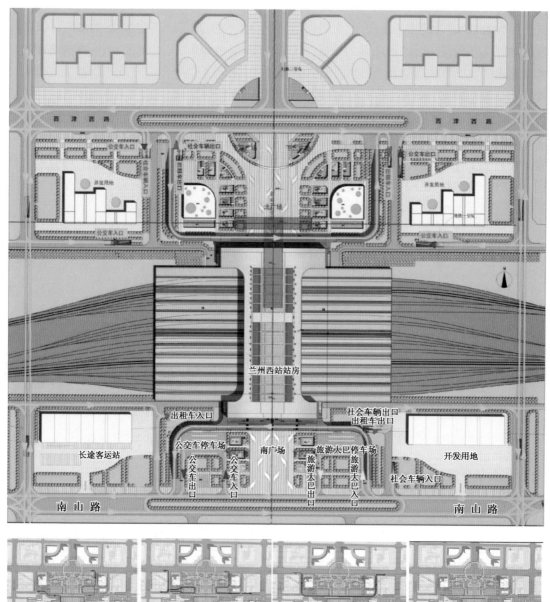

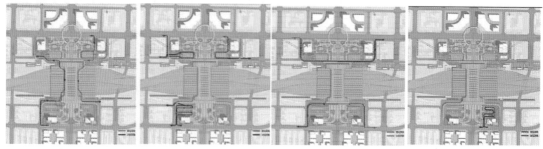

(a) 出租车流线　　　　(b) 公交车流线　　　　(c) 国铁送客流线　　　　(d) 旅游大巴流线

图 6-4　枢纽区交通流线分析

6.1.3 枢纽区地下总体设计

兰州西站综合交通枢纽主要由三部分组成:北侧为北广场及地下空间,中部为国铁站房,南侧为南广场及地下空间。枢纽区北侧与城市主干道西津西路相邻,南侧与城市主干道南山路相邻,西津西路路面下方设下立交,路面上方设跨街环形天桥,枢纽区通过地下空间联系为统一的整体,南北跨度约 1 000 m(图 6-5、图 6-6)。

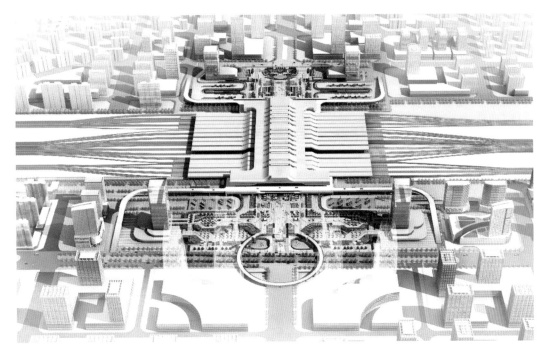

图 6-5 北广场鸟瞰图

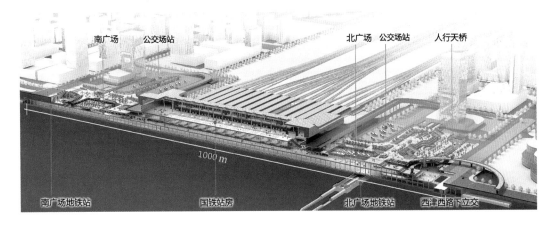

图 6-6 枢纽区剖透视图

1. 国铁站房地下空间

国铁兰州西站总建筑面积约 26 万 m^2,其中站房建筑面积为 12 万 m^2。建筑高度 39.55 m,旅客最高聚集人数 10 000 人,高峰小时客流量 13 700 人(图 6-7)。

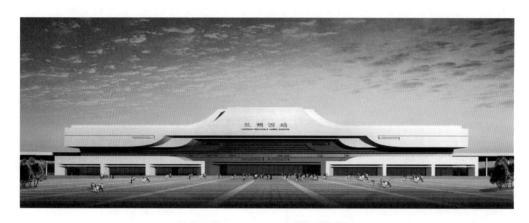

图 6-7　站房立面效果图

兰州西站站房采用"上进下出"的流线模式,从上到下主要分三层:高架候车层、站台层、出站层。

国铁出站层中央为国铁出站厅及沟通枢纽区南北广场的城市通廊,两侧为引入地下的出租车道及出租车上客区(图 6-8)。国铁出站旅客通过中央南北城市通廊与南北广场的换乘区连通,实现整个枢纽区地下的互联互通(图 6-9)。

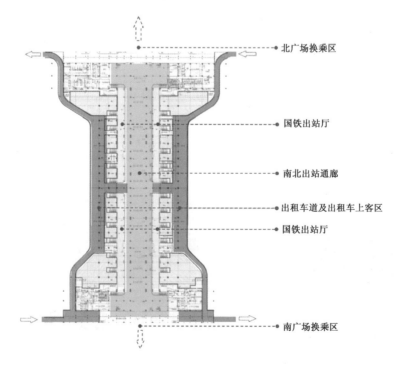

　　　　　　　　　　　　　　　　　　　　　　　　　　　　北广场换乘区

　　　　　　　　　　　　　　　　　　　　　　　　　　　　国铁出站厅

　　　　　　　　　　　　　　　　　　　　　　　　　　　　南北出站通廊

　　　　　　　　　　　　　　　　　　　　　　　　　　　　出租车道及出租车上客区

　　　　　　　　　　　　　　　　　　　　　　　　　　　　国铁出站厅

　　　　　　　　　　　　　　　　　　　　　　　　　　　　南广场换乘区

图 6-8　国铁出站层平面图

图 6-9　国铁出站通廊实景图

出站旅客通过南北广场换乘区可直接进入地铁站厅、社会车停车场,北广场旅客可通过楼扶梯提升至地下一层的公交车候车场,南广场旅客可通过楼扶梯提升至地面层的公交车场及长途车场。

2. 南北广场地下空间

兰州市总体规划将枢纽北广场及周边城市区域定位为现代商务金融区,其核心为枢纽北广场。因此枢纽北广场主要功能除以交通集散为主以外,另辅以商务休闲功能。

北广场地下总建筑面积 20 万 m²,地面为景观集散广场,地下共三层,其中地下一层为公交车停车场、商业休闲区;地下二层为地铁站厅、社会车停车场、出租车蓄车场、商业区;地下三层为社会车停车场(图 6-10)。

(a) 广场面(0.00 m)

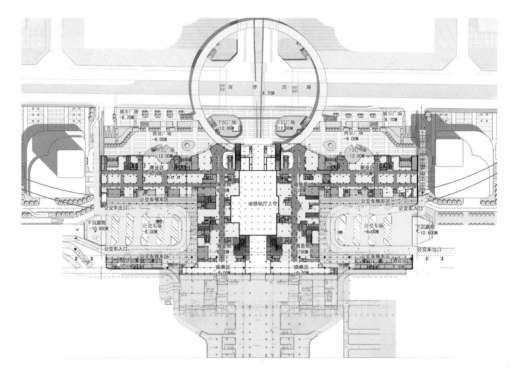

（b）地下一层（－6.00 m）

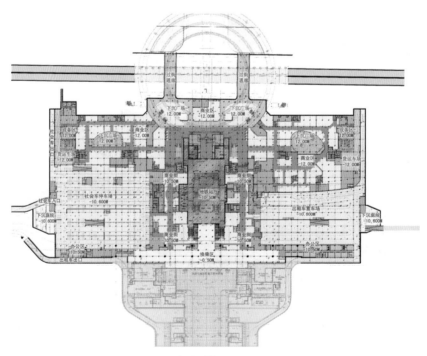

（c）地下二层（－12.00 m）

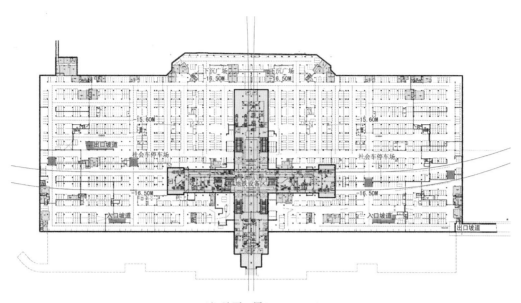

(d) 地下三层(−16.50 m)

图 6-10 北广场地面及地下空间平面图

枢纽南广场及周边城市定位为现代产业区,以南广场为核心。南广场地下总建筑面积
12 万 m²,地面为景观集散广场,两侧为公交车停车场、旅游大巴停车场;地下共两层,地下
一层主要为商业区、社会车停车场;地下二层为商业区、社会车停车场、出租车蓄车场、地铁
站厅(图 6-11)。

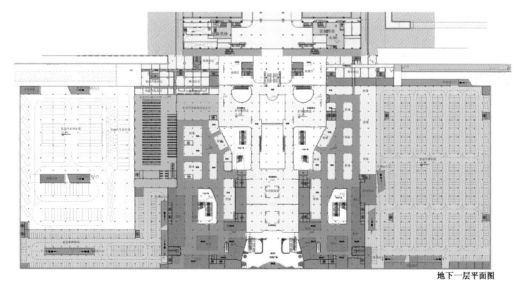

(a) 地下一层(−6.60 m)

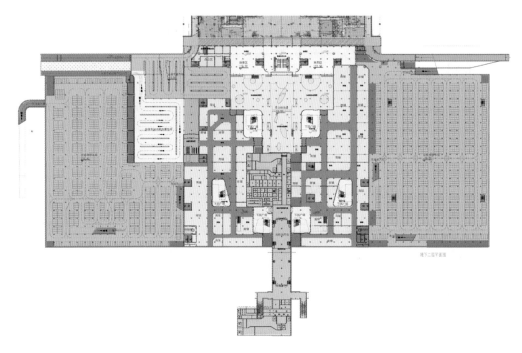

(b) 地下二层(−12.00 m)

图 6-11 南广场地下空间平面图

在枢纽南北广场与国铁出站通廊衔接区域设置换乘区,实现国铁与其他交通方式的便捷换乘(图 6-12、图 6-13)。

图 6-12 北广场换乘区效果图

图 6-13 南广场换乘区效果图

为满足枢纽区内人员对商业服务的需求,同时也为了提高地下空间的利用效率,在枢纽区地下空间设置了精品店一条街、特色餐饮、大卖场等各类商业区(图 6-14),同时局部节点区域设置下沉广场,提升了步行空间的品质(图 6-15)。

图 6-14 南北广场商业区效果图

图 6-15 南北广场下沉广场效果图

3. 枢纽区地铁站点设置

枢纽区内有兰州地铁 1 号线、2 号线通过,1 号线东西走向,下穿北广场;2 号线南北走向,穿越站房、南北广场、下立交,1 号线、2 号线在北广场十字相交,在北广场设置换乘站点,1 号线地下三层,2 号线地下二层(与国铁出站层同标高);2 号线在南广场跨南山路设置站点,以保证未来南侧开发地块的换乘要求,南北地铁站点的总建筑面积约 5 万 m²(图 6-16、图 6-17)。

图 6-16 地铁站点效果图

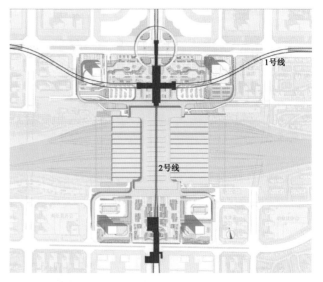

图 6-17 地铁站点平面位置图

6.1.4 设计重点、难点分析

在兰州西站交通枢纽地下综合体的设计中,对以下重点部分进行了有针对性的分析和研究。

1. 枢纽区地下空间步行系统设计

1) 步行系统流线分类

兰州西站交通枢纽是以国铁站房为核心,集城市轨道交通、公交车站、社会车停车、出租车蓄车及上下客、长途汽车等多种交通方式于一体的综合交通枢纽。各种交通方式通过位于地下的交通空间进行换乘,在此基础上,为满足市民对商业设施的需求,同时也为了最大化提高地下空间的利用效率,枢纽区中还布置了大量的商业功能。

综合交通枢纽的公共区步行系统主要分为两类(图 6-18)。

交通换乘人流:即以交通换乘为主要目的、位于交通换乘区域内部的步行路径,其端点为各个交通功能接驳口。此类步行流线的人流速度较快,路径要求尽量直接、便捷,不受干扰。

休闲商业人流:即以休闲娱乐购物为目的、位于休闲商业区域内部的步行路径,此类步行流线人流速度较缓和,路径适宜设计成环状。

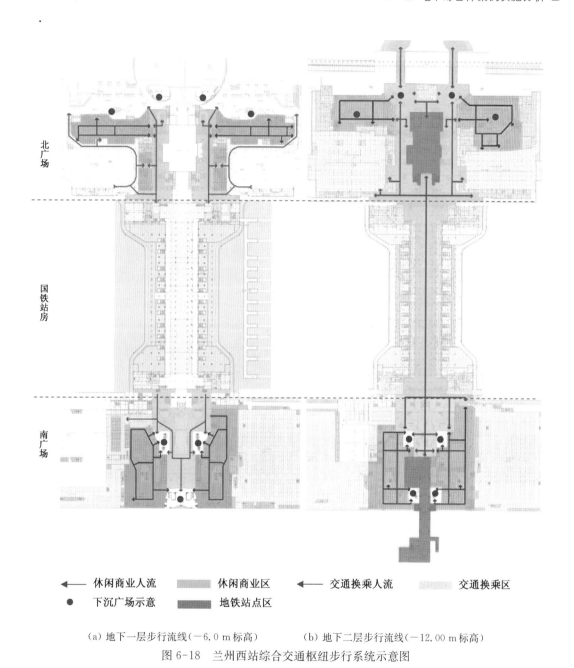

北广场

国铁站房

南广场

←— 休闲商业人流　　▨ 休闲商业区　　←— 交通换乘人流　　▨ 交通换乘区

● 下沉广场示意　　■ 地铁站点区

(a) 地下一层步行流线(−6.0 m标高)　　(b) 地下二层步行流线(−12.00 m标高)

图6-18　兰州西站综合交通枢纽步行系统示意图

2) 功能区域布局与步行系统设计

在兰州西站交通枢纽地下空间的设计中,充分考虑上述步行流线的特点。

首先将"国铁——地铁"这一换乘路径置于南北广场中央,尽量缩短交通路径,实现最大交通量的便捷换乘。

其次,在南北广场的中央两侧设置交通换乘通道,用以衔接社会车、公交车等多种交通方式,同时通过国铁站房下部的南北城市通廊,实现南北广场在地下空间的互联互通。

最后,在南北广场的外侧设置休闲商业区,并结合地下二层空间及商业人流布置,设置下沉休闲广场,进一步优化空间品质及购物环境,并力求该区域既与主体交通人流衔接,又避免受到过多交通功能的干扰,从而实现自身功能的完整性,打造高品质的商业休闲环境。

3)跨西津西路步行系统设计

兰州西站交通枢纽是集合多种交通方式的城市核心,其设计着眼于城市区域整体,不仅考虑了场地内部步行流线,也特别关注与周边城市区域的衔接。

枢纽北广场作为整个枢纽区的主要人行广场,与周边城市区域联系紧密,尤其是西津西路北侧地块,其今后的开发模式将依托北广场的人流集聚效应,最终与枢纽区共同构成城市的核心,在此情况下,枢纽区的设计应充分考虑跨西津西路步行交通的连续性。

因此,在枢纽区的设计中,为构建跨西津西路城市步行交通体系,在西津西路路面以上设置环形步行天桥,在西津西路路面以下设置人行地下过街通廊,实现了枢纽区与周边城市区域步行系统的整体性和连续性(图6-19、图6-20)。

图6-19　环形天桥效果图　　　　　　　图6-20　地下过街通廊效果图

2. 地下空间地面化设计

在兰州西站综合交通枢纽设计中,除站房外,北广场及南广场主体均为地下空间,在通常情况下,地下公共空间设计容易因为自然光线不足使人在其中失去方向感和时间感,这对交通集散建筑是相当不利的。

本工程充分考虑了以上因素,结合原始地形高差特点,主要采取以下方法实现地下空间地面化的目的:①在出地面公共楼扶梯、步行交通的主要转换节点处设置大型下沉广场,引导与疏散人流,通过下沉广场联系室内与室外,自然过渡;②充分利用原有地形高差,将地下一层北侧立面设计为开放的沿街面,进行地面化设计。通过以上方式,极大地改善了地下空间的品质,实现地下空间的地面化设计(图6-21)。

3. 地下空间导向及标识研究

地下空间由于其自身特点容易使人在其中迷失方向,因此在地下空间设计中,需要着重考虑导向性设计。

兰州西站交通枢纽主要通过如下两种方式提高地下空间的导向性。

图 6-21　下沉广场效果图

（1）在交通主通道设置引导性天窗，使人在地下空间行进中时刻掌握明确的方向（图 6-22、图 6-24）。

（2）重视地下空间的标识设计，通过将标识牌与室内装修统一考虑的方式，既满足室内装修效果，又让人在需要的时候随之掌握前往目的地的路径指示（图 6-23、图 6-25）。

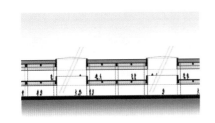

图 6-22　广场地下室天窗剖面示意图

图 6-23　室内主要标识牌样式

4. 地下空间的防火及疏散设计

地下空间由于其自身特点，其防火及疏散设计的条件更为不利，因此国家规范中对地下空间的防火及疏散设计提出了更为严格的要求。首先，地下室的防火分区面积更小，在不设自动灭火系统时，地下空间允许的最大防火分区面积为 500 m^2。其次，地下空间埋深超过 10 m 就需要设置消防电梯，降低火灾时灭火救援难度。再次，地下商业面积不允许超过 20 000 m^2，各 20 000 m^2 商业区域如需连通只能采用下沉广场、防火隔间、避难走道、防烟楼梯间等方式。

枢纽区南北广场地下总计划分 155 个防火分区，除电气用房采用气体灭火装置外，其他区域均设置自动喷水灭火装置，每个防火分区均满足 2 个直通地面安全出口，对埋深超过 10 m 的分区设置独立的消防电梯。

247

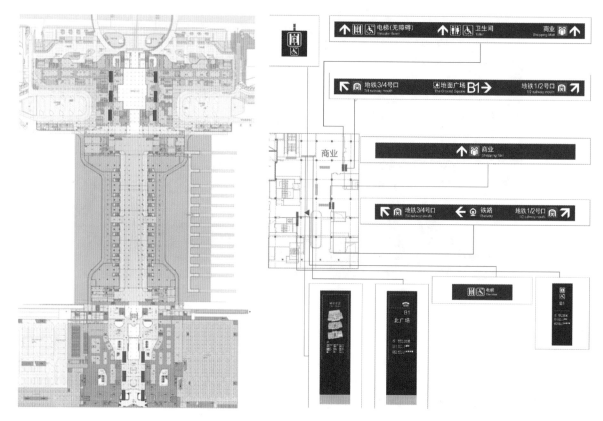

图 6-24　地下一层顶部天窗位置示意图　　　　图 6-25　地下室局部标识牌设计

对于商业区域,通过增设楼梯及设置下沉广场的方式满足商业防火分区的疏散宽度要求。同时,由于南北广场地下单层商业区域面积均超过 20 000 m²,根据规范要求,均通过设置不开设门窗洞口的防火墙对商业之间以及商业与非商业之间进行分割,分区之间局部通过下沉广场或防火隔间进行连通,既保证了商业大空间的防火要求,也满足了商业空间的有效连通。

6.2　宁波站交通枢纽地下综合体

6.2.1　枢纽概况

宁波站交通枢纽位于宁波市中心城区——海曙区,枢纽区由南站西路、苍松路、甬水桥路、三支街围合而成,是海曙区规划的“一核、一轴、六组团”城市空间结构中“一核”的交通中心区,该交通中心集多种交通方式于一体,贯彻零换乘的设计理念,规划中以铁路宁波站为核心,南北广场分别附以配套的公交车场、出租车场、社会车场、市域公交站等,地铁 2 号线、4 号线在北广场地下相交,2 号线南北走向,地下穿越站房、南北广场,2 号线、4 号线在站房北侧地下“T”字换乘。宁波站综合交通枢纽在实现枢纽内部零换乘的同时,也完成了车站与周边道路交通的高度整合,形成多维度的立体城市交通网络(图 6-26)。

图 6-26　枢纽区鸟瞰图

6.2.2　枢纽区交通规划设计

1. 枢纽区整体交通规划设计

作为大型、综合的交通枢纽,其交通问题都不是单一和孤立的,因此,在设计之初,设计人员就从城市"大交通"角度,对枢纽区的交通问题进行分析,进而得出交通疏解的策略。

首先对大区域的交通进行评估、预测,进而对站区中设计难点进行分析,提出解决方案(图6-27)。

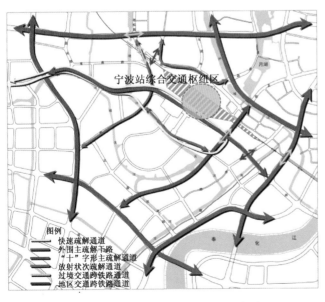

图 6-27　宁波站区域交通概况示意图

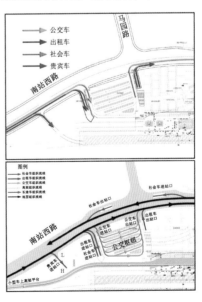

图 6-28　南站西路拓宽前、后的
　　　　　交通疏解图

由于宁波站为改造工程,周边用地比较局促,如何在相对狭小的空间里把交通组织通顺、把所需的车场面积做足成为前期设计比较棘手的问题。如在北广场地下空间的设计中,站房距路边只有约 70 m 的距离,广场两侧又受到既有建筑的影响无法外扩,因此配套车场规模无法满足远期的需求量,且南站西路上的交通出入口混行严重。经过交通分析评估得出,将北侧地下车场区域扩大至南站西路北侧并通过对南站西路的拓宽改造,将两组车行出入口设置在南站西路北侧的拓宽路面上来组织交通。最终整体流线比之前更顺畅、合理,进而再通过建筑、结构、机电、道路等专业的配合,使最终的方案得以实现(图 6-28)。

2. 枢纽区内部交通规划设计

宁波站综合交通枢纽的交通组织具有高度集成性。地铁、公交、社会车、出租车、旅游大巴等交通方式与铁路站房紧密衔接,为宁波综合交通枢纽的形成起到了支撑作用,有效解决了国铁车站与城市的有序衔接,为旅客提供了舒适的换乘空间环境,使整个交通枢纽的集聚效应大大增强。

各类交通流线遵循右进右出、尽量避免交叉的原则。枢纽区地面及地下交通流线示意如图 6-29、图 6-30 所示。

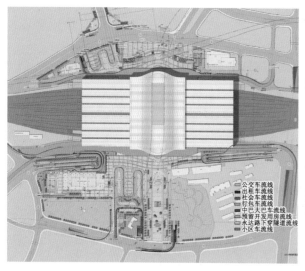

图 6-29　枢纽区地面交通流线

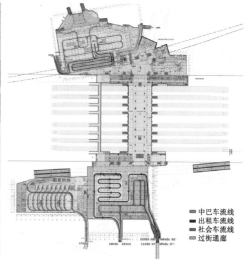

图 6-30　枢纽区地下交通流线

6.2.3　枢纽区地下总体设计

宁波站综合交通枢纽主要由三部分组成:宁波站国铁站房工程、南北广场城市配套工程及宁波地铁 2 号线、4 号线(图 6-31)。国铁站房包括地上两层,地下一层;南北广场城市配套工程包括南北广场及地下空间、永达路下立交;地铁 2 号线、4 号线位于站房及北广场下方(图 6-32)。

1. 国铁站房地下空间设计

国铁宁波站(图 6-33)总建筑面积约 12 万 m^2,其中站房建筑面积为 6.3 万 m^2。站场规模为 8 台 16 线。车站设旅客高架站房,无站台柱雨棚,设旅客出站地道 1 条。旅客最高聚集人数 5 000 人,高峰小时客流量 9 450 人。车站于 2013 年 12 月竣工。

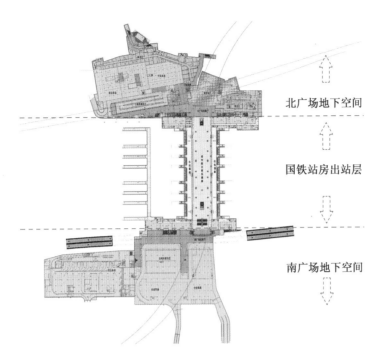

北广场地下空间

国铁站房出站层

南广场地下空间

图 6-31　枢纽区地下空间总平面图

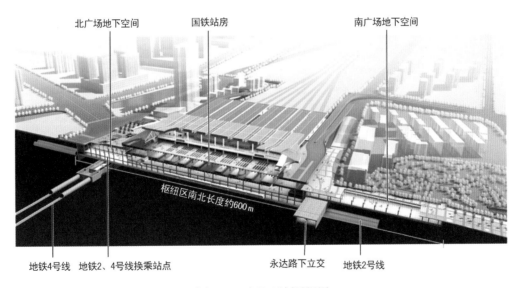

图 6-32　枢纽区剖透视图

宁波站站房采用"上进下出"的流线模式,从上到下主要分三层:高架候车层、站台层、出站层,总高度 39.3 m(图 6-34)。宁波站地下空间为地下出站层,位于地面以下−11 m 标高,供旅客出站使用。

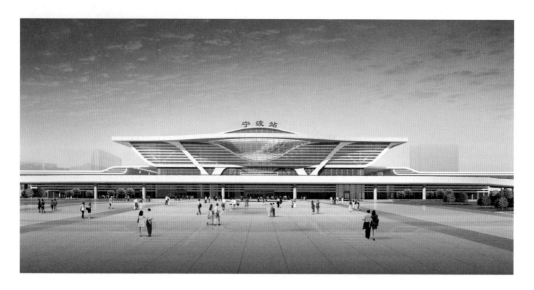

图 6-33　国铁站房正立面图

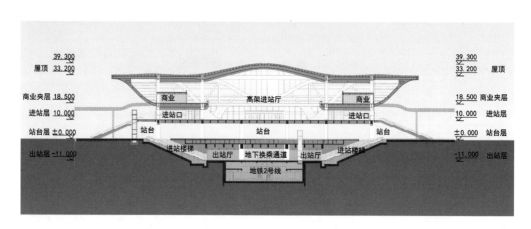

图 6-34　竖向高度控制图

出站层包括东西两侧出站厅和中间部分的南北城市通廊。出站层层高 11 m,东西向宽 64 m,南北向长 227 m,面积约 1.4 万 m²。如何实现旅客在出站层大空间的高效换乘是地下空间设计的出发点。出站层南北城市通廊是联系多种交通换乘方式的纽带,城市通廊的南北侧分别为宁波站南北城市广场地下室,旅客可以通过南北城市通廊,直达南北广场,利用广场的其他交通方式实现旅客的快速集散。在南北城市通廊的南北靠近出口位置,设计了地铁 2 号线换乘楼扶梯,旅客可通过楼扶梯进入 2 号线站厅层,达到国铁与地铁的快速交通转换(图 6-35)。

出站层墙、地面采用灰色花岗岩石材,柱面采用灰色仿清水混凝土涂料喷涂,吊顶采用白色铝条板和铝合金网板相结合的方式,整个出站通廊颜色以灰白色为主,配合灯光、指示牌、广告灯箱等元素,使整个空间色彩和谐统一(图 6-36、图 6-37)。由于出站层的顶上部分为国铁轨道线,列车运行时,噪声较大,出于降噪的考虑,出站层吊顶以下,在结构梁板表面采用微孔无机纤维喷涂,有效降低了噪声对出站层公共空间的不利影响。

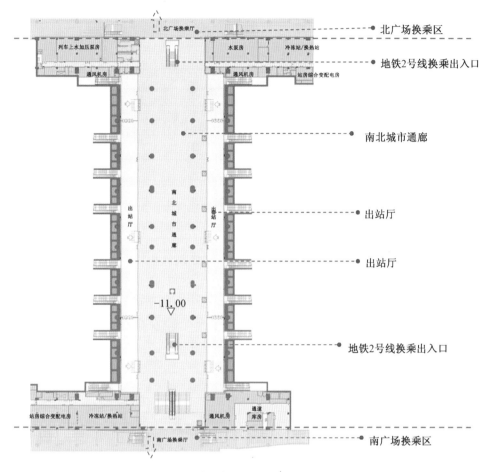

图 6-35 国铁站房出站层平面图(-10.00 m)

图 6-36 国铁出站层出站厅实景图

图 6-37 国铁出站层南北城市通廊效果图

2. 城市配套工程

宁波站城市配套工程主要为南北广场两个区域,总建筑面积约 8 万 m²。北广场区域含北广场及地下空间、高架匝道;南广场区域含南广场及地下空间、高架匝道、永达路下立交。另外在南广场西侧,还配建了宁波市域公交车站。城市配套工程的主要功能为铁路配套的公交车场、社会停车场、出租车候车区、广场地下商业、地面集散广场、休闲广场等(图 6-38)。

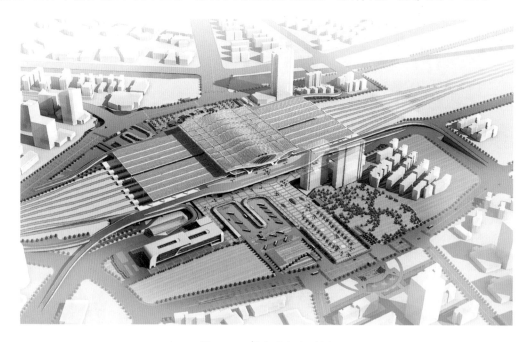

图 6-38 南北广场鸟瞰图

1) 北广场地下空间设计

北广场地下空间总建筑面积约 3 万 m²,地下一层。地面层标高为 0.00 m 和 −2.75 m,采用跌落式景观设计手法,实现国铁车站和城市道路的自然过渡(图6-39)。

图6-39　北广场地面效果图(0.00～-2.75 m)

北广场地下一层标高为-11.00 m,主要功能包括北广场换乘厅、过街通廊、商业开发、社会车场和出租车场(图6-40)。北广场换乘厅东侧为人防区域,平时为商业开发;正对北广场换乘厅的位置为地铁2号线、4号线的换乘厅,旅客通过北广场可以快速实现地铁和国铁的交通换乘;换乘厅的左侧为出租车候车区域和社会车场,旅客可以通过出租车等其他交通方式换乘。

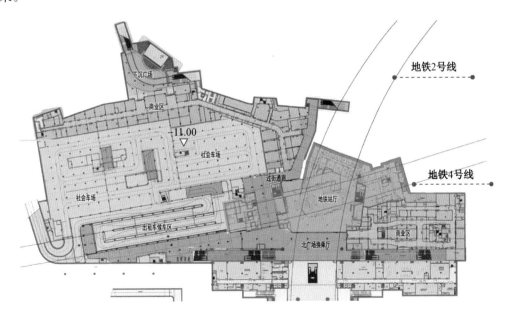

图6-40　北广场地下一层平面图

北广场的室内空间设计,考虑到与国铁出站层设计风格的统一,换乘厅公共区域墙、地面采用灰色花岗岩石材,柱面采用白色铝板,吊顶采用白色铝条板;车场区域主要采用浅灰色涂料顶、墙,水泥自流平地面(图 6-41)。

图 6-41 北广场地下空间及下沉广场效果图

2) 南广场地下空间设计

南广场地下空间总建筑面积约 5 万 m²,地下一层。地面标高为 0.00 m,采用找坡的方式与城市道路接平(图 6-42)。

南广场地下一层标高为 -6.35 m,主要功能包括南广场换乘厅、社会车场和出租车场、巴士车站地下车库等功能(图 6-43)。永达路下立交位于南广场换乘厅下方,下穿南广场,总长度 580 m,双向双车道。市域公交车站位于南广场西侧,总建筑面积约 3.9 万 m²。

图 6-42　南广场地面效果图(0.00～－3.00 m)

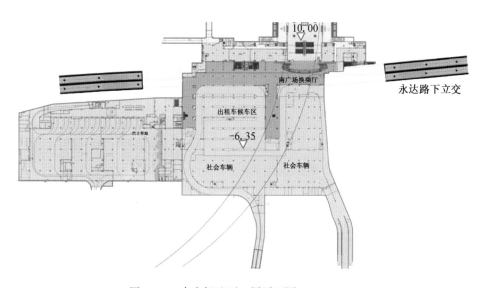

图 6-43　南广场地下一层平面图(－6.35 m)

南广场的室内空间设计,采用与北广场和国铁出站层统一的设计手法,局部增加壁画墙面来活跃空间(图 6-44)。

3. 地铁站点工程

枢纽区内宁波地铁 2 号线南北走向,下穿整个枢纽区,与国铁站房在出站厅换乘。宁波地铁 4 号线在北广场东西向穿越,与地铁 2 号线换乘。因此,考虑到换乘的必要性及广场开发的需求,地铁在站房及北广场下设地铁换乘站点,2 号线地下两层,4 号线地下三层。两个地铁站点的总建筑面积约 5 万 m²(图 6-45)。

图 6-44   南广场地下空间效果图

图 6-45   地铁站位平面及实景图

6.2.4 设计重点、难点分析

在宁波站交通枢纽地下综合体的设计中,对以下重点部分进行了有针对性的分析和研究。

1. 界面复杂

作为大型综合交通枢纽,宁波站与宁波市地铁 2 号线、4 号线、南北广场地下空间、永达路下立交同步建设,各分项工程相互交错,综合交通枢纽内同时涉及多个界面的划分,如各工程投资主体不同,存在投资界面的划分;为了保证工程的顺利实施,又存在施工界面的划分,而投资界面和施工界面也会略有不同。因此,如何划分好各个分项工程的界面,保证各工程有效实施,是本工程的一个技术特点(图 6-46)。

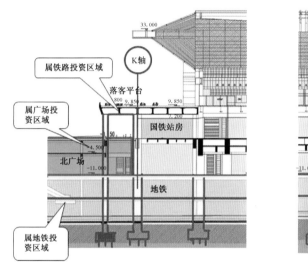
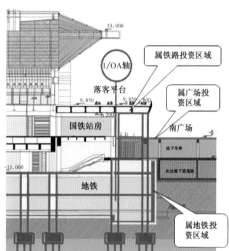

图 6-46 枢纽区工程界面划分

2. 临时铁路栈桥设计

宁波站设计首次提出采用现浇钢筋混凝土梁板＋钢格构柱组成的组合式新型铁路便桥结构,并成功在铁路枢纽工程中应用。根据铁路部门要求,在改扩建宁波站工程施工期间,要保证既有正线正常运营,同时要求缩短基坑工程的工期,确保整个枢纽工程的建设进度。为保证既有正线的正常运营,按传统做法一般在主体基坑设置临时中隔墙,分为南北(或东西)两坑分别进行前后施工(既有正线位于基坑一侧),但宁波站改建工程工期紧,如按传统方法,则因主体基坑开挖深,实施分区前后施工工期长,不能满足宁波站改造工程的铺轨节点要求。经过多种结构设计方案的研究分析后,创新性地提出了现浇钢筋混凝土梁板＋钢格构柱组合的新型铁路便桥结构,在深基坑中架设临时高铁运营线路,确保站房和地铁深基坑整体开挖施工的建设方案。图 6-47 为宁波站基坑整体开挖施工以及列车在基坑中的铁路便桥上运营的工程现场图片。

图 6-47 临时铁路栈桥实景图

3. 软土地区深基坑的设计

枢纽区主体基坑为国铁南北通道与地铁 2 号线车站共建,基坑总面积约 30 000 m²,其中国铁南北通道区域开挖深度约 10 m,地铁区域为"坑中坑",开挖深度为 21~24 m。主要采取以下技术措施,解决软土地区一体化建设中深大基坑及"坑中坑"的设计施工难题。

(1) 由于项目工期紧,多方案比较后选定基坑设计方案如下:基坑开挖采用二级放坡加灌注桩及搅拌桩止水帷幕,设一道混凝土支撑,先开挖国铁南北通道基坑,在施工国铁通道底板的同时,再开挖"坑中坑"的地铁车站基坑,地铁基坑设二道混凝土支撑。采用此方案相比传统基坑支护方案节省 1~2 道支撑,方便施工,节约工期,节约造价。更主要的在于通过设置临时铁路便桥过渡即有正线,基坑实施一次性整体开挖,可节约工期一年以上,在设计上保证了工程的工期要求。

(2) 在基坑施工全过程跟踪施工活动,并对基坑及周边环境的变形及受力情况进行实时监测,实时掌握和监控基坑的变形及内力变化情况,检验设计所采用的各种参数和假设的正确性,并及时调整和优化下一步的施工参数,确保基坑及周边环境安全。

(3) 针对深基坑开挖中降承压水对基坑及周边环境的沉降影响,采取了以下措施予以应对控制:事先进行现场抽水试验,并对降压对周边环境产生的沉降影响进行预评估,优化降水设计;缩短降压滤管、加深止水帷幕、增大渗流路径;分级按需降压、缩短降压时间、控制总抽水量。

6.3 上海陆家嘴地区地下综合体

6.3.1 工程概况

陆家嘴中心区地下空间开发项目处于陆家嘴中心区域,通过绿地地下空间的建设,并结合设置四条地下通道,将陆家嘴绿地和上海中心、金茂大厦、环球金融中心、X2 地块等地下部分相连通,同时与轨道交通 2 号线、14 号线形成换乘,组成一个大型的地下综合体。此外,项目结合基地北侧地面人行天桥,形成一个完整的立体步行网络系统,对陆家嘴中心区的步行网络系统起到很好的补充和完善作用(图 6-48)。

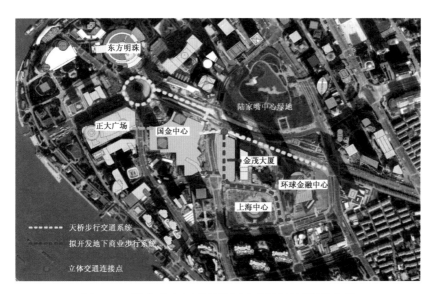

图 6-48　陆家嘴中心区地下空间开发及地下通道位置

6.3.2　工程的综合设计

　　地下公共空间开发重点是以地下交通枢纽建设以及地块地下空间开发相结合的方式,形成具有一定规模、功能多样、层次丰富的地下综合公共活动空间。

　　陆家嘴金融中心的先期规划为形成以上海中心、金茂大厦、环球金融中心、X2 地块等为中心的陆家嘴核心区,但由于先期规划中各地块地下空间功能设置存在自然错位,缺乏彼此之间联系,有待梳理与系统整合。本项目的重点是对金茂大厦、上海环球金融中心、上海中心三地块地下空间进行整体开发、综合利用,在三块围合区域进行整体的地下空间开发,并与三地块各自的地下空间相连,设置相应的公共服务设施。同时,西侧与规划中的轨道交通 14 号线地下站点相连,形成整体的地下空间。项目的建设可以分成两个部分;第一部分为 X2 地块与轨道交通 14 号线及 2 号线的整合设计与施工,第二部分为陆家嘴中心区域的地下步行体系的完善。

　　此前,由于在轨道交通规划中,14 号线陆家嘴站站址部分位于 X2 地块内(图 6-49),并与 2 号线陆家嘴站形成换乘节点,因此,14 号线车站位于 X2 地块内的部分与地块地下室同步实施,此部分面积约占车站的 2/3,其余 1/3 面积位于 X2 地块外,待 14 号线正式实施后再行施工。同时,结合 X2 地块开发,设计并预留 2 号线与 14 号线的地下换乘通道,待 14 号线运营后即投入使用。地块北侧地下室设计为地下五层,地下一、二层主要功能为商业、电影院等,地下三层至地下五层为停车库。14 号线地铁站设计为地下四层车站,位于 X2 地块南侧,其中地下三层站厅层付费区与世纪大道以北的 2 号线车站通道换乘(图 6-50)。

　　通过地下通道的建设,进一步有效整合陆家嘴地区的地下空间资源,实现上海中心、金茂大厦、环球金融中心、X2 地块等几大陆家嘴地标建筑的地下相通、步行即达,完善城市功能,不仅提高了公共资源利用率,还消除了空间割裂感,极大地改善了陆家嘴地区大楼与大楼之间通行难、大楼与地铁站之间通行难的现状,有助于提高区域可达性与吸引力(图 6-51)。

图 6-49　陆家嘴某地块项目效果图

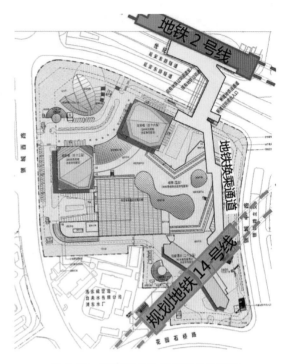

图 6-50　陆家嘴某地块项目总平面图

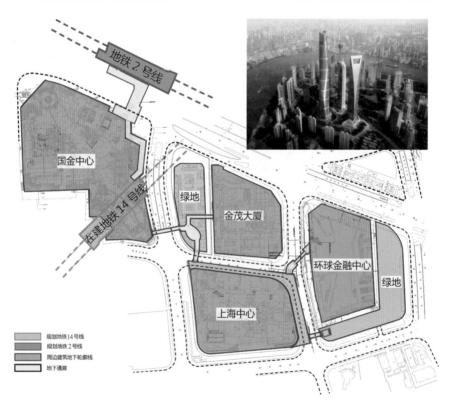

图 6-51　上海陆家嘴地区地下综合体平面图

6.3.3 设计重点、难点分析

1. 步行流线设计

陆家嘴中心区地下空间主要承担连接周边商务楼的作用,和已完成建设的天桥步行交通系统一起,提升了行人步行环境,增加了陆家嘴金融中心区工作人员及行人的便利性。本项目中的地下空间开发主要为公共服务设施,目标客户为周边金茂大厦、上海中心大厦、环球金融中心和 X2 地块等高档商办楼宇的工作员工,提高中心区商业休闲的服务水平。

设计以现有陆家嘴二层连廊步行系统作为主要的人行系统。因而,本项目地下通道首先需要与陆家嘴二层连廊系统进行对接,满足区域行人行走的通畅性(图 6-52)。

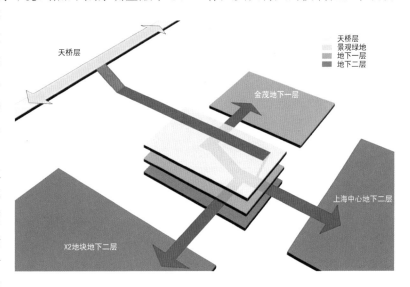

图 6-52 陆家嘴二层连廊步行系统的衔接示意图

另外,由于步行体系的主要服务对象为周边大厦办公人员,因而需要与周边大厦的步行通道相接,方便他们的进入与疏散。陆家嘴地区各建筑间的衔接示意如图 6-53 所示。

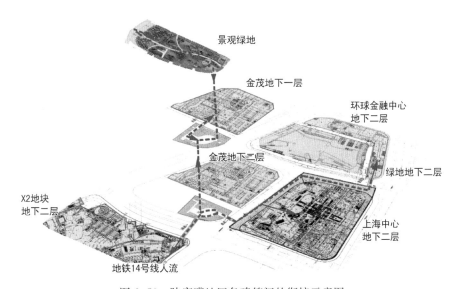

图 6-53 陆家嘴地区各建筑间的衔接示意图

在地面层,行人通过人行道和绿地内道路进入地下层。其流线如图 6-54 所示。

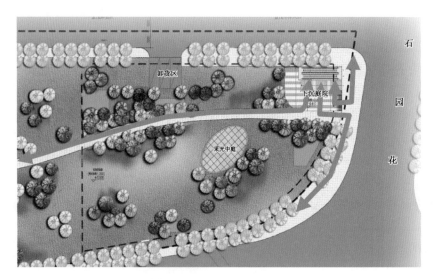

图 6-54 陆家嘴某地块项目地面入口行人流线

行人通过入口到达地下一层,进行休闲购物后,可通过通道出入金茂大厦和地下二层。其流线如图 6-55 所示。

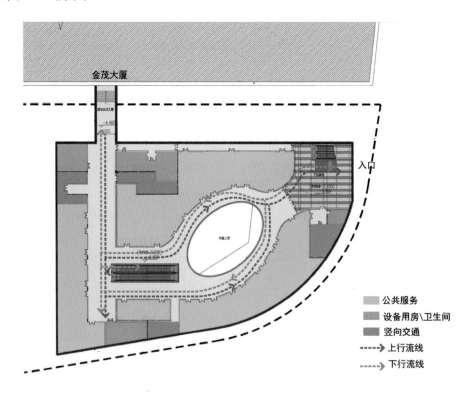

图 6-55 陆家嘴某地块项目地下一层行人流线

行人到达地下二层后,可通过通道出入上海中心和国金中心。其流线如图 6-56 所示。

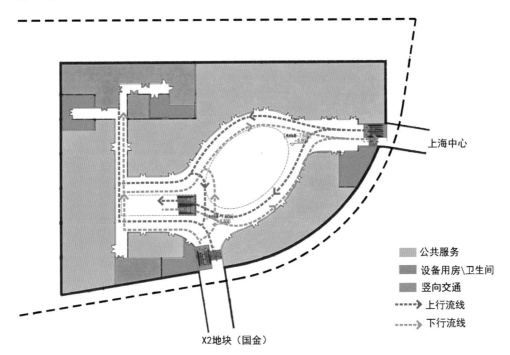

上海中心

公共服务
设备用房\卫生间
竖向交通
----▶ 上行流线
----▶ 下行流线

X2地块(国金)

图 6-56　陆家嘴某地块项目地下二层行人流线

根据用地形态、基地与周围道路的连接、周边建筑的规模体量、人流等多项相关因素的综合考虑。项目总体流线在保持原交通系统的情况下,对区域内的车流、天桥人流和地铁人流重新进行了有效地梳理。

1) 天桥人流

陆家嘴天桥人流基本保持现有流线状况,人行主要出入口在基地北侧进入绿地内,并通过下沉式广场进入地下空间。

2) 地铁人流

地铁 2 号线和 14 号线人流,从 X2 地块经地下通道进入绿地内地下空间,通过地下二层的交通疏散大厅,经地下通道进入上海中心和金茂大厦,再通过上海中心"L"形的公共大街以连通环球金融中心及其南侧绿地。

3) 停车

由于陆家嘴地区用地有限,同时为保持绿地景观的最大化,项目未在地面设置停车位,依靠周边设施以满足本区域的使用需求。

4) 景观系统设计

在保持现有绿地较高绿化覆盖率的前提下,景观设计采用多层次、立体化的绿地系统。一是强化基地内开敞绿地的空间围合,以创造宜人的休憩空间;二是掩映在绿树中的下沉广场成为绿地景观的有益延伸和补充;三是在建筑内设置下沉广场能够使室内外沟通融合,达到舒适的地下空间品质。

2. X2 地块与 14 号线陆家嘴站的统一筹划

由于 X2 地块先于地铁车站建设,为确保 X2 地块发展项目的进行能满足轨道交通车站的功能布局,使地块开发及轨道交通建设均能顺利进行,因此 14 号线陆家嘴车站在 X2 地块以内的与地块统一开发建造,因此其基坑围护需统一设计、筹划。基坑总平面图、支撑平面图及剖面图如图 6-57 和图 6-58 所示。

图 6-57　陆家嘴某地块项目基坑总平面图

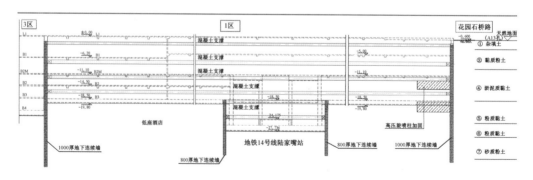

图 6-58　陆家嘴某地块项目基坑剖面图(单位:mm)

1区地块基坑开挖深度 18.05 m,车站范围开挖深度 26 m,地块开挖到大底板后继续开挖底板下方的车站部分,设计统筹考虑基坑的开挖、支撑、回筑等。

3. X2 地块以内的车站主体结构设计

X2 地块以内的车站部分为地下四层,其中地下三层为站厅层,地下四层为站台层。结构形式为现浇钢筋混凝土框架结构。车站中部有一 21 层的低座酒店,低座酒店结构体系采用框架剪力墙结构,电梯井组成剪力墙核心筒,并在地下二层进行结构转换,以满足地铁的使用要求。基础采用钻孔灌注桩和大底板结构,底板厚 1.5 m,21 层的低座酒店下底板厚 2.0 m。

X2 地块内的地铁中部为 21 层的低座酒店,而其余部分仅有地下室,因此地铁范围内的纵向变形和不均匀沉降显得尤为重要,为解决此问题,采取了以下措施。

(1) 要求 X2 地块在建成后至后建地铁的时间范围内完成 90% 的沉降,并要求在地铁范围内的沉降差小于 20 mm,以满足今后与之相接的地铁部分间的纵向沉降差要求。

(2) 轨面与底板间的高度加大 300 mm,以便纵向变形和不均匀沉降及今后与之相接的地铁部分间可能出现的差异而留有调整余地。

(3) 加大底板的刚度和 X2 地块内地下四层侧墙的刚度,并加大地下三层板的刚度,使其与周边的底板刚度协调。

(4) 采用离壁式围护,加强外墙和底板刚度等。

6.4 上海自然博物馆、60 号地块、13 号线地铁站地下综合体

6.4.1 工程概况

上海市自然博物馆新址位于山海关路以南、大田路以西地块内,北侧与 60 号地块紧邻,项目南侧为雕塑公园,项目效果图如图 6-59 所示。轨道交通 13 号线跨越苏州河后,线路南北向穿越 60 号地块及自然博物馆地块,并在新闸路与山海关路之间设自然博物馆站。自然博物馆及 60 号地块的地下室与 13 号线地铁站互相连通,在此形成一个规模巨大的地下综合体(图 6-60)。

6.4.2 工程的综合设计

地铁自然博馆站是 13 号线跨越苏州河后的第一座车站(图 6-61),因此埋深较深。一般地铁站多为地下二层车站,而自然博物馆站为地下四层车站,其中地下四层为站台层,地下二层为站厅层,并特别在

图 6-59 静安区某城市综合体效果图

267

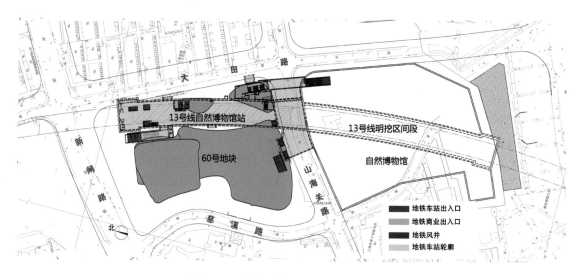

图 6-60　静安区某城市综合体总平面图

地下一层预留一层可作为商业用途使用。在局限的地块内深埋的车站也增加了一体化设计的难度。在自然博物馆地块内,车站区间需在博物馆主体建筑地下室底板下方穿越。设计初期就此段区间的结构形式进行了反复论证,综合比较了盾构穿越和明挖穿越两种结构形式后,最终确定了以明挖的形式穿越自然博物馆地下室的结构体系。这也决定了车站及区间、超高层地下室、大体量的展览建筑三者的关系变得尤其紧密,地下部分的综合设计更显的尤为重要。

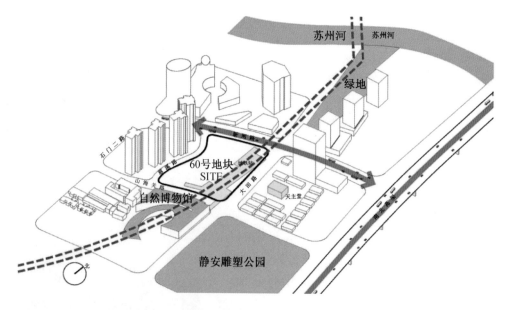

图 6-61　静安区某城市综合体周边环境分析图

6.4.3 设计重点、难点分析

1. 步行流线设计

对城市地下综合体来说，人流的分布和引导很大程度上影响到地下空间的布局。在此项目中，地下部分需要考虑的主要的人流方向来自地铁站，这些人群可以细分为出站后前往博物馆的参观者，进入超高层办公酒店的群体，进入地下商业区的购物者，还有少部分会通过地下综合体的跨街地道进入其他街区。经过以上分析后，地下部分的设计动线即围绕展开。地下二层(图6-62)，作为地铁站的站厅层，是进出站人流最为集中的一层，因此，60号地块地下室将此层的主要功能确定为商业，车站与地块之间无缝连接，人流可直接从站厅层的非付费区进入60号地块的主要商业空间。同时，地铁站厅层南侧，设出入口跨越山海关路后出地面，地面出入口结合在自然博物馆建筑内，出站后即直达自然博物馆主入口。作为超高层内的办公人群，除了可选择直接由车站内出入口扶梯上至地面后进入地面大堂外，也可经由地下商业区进入地下的办公楼门庭，直达需要到达的楼层。地下一层的动线较为简单(图6-63)，主要是商业的人流，但设计上更倾向于将地铁站内的商业与地块内部的地上地下商业在业态布局上根据各自不同特点进行不同的定位，而流线统一组织、综合作为一个整体来考虑。因此在地铁站地下一层预留两个接口与商业连通，形成环状的商业动线，并结合地面景观的布置设置满足商业功能的出入口直通地面，如图6-64和图6-65所示。

图6-62 静安区某城市综合体地下二层人流分析图

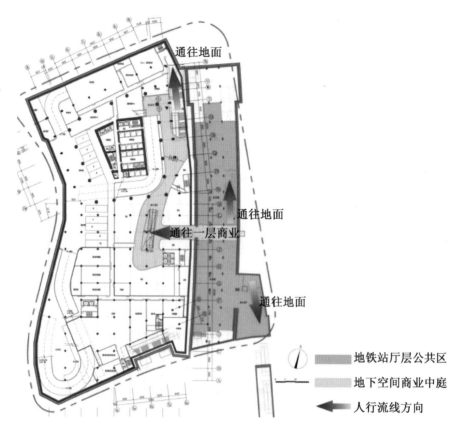

图 6-63　静安区某城市综合体地下一层人流分析图

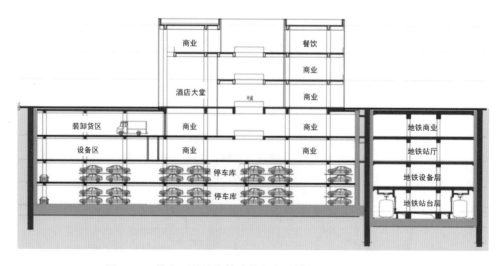

图 6-64　静安区某城市综合体与自然博物馆站地下剖面图

图 6-65　静安区某城市综合体与自然博物馆站地下剖面效果图

2. 分区筹划方案

本工程包含 3 个相对独立又相互粘连的工程,功能、造型、埋深各不相同,周边环境复杂,环境保护要求高,建设过程中必须对施工顺序、受力、变形等统一协调考虑。其中,地下四层的 60 号地块底板埋深 24~25 m;地铁车站也是地下四层,底板埋深 24~26 m;自然博物馆为地下二至三层,底板埋深 17.5 m,其下穿的地铁明挖区间埋深 25 m。

在方案设计时,首先将此区域工程当作一个大工程对待,再分区实施。因为三个工程从属于不同的业主,分区实施方案应在科学筹划、安全可靠、合理实施的前提下,以满足三方要求为准则。另外,三个工程开挖深度各不相同,又相互重叠包含,每一个工程都难以单独实施完成。所以,实施方案将此区域分为 5 个批次进行先后开挖(图 6-66)。

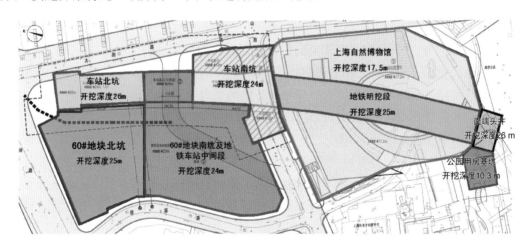

图 6-66　工程分区筹划示意图

(1) 第一阶段,先开挖车站北段和南端头井两个分区。

(2) 第二阶段,将车站南坑(24 m)、附属(12 m)合并成一个坑中坑,自然博物馆(17.5 m)与明挖区间(25 m)又合并成另一个坑中坑,两个坑中坑再合并成一个大的分区一体开挖。

(3) 在开挖上述合成分区时,同时开挖 60 号地块北坑。

(4) 第三阶段,开挖地铁车站中段。

(5) 最后开挖 60 号地块南坑。

施工现场如图 6-67 所示。

图 6-67 施工现场图片

3. 共墙开挖方案

从图 6-66 的分区图可以看出，车站南段及南端头井与自然博物馆相邻，整个车站主体纵向与 60 号地块相邻。如果各工程采用相互独立的围护结构，不仅减少了使用面积，还增加了大量的投资，所以在实施方案中，通过计算相邻分区的受力变形，在相邻侧共用围护墙，考虑双侧受力变形，并以开挖深度较深的分区计算围护墙厚度和深度。

4. 沉降耦合控制措施

在本区域三个工程中，地铁对沉降的要求很高，特别是不能设置沉降缝，这样由于明挖区间下挂在自然博物馆下，结构难以脱开，使得车站主体、明挖区间、自然博物馆被动地形成一个结构整体。虽然可以通过设置后浇带措施解决建设期的早期差异沉降，但无法解决运营期的长期差异沉降。

另外，60 号地块与地铁车站间可以设置沉降缝，但作为 250 m 高的超高层建筑，上部的巨大荷载导致其沉降也大，而且由于其与地铁车站以及北端的盾构区间距离过近，60 号地块塔楼对地铁带来的拖带沉降将会影响地铁安全。

所以，在设计过程中，首先将地铁车站、明挖区间、自然博物馆当作无缝结构进行整体建模，进行桩基沉降耦合分析（图 6-68），在各自的底板下设置不同长度、不同分布的桩基，经过多次调整耦合，做到沉降基本一致。而 60 号地块的桩基在建模计算沉降时，将其对周边车站、盾构区间的影响一并考虑在内，调整桩基密度和长度，直到其对地铁的拖带沉降值达到要求为止，这也是另外一种方式的沉降耦合。

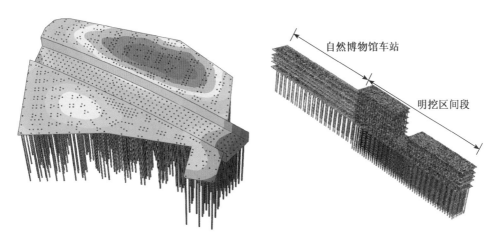

图 6-68 沉降耦合计算分析

除以上措施外，本工程采取的其他措施还包括：承压水控制措施、周边环境保护措施、支撑托换措施、桩底后注浆措施、大型钢构安装措施、隔音降噪措施等。通过综合采取各种建设措施，确保了本工程的顺利实施。

6.5 上海漕宝路地下综合体

6.5.1 工程概况

漕宝路综合体(图 6-69)地处漕宝路漕溪路路口，位于上海徐汇区中部，距东北侧徐家汇商圈约 2.7 km，距南侧上海南站约 1.6 km，是衔接两者公共活动的重要节点(图 6-70)。

图 6-69 项目效果图

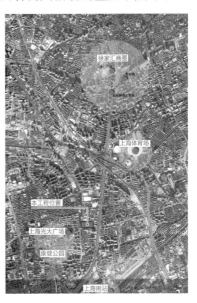

图 6-70 工程区位图

地块东侧为 1 号线漕宝路站,由南至北途经多个住宅区及淮海路、人民广场等上海主要公共活动区;12 号线漕宝路站位于地块东南角,2015 年年底通车后将跨越 8 个行政区,由闵行区一路西行跨江至浦东金桥。两条线路在此交汇(图 6-71),大量人流聚集为营造富有活力的城市综合体奠定了基础。此外,地块东邻沪闵高架路,车流经由内环或中环转入沪闵高架后十余分钟便可进入地块,车行可达性高。

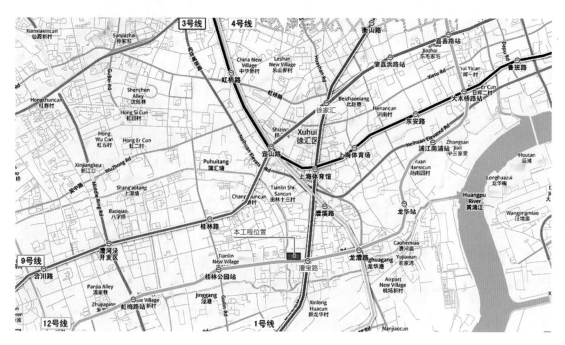

图 6-71　区域轨道交通分析图

地铁 1 号线漕宝路站位于漕溪路东侧,12 号线车站主体约一半位于本工程用地内,地铁漕宝路换乘站与地块地下室共同形成一个集交通、商业、娱乐、停车、人防等多种功能于一体的地下综合体。地铁换乘厅向东延伸后通过位于漕溪路下面的换乘通道与 1 号线完成付费区内换乘,换乘通道同时负担地下过街功能,有效连接了漕溪路以东地块与本工程。配合 12 号线车站使用需求,地块内设有 3 个车站出入口、1 个无障碍出入口及 1 组风井(图 6-72)。

6.5.2　工程的综合设计

本工程用地约 2.5 hm²,总建筑面积 13.2 万 m²。为减弱巨大体量对周边城市空间的压迫感,建筑采用分散式布局,将 13 万 m² 的建筑体量化解为以连廊联系的 4 个单体,单体间形成十字内街,将沿街人流有效吸引至地块内部的同时,为衔接日后北侧新建地块的步行系统创造条件。地块共设 3 层地下室、埋深约 16 m,地上 9 层、主楼高度 54 m,地面建筑通过层层退台及柔和曲线以丰富沿街面及内街的城市空间,内街上方设有造型天幕,配合投影进一步营造变幻多姿的空间体验(图 6-73)。

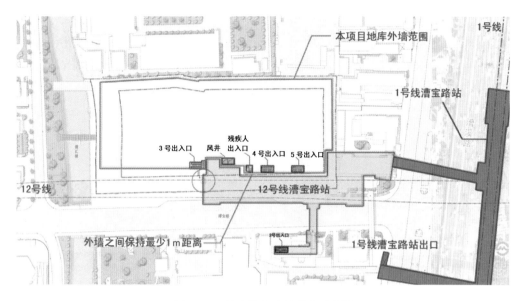

图 6-72　综合体与地铁结合示意图

图 6-73　内街空间示意图

地铁 12 号线漕宝路站出入口及风井结合地下室建设,车站站厅与地块地下三层同层。地下三层除车站站厅及换乘 1 号线车站通道外,其余均为机动车库;地下二层为快餐、自助设施、超市;地下一层以中小型餐饮、零售为主;而地上部分则依次为零售、KTV、影院及办公等(图 6-74),该项目将成为继徐家汇后上海西南地区另一理想休憩场所。

本项目与 12 号线漕宝路站高度集合,搭乘地铁进入本项目最为便捷。到站客流除经车站出入口出站外,可同层直接进入位于地下三层的车库和地下二层的商业区,进而达到各层楼面。本工程于用地南侧沿街处设有公交站点,方便附近社区的居民到达。而社会车辆自沪闵高架漕溪路口下匝道后,约 1 km 车程便到达本工程,并自地块西北角车行出入口进入地下三层车库。

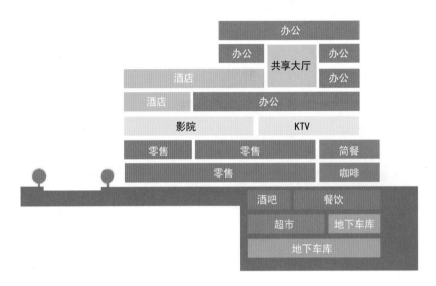

图 6-74 综合体竖向设计示意图

6.5.3 设计重点、难点分析

1. 地块与地铁整合设计

地块与 12 号线漕宝路站高度整合,其地下三层到地下一层与车站共设有 6 处连通口,整合 2 个车站出入口及 1 组风井。

地块地下三层与车站站厅层相连,地下三层东侧连通口经闸机通向车站付费区,南侧连通口经地铁 4 号出入口接入地下三层车库,同时将车站西端头一个活塞风井接入本层。

地下二层与车站开发层相通,南侧 3 个连通口分别经 4 号、5 号出入口进入本层商业区,车站西端头另一个活塞风井在本层接入。

地下一层与车站顶板接平,在顶板上增设转化夹层,利用夹层空间于南侧设置 1 处连通口接入本层商业区。车站新、排风井、消防出入口及无障碍电梯从车站开发层上到本层位置,处于地块南侧中部,为避免遮挡十字内街南入口,上述设施均通过车站顶板上方夹层转换至地面裙房投影范围内。车站西侧消防出入口及无障碍电梯经夹层向西北延伸,向上经 2B 楼裙房东南角出地面。东侧新、排风经夹层向东北延伸至 4 号出入口附近,向上经 1B 楼裙房西南角进排风。

2. 步行流线设计

搭乘 1 号线的客流通过 1 号线、12 号线跨街换乘通道于地下三层东侧连通口进入,而搭乘 12 号线到站的客流可从南侧连通口进入,或在车站范围内经 4 号出入口至地下二层商业区

（图6-75）。地下二层与车站开发层标高相近，开发商业与车站自有物业无缝连接，客流于该层进入综合体体验不同服务设施，也可由车站4号、5号出入口跨层上至东南角裙房一层离开。

3. 分区筹划方案

漕宝路综合体东南角紧贴轨道交通12号线漕宝路站，属于车站保护范围之内。由于地铁车站为严格控制沉降的地下工程，若地块与地铁工程不同步实施，不仅地块南侧大部分区域将作为地铁的保护区域而无法进行开发建设，后期地块施工难度也会大大提升，建设成本也将增加。地铁的风井出入口等设施结合在项目地块内，同时考虑地铁和地块项目的进度要求，地块地下室和地铁需同步共建施工。

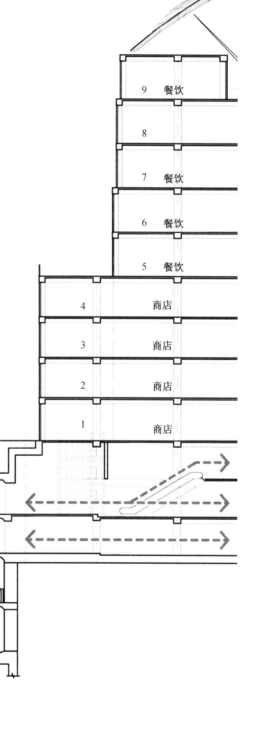

图 6-75　车站至地块动线

漕宝路综合体基坑面积约 19 028 m²,基地呈长方形,长约 223.8 m,宽约 82.2 m。地下三层地库,开挖深度 16.4 m。12 号线漕宝路站为地下四层车站,开挖深度最深约 30 m,与地铁基坑共用北侧地墙,平面关系如图 6-76 所示。

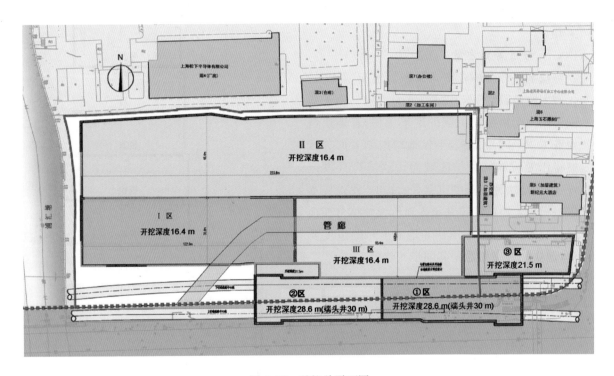

图 6-76　基坑总平面图

为减少基坑开挖对周边建筑物及地铁车站和地铁隧道的影响,结合地铁施工工期,将地块基坑划分为三个分区(Ⅰ、Ⅱ、Ⅲ区)进行开挖,并在漕宝路站②区盾构进洞前先施工完成基坑Ⅰ区,以减少基坑开挖对地铁隧道的影响。地块与地铁车站基坑施工筹划如下:同时施工地块Ⅰ区和漕宝路站①区,待Ⅰ区施工完成后施工Ⅱ区及漕宝路站②区,漕宝路车站施工完成后施工地块Ⅲ区。

通过合理的施工统筹,减少了项目实施对地铁的影响,同时又能满足双方的工程进度及地铁通车的使用要求。地块与地铁的共建可以高效利用有限的土地资源,实现土地资源集约化,同时一次施工又能有效地降低施工成本,使整体工程建设更具经济性。

7 地下综合体的发展趋势

随着社会的发展和文明的进步，地下综合体的开发正成为城市建设中的新热点。在地下综合体未来的发展过程中，除了追求更大的开发规模外，更应该关注开发的合理性、高效性以及可持续性，这就要求地下综合体的发展与政策法规相结合，与城市规划建设相结合，与地下交通体系相结合，与节能环保相结合，与 BIM 技术相结合。

7.1 地下综合体的发展与政策法规相结合

地下综合体的开发利用具有一定的不可逆性，已建成的地下综合体一般很难甚至无法改造重建。同时，地下综合体通常具有投资规模大、投资主体多等特点，如何对责、权、利等敏感问题进行划分便显得尤为关键。因此，必须建立较为完善的政策法规体系对地下空间以及地下综合体的开发利用加以约束和引导，使其更加规范、合理和高效。

在这方面，西方发达国家具有较为成熟的经验。例如，日本通过数十年积累，已成为地下空间建设高度法制化的国家，其相关法律体系包含民事基本法律、专项立法、综合立法和配套立法等方面。《日本民法典》、《不动产登记法》、《建筑物区分所有法》、《大深度地下使用特别措施》为土地分层开发利用奠定了坚实的基础。尤其是《大深度地下使用特别措施》，结合各地所积累的建设经验、切实考量发展需求，将地下空间不同维度的建设条件、开发模式以及物业权属进行了科学合理的规定。与此同时，《道路整备紧急措施法》、《推进民间都市开发特别措置法》、《有关民间事业者能力活用临时措置法》以及《地方财政法》等配套立法的颁布，为地下空间建设的融资制度、建设机制等提供了明确的指导，极大地激励了私有资本对地下综合体建设的热情，并确保其在政府主导的地下街建设中的盈利。无独有偶，美国、德国以及我国台湾地区等拥有长期地下空间建设经验的国家及城市对土地分层权属问题、建设费用分配问题、多部门管理问题、土地资源保护问题都制定了相关的法律法规以指导工程建设。

我国地下空间的规模化建设始于 20 世纪 50 年代的人民防空工程，至 90 年代，随着城市建设的大幅推进和轨道交通的逐步启动，地下空间开发才逐渐由单一性向综合化转变。建设部于 1997 年颁布的《城市地下空间开发利用管理规定》（2001 年修订后重新颁布）保障了地下空间规划的法律地位和法律效力，将地下空间资源利用的相关问题正式摆在建设者和设计者的面前（束昱等，2009）；2005 年的《城市规划编制办法》将地下空间规划正式纳入城市规划体系；2007 年颁布的《中华人民共和国物权法》明确了建设用地使用权涵盖地表、地上及地下，为城市土地资源的多重开发提供了重要的法律支持。在这些国家法律法规的基础上，上海、深圳、天津等城市也陆续出台了地方性法规，为大规模地下综合体建设提供政策和法律依据。

仔细研究上述法律法规，不难发现我国现有地下空间建设政策多为原则性规定，对于地下空间利用的具体问题较少涉及。市政用地下商业设施的权属、综合体内的功能配比、市政设施的竖向设计、政府主导工程的盈利方式、商业开发的公益性保障等都是建设过程中切实面临的困扰，而恰恰这些关键点或是缺乏指导原则，或是不受现行法律法规约束，这与城市地下空间开发在城市发展中的价值和地位并不相称。

因此,相应的配套政策法规建设亟需完善和加强,从而更好地引导和规范地下空间和地下综合体的开发,为我国可持续发展的新型城镇化建设保驾护航。

7.2 地下综合体的发展与城市规划建设相结合

目前国内已建或正在设计中的地下综合体,多是以单一项目为主导,在有条件的前提下,加强与周边项目的连通与互动,试图建立地下空间体系。如果上位规划对地下空间设计并未给出明确指导,这种建设方式可能由于缺乏全局考虑而造成建设过度或设置不足,也可能缺乏强有力的保障而无法最终实施,因而我国已经将地下空间的规划列入重点研究问题。建设部于1997年颁布《城市地下空间开发利用管理规定》,并于2001年调整部分条例,要求在组织编制城市总体规划时,根据城市发展的需要编制城市地下空间开发利用规划;在编制城市详细规划时,根据该市地下空间利用状况制定具体规定。近年来,北京、上海、南京等城市已在地下空间总体规划层面做出颇多实践,如上海市和北京市分别于2003年和2004年编制完成了《上海城市地下空间概念规划》和《北京市地下空间开发利用规划(2004—2020)》。而在对单个地下综合体建设更具指导意义的详细规划各地也多有成果,如杭州于2005年编制《钱江新城地下空间控制性详细规划》,该规划借鉴现有控制性详细规划的技术标准和指导体系,对本区域地下空间的整体布局、空间形态、公共交通、配建设施等提出控制性指标和要求。

当地下空间详细规划对地下空间的使用性质、建设容量、关键节点的形式与标高、配建设施的标准都提出明确要求,便可在相当大的程度上确保拟建地下综合体的整体品质,并对衔接已建项目、避免地下空间不当开发以及社会整体资源最大化利用等方面提出指导性意见。

由实际经验积累起来的理性城市规划与高品质的地下综合体建设相结合,将有效避免在地下综合体建设高潮时期的盲目投入和过度建设,引导地下空间开发这个高投入、高难度的建设工程走向可持续增长的长效发展道路。

7.3 地下综合体的发展与城市地下交通系统相结合

城市地下交通系统按其功能划分,主要包括地下步行系统、地下轨道交通系统、地下道路系统。随着越来越多的地下空间、地下综合体的开发利用,人们越来越认识到地下综合体的发展离不开城市地下交通系统(图7-1)。

地下交通的融入,可以很好地解决地下综合体人流引入的问题,在为人们提供便利的同时,也能更好地发挥地下综合体的作用和价值,从而创造良好的社会经济效益。以城市轨道交通为例,由于具有快捷、大运量、高效率抵达等优势,能够给沿线区域的使用者带来多种直接利益,如节约出行时间、降低出行费用、提高安全性等。它可以便捷、高效地将大量人流输送至目的地,并且实现交通与商业的零距离结合,这就极大地提升了地下综合体的可达性。交通的便利为地下综合体聚集了人气,客流的增加也能够带动商家企业营业额的上升,同时地下综合体不动产所有者的土地、房产价格也会随之水涨船高,从而创造出更好的经济效益,带动投资者的开发热情。

西方各大城市的建设发展实践已表明,公共交通对于城市的发展具有重要的引领作用,公共交通引导开发(Transit Oriented Development,TOD)模式已在世界众多城市得到实践并取得良好效果,近年来国内也掀起了 TOD 的热潮。TOD 模式以公共交通为中枢,以站点为中心对周边土地实行综合高效的开发,并实现各个城市组团之间的有机协调和相互联系。那么,TOD 模式同样适用于地下综合体的发展,以城市轨道交通建设为契机,紧密结合轨道交通网络规划,积极引入公共交通元素,以站点为中心对周边存量土地进行开发和改造,在建设集约高效的地下综合体的同时,也优化了城市内部的布局和空间结构,促进城市紧凑发展。同时,地下交通体系还能起到很好的"纽带"作用,将散落于城市各个区域的地下综合体联系起来,将整个城市的地下空间联网成片,从而发挥出更大功效和作用。

地下综合体与地下交通系统的结合,在方便人们的生活出行、提供一站式多元化全方位服务的同时,能够提升地下综合体本身的经济效益和价值,更为重要的是,紧密结合地下交通系统进行规划开发,能够提高城市土地资源集约利用、优化城市空间布局、提升公共交通运营效率,促进城市的可持续发展。因此,唯有公共交通元素的融入,才是真正现代化意义的城市地下综合体。地下综合体与地下交通系统的结合,是社会、经济、环境的共同选择,必将更加紧密、更加牢固。

图 7-1　地下综合体与地下交通的结合示意图

资料来源:互联网

7.4　地下综合体的发展与节能环保相结合

西方自工业革命以来,以消耗大量不可再生资源为基础的发展,虽然促进了经济的快速增长,带来了财富和文明,但也对环境造成了严重破坏,使人类处于能源匮乏、资源枯竭、环境污染和生态破坏的艰难境地。

在最近的二十多年中,伴随着我国经济的飞速发展,环境污染、资源枯竭、生态破坏等问题也孕育而生。近年来,极端恶劣天气、大面积雾霾、PM2.5超标等现象频繁出现,在影响我们日常生活的同时,更是向我们一次次地敲响了警钟。为了避免重蹈西方发达国家先污染后治理的老路,我国政府很早便认识到了可持续发展的重要性,并极为重视,在 1995 年 9 月,我国政府正式把可持续发展作为国家的重大发展战略提了出来。因此,坚持可持续发展思想、努力实践节能环保要求,既符合国家的基本战略,又是现实的迫切需要。这就要求社会经济领域中的各行各业都参与进来,地下空间及地下综合体的发展也不例外,需要与可持续发展、节能环保紧密结合。

一方面,地下综合体的开发建设能够更加高效地利用土地资源,将地面空间留给绿化;其协同城市轨道交通共同发展,有利于推动人们使用公共交通低碳出行,减少能源消耗和环境污染;地下路网体系由于其封闭性更便于尾气的收集和集中处理。因此,大力发展地下空间和地下综合体有利于促进城市的可持续发展。

另一方面,地下空间与地面建筑相比,由于其自然采光和自然通风相对困难、环境较为潮湿等原因,又有可能需要消耗更多的能源去提供一个舒适的环境。因此,在地下综合体的设计过程中,如何创造一个既舒适又节能的空间环境便成为一大挑战。随着社会发展和科技进步,越来越多的节能环保技术不断出现,这就为地下综合体在节能减排设计方面带来了更大的可能和更广阔的空间。

1. 照明节能技术

地下综合体因位于岩土介质中,自然光引入较为困难,因而需要全天候的人工照明,为减少照明能耗,可以从以下几方面进行着手。

(1)自然采光技术

在地下综合体设计过程中,尽量利用绿地、道路中央花坛等区域设置天窗,将自然光引入地下,从而减少人工照明。在提升地下空间室内环境的同时,又减少了能源的消耗。

(2)太阳光光纤导入照明技术

该技术又被称为"桑帕普"系统(图 7-2),是一种利用太阳能进行室内照明的装置,由采光罩、防水装置、导光管道、天花板固定件和光线漫射装置等部分组成,能高效地把室外的自然光线通过采光罩引入系统内,经特殊制作的导光管道传输和强化后,透过系统底部的漫射装置将自然光均匀地照射到室内。

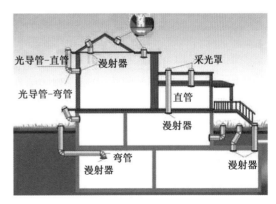

图 7-2　"桑帕普"系统示意图

资料来源:互联网

（3）智能照明技术

智能照明是指利用无线通信数据传输、扩频电力网载波通信、计算机智能化信息处理以及节能型电器控制等技术所组成的一种分布式的无线遥测、遥控、遥信控制系统，它具有对灯光亮度调节、灯光软启动、定时控制、场景设置等全方位智能型功能。据悉，智能照明技术的运用可节省 20%～40%的照明用电，具有良好的节能经济效益（孙钧，2011）。

2. 可再生能源利用

可再生能源利用是近年来的热点。可再生能源包括太阳能、风能、地热能、生物能和海洋能等，它对环境无害或危害很小，资源分布广泛，适宜就地开发利用。适合在地下综合体中使用的可再生能源主要有太阳能、风能和地热能（图 7-3）。

（1）太阳能利用

通过建筑设计手段和技术手段，可以利用太阳能为地下综合体提供自然照明。有条件接受较多阳光照射的地下综合体，同样可以借鉴地上建筑利用太阳能的方式，为内部空间提供采暖所需的热量。例如在共享中庭内部设置太阳能集热装置，在冬季为地下建筑采暖提供热量补充，在夏季可以起到除湿的作用。此外，太

图 7-3　太阳能和风能的利用示意图

资料来源：互联网

阳能光伏发电技术的发展也能够将太阳能应用到地下空间和地下综合体中。

（2）风能利用

风能的利用主要有两方面：一是通过风压作用辅助地下空间进行自然通风，二是通过风力发电装置进行发电。风力发电装置要求有较好的风力资源，常见的做法是将发电装置置于高处，因此适宜应用在附建于高层建筑的地下综合体。风力发电装置可安装在地面建筑顶部，以捕获更多的风力资源，但必须控制噪声对周围环境的影响。

（3）地热能利用

地热能是由地壳抽取的天然热能，这种能量来自地球内部的熔岩，并以热力形式存在。地热能的利用可分为地热发电和直接利用两大类。地下综合体本身就位于岩土介质中，因此对于地热能的利用有着得天独厚的优势。目前，地热供暖技术在地下空间中的应用相对较广，例如水源热泵空调系统就是一种利用地层中能源的新型节能设备。

随着社会的不断进步，国家对可持续发展有着更高的目标，人们对生活环境也有着更高的期许。在这种背景下，地下综合体的开发利用与节能环保紧密结合、不断发展，可谓大势所趋、顺应时代潮流。

7.5　地下综合体的发展与 BIM 技术相结合

　　建筑信息模型(Building Information Modeling，BIM)是指通过数字信息仿真模拟建筑物所具有的真实信息，在这里，"信息"的内涵不仅仅是几何形状描述的视觉信息，还包含大量的非几何信息，如材料的耐火等级、材料的传热系数、构件的造价、采购信息等。BIM 技术起源于美国，已在众多发达国家得到推广和发展，近年来，我国也正在大力推进 BIM 技术在建筑行业的应用。

　　BIM 应用不仅仅局限于设计阶段，而是贯穿于整个项目全生命周期的各个阶段(图 7-4)：设计、施工和运营管理。BIM 电子文件能够在参与项目的各建筑行业的企业间共享。对于设计单位，BIM 使建筑、结构、给排水、暖通、电气等各个专业基于同一个模型进行工作(图 7-5)，并能直观地看到设计中的问题，及时沟通解决，从而真正实现三维集成协同设计；对于施工单位，可以更好地理解设计意图，组织施工方案并进行备料下料，同时借助 4D 施工模拟更好地安排施工进度；开发商则可取其中的造价、工程量等信息进行工程造价总预算、产品定货等，并对项目进行更好地管理；而物业单位也可以用其进行便捷高效的物业管理。BIM 在整个建筑行业从上游到下游的各个企业间不断完善，从而实现项目全生命周期的信息化管理。

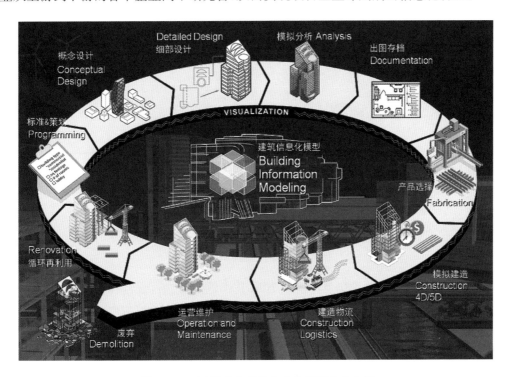

图 7-4　BIM 技术在项目全生命周期中的应用

　　地下综合体项目通常具有工程规模大、建设周期长、投资主体多、管理界面复杂等特点，如何保证项目顺利完成的同时又兼顾经济和造价，如何确保竣工之后项目的高效运营，这对投

资、管理、设计、施工、运营等各方来说都是一项严
峻的挑战。这就需要参建各方能够实现资源共享、
顺畅沟通以及协同工作,并且将设计以及建设阶段
的数据为运营所用,这其中的关键便是建筑信息数
据库的建立和共享。而 BIM 正是提供了这样一个
完整的建筑信息库。将 BIM 技术运用于地下综合
体开发,可将项目的预期结果在数字环境下提前实
现,使设计信息、意图和理念显示化,在实施前便于
参建各方的理解和评价;在实施过程中,可使设计、
施工阶段的进度、成本、质量控制等环节置于同一

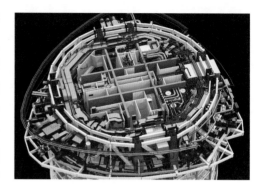

图 7-5　BIM 模型

信息平台上,方便协同工作和沟通理解;在竣工后,设计和施工阶段的信息数据均得以保留,为
运营方的日常管理和维护提供帮助(图 7-6)。

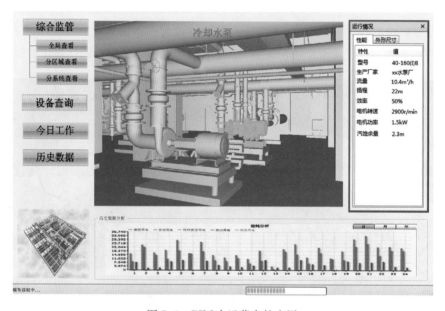

图 7-6　BIM 在运营中的应用

　　在地下综合体的开发建设运营中运用 BIM 技术,可有效整合产业链资源,实现全产业链
的信息集成和共享,促进参建各方的有效沟通和协作,对项目在进度成本控制、合理规划设计、
顺利实施推进以及安全高效运营等方面提供帮助。因此,在地下综合体的开发项目中应该大
力推广和运用 BIM 技术。

　　地下综合体在城市发展中的作用已得到广泛认同,并正在成为城市建设和改造中的新热
点。在新一轮经济改革和社会发展的大背景中,地下综合体的开发建设应在政策法规的指引
下,紧密结合城市规划和地下交通系统建设,开发利用节能环保和创新技术,朝着更加合理、更
加高效、更具可持续性发展的方向不断提高。

参考文献 ■

REFERENCES

［1］陈光明,中冈义介,苗冠峰.日本城市的地下街[J].北京工业大学学报,1995,21(2):107-114.

［2］程群.地下街火灾研究规律[D].上海:同济大学,2006.

［3］上海市城乡建设和交通委员会.地下铁道建筑结构抗震设计规范:DG/TJ 08—2064—2009[S].上海,
2009,48-67.

［4］方宏,蔡珊瑜.地下交通空间中直接蒸发冷却空调系统的设计应用[C].城市地下空间综合开发技术交流
会论文集,2013.

［5］费翔,冯少杰,张羽,等.城市地下空间内部灾害特点与成因分析[J].工业技术,2012,(30):132-133.

［6］冯好涛,庞永师.浅谈我国地下空间现状与发展前景[J].四川建筑,2009,29(5):26-30.

［7］中华人民共和共交通部.公路钢筋混凝土及预应力混凝土桥涵设计规范:JTG D62—2004[S].北
京,2004.

［8］郭梅.城市地下商业街可识别设计研究[D].青岛:青岛理工大学,2012.

［9］何祥忠.分析建筑工程地下室结构设计[J].建材发展导向,2010,1:51-53.

［10］侯学渊,范文田,杨林德.中国土木建筑百科辞典·隧道与地下工程[M].北京:中国建筑工业出版
社,2008.

［11］侯学渊,束昱.论我国城市地下综合体的发展战略[J].地下空间,1990,10(2):1-10.

［12］中华人民共和国住房和城乡建设部及中华人民共和国国家质量监督检验检疫总局.建筑结构荷载规范:
GB 50009—2012[S].北京,2012.

［13］李茂生.建桥一体化车站结构研究及其应用[D].上海:同济大学,2007.

［14］刘曙光,陈峰,钟桂辉.城市地下空间防洪与安全[M].上海:同济大学出版社,2014.

［15］路福和.哈尔滨市地下街余热回收方案的研究与评价[D].哈尔滨:哈尔滨工业大学,1999.

［16］缪宇宁.上海虹桥综合交通枢纽地区地下空间规划[J].地下空间与工程学报,2010,6(2):243-249.

［17］钱七虎.迎接我国城市地下空间开发高潮[J].岩土工程学报,1998,20(1):112-113.

［18］钱七虎.岩土工程的第四次浪潮[J].地下空间,1999,19(4):267-272.

［19］钱七虎.地下城市[M].北京:清华大学出版社,2002.

［20］施惠生,郭晓潞.混凝土膨胀剂研究及其应用[J].粉煤灰,2006,(1):12-15.

［21］束昱,路姗,朱黎明,等.我国城市地下空间法制化建设的进程与展望[J].现代城市研究,2009,(8):
7-18.

［22］孙钧.面向低碳经济城市地下空间/轨交地铁的节能减排与环保问题[J].隧道建设,2011,31(6):
643-647.

［23］童林旭.地下商业街规划与设计[M].北京:中国建筑工业出版社,1998.

［24］童林旭.城市地下空间利用的回顾与展望[J].城市发展研究,1999,2:8-11.

［25］童林旭.地下建筑学[M].北京:中国建筑工业出版社,2012.

[26] 王晶晶. 活在地下城：东京的地下空间利用与立体化设计[J]. 世界建筑导报,2012,145(3):18-23.

[27] 王璐. 地下建筑结构实用抗震分析方法研究[D]. 重庆:重庆大学,2011.

[28] 王睦,吴晨,王莉. 城市巨构·铁路枢纽——新建北京南站的设计与创作[J]. 世界建筑,2008,(08):38-49.

[29] 王铁梦. 工程结构裂缝控制[J]. 消防科学与技术,2004,23(1):35-38.

[30] 王一飞,刘颖,衡光琳,等. 交通枢纽地下出租车蓄车区通风系统换气次数模拟[J]. 暖通空调,2014(3):123-127.

[31] 吴定俊,李奇,等. 宁波火车站站站房桥梁结构车致振动问题研究报告[R]. 2010.

[32] 闫治国. 隧道衬砌结构火灾高温力学行为及耐火方法研究[D]. 上海:同济大学,2007.

[33] 张安,闫刚,谢瑞欣,等. 控规体系中城市地下空间开发控制初探[J]. 城市规划,2009,33(2):20-24.

[34] 张关林,石礼文. 金茂大厦:决策·设计·施工[M]. 北京:中国建筑工业出版社,2000.

[35] 张开琳. 巴黎拉德芳斯 Sub-CBD 建设及其经验借鉴[J]. 城市开发,2004,(18):60-62.

[36] 张庆贺,朱合华,庄荣,等. 地铁与轻轨[M]. 北京:人民交通出版社,2011.

[37] 赵力. 德国柏林波茨坦广场的城市设计[J]. 时代建筑,2004,(3):118-123.

[38] 赵力军. 大空间智能型主动喷水灭火系统技术规程:CECS 263:2009[S]. 北京:中国计划出版社,1999,100-111.

[39] 郑怀德. 基于城市视角的地下城市综合体设计研究[D]. 广州:华南理工大学,2012.

[40] 郑晓芬. 超长预应力混凝土梁板结构温度收缩裂缝控制研究[D]. 同济大学,2003.

[41] 中华人民共和国住房和城乡建设部. 建筑设计防火规范:GB 50016—2014[S]. 北京:中国计划出版社.

[42] 中华人民共和国住房和城乡建设部及中华人民共和国国家质量监督检验检疫总局. 汽车库、修车库、停车场设计防火规范:GB 50067—2014[S]. 北京:中国计划出版社.

[43] 中华人民共和国住房和城乡建设部及中华人民共和国国家质量监督检验检疫总局. 人民防空工程设计防火规范:GB 50098—2009[S]. 北京:中国计划出版社.

[44] 朱大明. 城市地下空间建筑功能的相关性机制[J]. 地下空间与工程学报,2006,2(5):705-708.

[45] 朱旻,汤永净. 上海人民广场地下空间网络优化[J]. 地下空间与工程学报,2010,6(6):1112-1117.

[46] 宗若雯. 特殊受限空间火灾轰燃的重构研究[D]. 合肥:中国科学技术大学,2008.

[47] Handbook A. Fundamentals. American Society of Heating Refrigerating and Air-Conditioning Engineers[J]. Architectural Record,2005(3):169.

[48] En vironmental Protection Department. Control of air pollution in semi-confined public transport interchanges：ProPECC PN1/98 ［S］. http://www. epd. gov. hk/epd/english/resources-pub/publications/ files/pn98_1. pdf

■ 索 引 ■